教 子 有 方 系 列

做数字时代的明智家长

让孩子成为数字产品受益者

[美] 约迪·戈尔德（Jodi Gold）◎著　　　王为杰 ◎译

Screen-Smart Parenting:
How to Find Balance and Benefit in Your Child's Use of Social Media, Apps, and Digital Devices

上海教育出版社
SHANGHAI EDUCATIONAL
PUBLISHING HOUSE

献给米奇（Mitch）、杰克逊（Jackson）、
卡特（Carter）、萨曼莎（Samantha）

谢谢你们的爱与支持

序言

　　和许多人一样，有了三个孩子后，我读了许多育儿书籍，这些书籍帮助家长理解和认识孩子成长过程中的各个重要阶段。但是，在我读过的所有书籍中，没有一本能够解答当今的数字技术会对孩子的成长产生怎样的影响这一问题。

　　如同当年我们的父母对电视的担忧，今天的家长会担心孩子迷失在网络空间。我们都想知道，技术是否会降低孩子的求知欲，他们对数字游戏的兴趣是否会超过对现实生活中社会交往的兴趣。安全和隐私也是备受关注的问题。我一直犹疑难解的是，孩子多大时才能允许他们接触数字设备和社交媒体。

　　《做数字时代的明智家长——让孩子成为数字产品的受益者》是戈尔德（Jodi Gold）博士撰写的一本具有里程碑意义的书籍，它为每一位家长提供了重要而深刻的观点。戈尔德博士明白，在一个与她成长的环境极为不同的世界养育孩子意味着什么。作为一名内科医生和专攻儿童与青少年心理的精神科医生，她比绝大多数家长都要有优势。她建议，我们应集中关注适合各个发展阶段的东西有哪些，以及孩子与社交媒体和数字媒体相互作用的方式是什么。重要的是，不要全盘否定社交媒体和数字媒体的使用，而应注重平衡和适度。孩子应该了解如何驾驭这个新的世界——作为家长，我们应该懂得如何指导他们，使互联网成为积极的经验来源。

　　《做数字时代的明智家长——让孩子成为数字产品的受益者》为今天的家长提供了一份周详的计划。戈尔德博士划分了若干个数字阶段，为每个家庭提供它们所需的工具，使它们能帮助孩子不偏离轨道。在这个随时可能出现某种新设备或平台的时代，戈尔德博士的这本书很有意义，应被及时添加到家长的藏书之中。

托里·伯奇（Tory Burch）

首席执行官和设计师

三个孩子的母亲

致谢

《做数字时代的明智家长——让孩子成为数字产品的受益者》就像是我的第四个孩子。它是爱心、汗水和泪水的产物。如果没有我父母的支持，我永远不会有力量和勇气来写这本书，我的父母罗谢尔（Rochelle）和鲍勃（Bob）让我由衷地尊重并敬畏技术和创新，他们教给我完成一本书所需要的勇气和毅力。

在我到天天面包店（Le Pain Quotidien）去写另外一章时，我的家庭对我表现出无限的耐心。感谢我丈夫米奇（Mitch），他对我的信任从未动摇，而且在我完成本书的过程中包揽了生活中的各种琐事。杰克逊（Jackson）、卡特（Carter）和萨曼莎（Samantha）一直是我的灵感之源。他们帮助我认识到非常有必要绘制一份有意义的数字世界的路线图。也要感谢汤姆（Tom）和卡德（Stephanie Card），他们给了我艺术灵感和创作灵感。

我从未计划或打算写这样一本书。沃尔克普（John Walkup）启动了本书的创作并使它顺利进行。吉尔福德出版社的穆尔（Kitty Moore）和本顿（Chris Benton）是我可以求助的最好的编辑和良师益友。她们使本书的写作过程公平合理，充满乐趣，富有效率。如果没有她们，我将不会开始更不可能完成本书的写作。我想念她们那没完没了的电子邮件和电话。谢谢她们。

伯奇（Tony Burch）在百忙之中抽出时间来支持本书的写作。她是我们所有人的楷模。博德曼（Samantha Boardman）在全书的写作过程中给了我很大的鼓励和帮助。基奥（Liz Keough）是我忠实的朋友、智囊和编辑。

梁（Sharlene Leong）、西顿（Lola Seaton）、萨法伊（Sarah Safaie）、帕克（Carrie Parker）、罗德里格斯（Carmen Rodriguez）、巴克利（Megan Buckley）为我提供了宝贵的支持。曼斯菲尔德（Anne Mansfield）告诉我要"向前一步"（lean in），令我对完成本书没那么焦躁。威尔（Marie Will）帮助我尽早回到正轨。马斯金（Odette Muskin）教我怎样把技术纳入托儿所。谢谢维拉里（Susan Villari），她是我第一本书《公平的性别：学生改写了性别、暴力、激进主义和平等的规则》（*Just Sex*：*Students Rewrite the Rules on Sex*，*Violence*，*Activism*，*and Equality*）的联合主编。编写该书的过程漫长而艰难，却赋予我完成本书的能力和信心。

感谢常识媒体（Common Sense Media）的贝里（Paula Berry），她真诚地信任我，为我而战；感谢贝克（Lucy Baker）和吉尔福德出版社的整个团队；感谢威廉姆斯（Suzanne Williams）和罗西（Laura Rossi）组成的神奇宣传团队；感谢罗杰斯（Chelsea Rogers）和雅各布斯（Jayson Jacobs），当我试图开创自己的数字足迹时，他们始终与我在一起。

感谢我的老师和良师益友——夏皮罗（Ted Shapiro）博士、赫齐格（Margaret Hertzig）博士和奥金克洛斯（Betsy Auchincloss）博士——他们带我进入康奈尔医学院并教会我怎样做一名合格的内科医生和精神科医生；感谢宾道夫（Catherine Birndorf）博士，她的教诲令我受用无穷；感谢艾德·伯曼和罗宾·伯曼（Ed & Robin Berman）的忠告；感谢菲利普斯（Holly Phillips）和梅辛（Debra

Messing）抽出宝贵时间阅读本书原稿并发表评论。

感谢朋友和同事的集体智慧，他们为本书贡献了各种想法和建议。他们是阿贝丁（Heba Abedin）、阿德（Julie Ader）、奥尔特曼（Bonne Altman）、多布斯（Cindy Dobbs）、阿洛齐（Kiara Ellozy）、皮特·埃文斯和珍·埃文斯（Pete & Jen Evans）、费尔德曼（Jennifer Feldman）、丽萨·弗里德曼和史蒂夫·弗里德曼（Lisa & Steve Freedman）、弗里德兰（Julie Friedland）、盖特利（Liz Gateley）、格里克（Estelle Gehrig）、格里曼（Lori Gleeman）、戈尔德（Risa Gold）、海涅（Jen Hoine）、奥博勒（Lara Oboler）、贾菲（Lou Jaffe）、克拉布隆（Sarah Klagsbrun）、库恩（Stacy Kuhn）、劳伦斯（Jessica Lawrence）、莱德勒（Adrienne Lederer）、明斯基（Shari Minsky）、珀尔曼（Lesley Perlman）、拉宾内（Mark Rabiner）、彭波尔（Avi Pemper）、鲁贝尔（Michelle Rubel）、斯奈德（Carly Snyder）、西尔弗曼（Amy Silverman）、斯坦格（Regan Stanger）、沙利文（Renee Sullivan）、图尔钦（Wendy Turchin）、霍滕（Lisa Van Houten）、万斯（Janie Vance）、华莱士（Robin Wallace）、怀亚特（Kara Wyatt）、亚布罗（Christy Yarbro）、耶斯行（Felice Yestion）、扬（Soo Mi Young）。

目录

第二部分　数字化成长

第三部分 不能"一刀切"

引言：扔掉规则手册

几千年来，我们都是依赖我们的父母、祖父母和叔婶，从他们那里获取怎样做父母的建议。尽管我们得到的建议常常不是我们想要的，他们也常常在我们并未向他们讨教时给我们一些建议，但我们总是本能地从我们父母的做法中寻求帮助。最近，我发现自己在问这样一些问题：

我的父母什么时候用各种应用程序（apps）来奖赏我的良好行为？

我是怎样在发短信、聊天、发推特、发帖子的同时完成家庭作业的？

我多大时，父母给了我第一部智能手机？

我的父母如何选择下载哪部迪士尼影片？如何决定我可以玩哪种角色扮演类电子游戏（role-playing games，RPG）？

我的父母如何确保我和妹妹的安全，并使我们免受网络暴力和色情短信的危害？

我的父母如何帮助我们管理自己的数字足迹（digital footprint），并教给我们做良好数字公民的基本信条？

我的父母如何帮助我平衡好数字虚拟接触的世界与现实游

戏及真实人际交往的关系？

我成长于 20 世纪七八十年代，我的父母虽然很棒，但他们未曾面临这些困境。我出生于数字革命之前。我是人们所说的"数字移民"，数字技术不是我的第一语言。我是后来学会并接受这种语言的，虽然现在生活中的很多时候我都会用到这种语言，但我用得并不十分熟练。我在说"技术语言"或"数字语言"的时候是"有口音"的。如果归类恰当，我 9 岁和 7 岁的儿子是最年轻的"苹果一代"（iGeneration）、千禧一代（millennials）或"应用程序一代"（app generation）——他们出生在互联网出现之后。我 5 岁的女儿生于 2008 年，是一个"数字幼童"。对她这一代来说，互联网已经历史悠久。她在苹果手机产生以及随后的触摸屏革命之后才出生。

与你的孩提时代相比，技术已经发生很大变化。平心而论，技术一直在变，每一代父母都面临着与他们的父辈不一样的技术王国。我的父亲总是永不厌倦地告诉我，他家是温尼伯市（Winnipeg）最早拥有电视的家庭之一。他和他的兄弟会长时间地观看印第安人头像测试信号（Indian-head test pattern），等待节目正式开始。20 世纪 50 年代至 80 年代，技术以音速发展，而我们现在正经历着技术的光速发展。

人们一直在争辩，究竟是我们控制技术（工具论）还是技术控制我们（决定论）。弗洛伊德（Sigmund Freud）提出，早期的童年经验强烈地影响着我们究竟会长成怎样的人。这并不是说我们不能重塑自己，而是说我们不可能完全不受童年的影响。在养育孩子的问题上同样如此。这里的问题是，任何人都没有与交互式数字技术一起成长的直接经验。我想我们的孩子长大后会有一些经验。至少他们经历过数字时代的童年，能从中找到一些养育孩子的方法。今天，没有人有这种真正的亲身经历可以用来帮助家长弄明白蹒跚学步的孩子是否应使用马桶平板架，或者是否应在平板电脑上学习阅读。没有人能确切地说，孩子何时该拥有自己的智能手机，或者何时可以注册 Instagram（照片墙）之类的图片分享应用程序。你如何帮助青春期前的女儿处理好身心变化与网络影响之间的关系？你如何帮助青春期的儿子处理好中学的学业要求与游戏、信息和 Instagram 等图片分享应用程序的诱惑？

　　无论是你，还是你通常使用的信息渠道，都难以提供在数字化环境中做父母的经验。遗憾的是，"专家"也提供不了什么帮助。尽管这方面的研究发展迅速，纵向研究却很少。在这一点上，那些针对"90 后"孩子进行的研究都有些过时。早期的许多研究结论是可怕的、悲观的，它们多聚焦于被动的电视收视，而极少聚焦于交互式数字技术。

　　我的朋友和家人一直问我：既然我已有一份全职工作，还是三个孩子的母亲，为什么还要开展这个项目？我决定开展这个项目是因为，我作为一名家长和一名儿童与青少年精神科医生，想就数字技术环境下怎样做家长这个问题提出一套更为缜密的方法。对于数字时代，人们有太多担忧。当我告诉朋友和同事我要写一本这样的书时，他们的第一反应基本都是饱含担忧的："你要告诉家长如何保证孩子的安全？"或者"我们的孩子在成长过程中还有可能形成有意义的关系吗？"你可以回避数字时代，但你终究无法逃离数字时代，它就在这里。因此，我想提出一种方法，这种方法使我们不再担忧，使我们接受并控制数字技术，而不是被数学技术控制。

　　无论是在办公室还是在家里，在那些被称为"数字土著"的孩子身上，我都曾看到一些由数字技术带给他们的令人难以置信的好处和坏处——其中一些完全出乎意料。我想结合儿科学、精神病学和育儿方面的知识来回答我们这些"数字移民"的问题，并就如何最大限度地发挥"新"技术的益处，最大限度地降低其不利影响，开启一场建设性对话。

　　我总是接到家长的来电，询问他们的孩子是否到了可以拥有一部苹果手机的时候，让孩子加入 Instagram 或玩《使命召唤》(*Call of Duty*) 这类射击游戏是否安全。在我坐在天天面包店（纽约的一家比利时面包特许经营店）完成本书的过程中，我所做的全部事情就是观察邻座的人，以帮助我了解这些问题。在我右边，一对年轻夫妇在谷歌上为他们正蹒跚学步的孩子搜索"推荐屏幕时间"，而他们18 个月大的宝贝坐在高脚儿童椅上拿着他们的另一部苹果手机又捏又敲。在我左边，两个年轻女孩相对而坐，兴奋地发着信息，不时看着手机大笑。她们之间的交流方式是《杰特逊一家》(*The Jetsons*) 和我成长的 20 世纪 80 年代的科幻电影都无法想象的。遗憾的是，没有针对这种更新和创新的育儿指南。我们都不放心 SnapChat（"阅后即焚"）之类的照片分享应用，也担忧色情短信的泛滥，对下一波即将来临的东西也还未作好准备。家长、教育工作者、内科医生都处于"追赶"的状态。我们需要规则，却没有规则。本书的目的就是要帮助你形成一套周全、系统的方法，以制订出针对数字技术的规则、指南，并尽早开始坦率的沟通。

　　与其他育儿问题一样，我们的方法也需要与发展阶段相适应。适合 12 岁孩子的方法也许不适合 9 岁的孩子。你的儿子什么时候开始玩《魔兽世界》(*World of Warcraft*) 比较合适？在女儿多大时你相信她有权拥有自己的智能手机并能负责任地使用？本书自始至终鼓励你根据自己的直觉和对孩子的深入了解作决定。你最了解自己的家庭，最了解自己家庭文化的基本价值观和习惯，相信它们能给你指引。

当然，你也想知道研究得出了什么结论。我将提供已有科学证据，如果还没有相关研究，我将根据自己的教学和临床经验来提供一些建议。希望你的孩子能形成在线适应能力（online resilience），形成健康发展的数字足迹，增进自我表达而不是自我毁灭。

先前有许多研究警告，富人和穷人之间可能出现数字鸿沟（digital divide），即穷人的孩子很少有机会使用数字技术，这将妨碍他们发展，使他们处于贫困之中。过去5年来，由于有更多的计算机进入课堂，再加上智能手机革命，有关数字鸿沟的研究已经发生变化。西北大学最近一项研究发现，低收入家庭比年收入10万美元以上的家庭拥有更多数字设备。当前的关切不在使用机会（access）而在如何使用（usage）。如果低收入家庭的孩子通过智能手机而不是计算机访问互联网，那么他们所能做的会是在线创造还是单纯消费？在刚进入21世纪时，研究者关心的问题是，与线上陌生人之间的"真正"友谊可能会被社交网络替代。随着社交媒体和互联网变得无处不在，现在的研究问题是，如何在虚拟世界中与你现实生活中的朋友保持充分联系。

我们的父母在这一点上帮不了我们，研究又一直在变，那么我们现在该做些什么呢？

既然父母和研究者都帮不上什么忙，那么我们就应从头开始来形成一个升级版的育儿模式。我们把这段旅程分为三步。

1. **弄清你的教养风格和家庭文化。** 对孩子的数字技术使用来说，父母的"规则"和家庭文化是基础。你必须以相对无缝的方式将数字技术结合进孩子的生活，使之与你的家庭文化、价值观和规则相一致。例如，如果你的丈夫（或妻子）玩《愤怒的小鸟》（*Angry Birds*），一玩就是几个小时，而你却规定10岁的儿子每天玩游戏的时间不能超过1小时，那么你注定会失败。将15岁女儿看电视的时间限定在 2 小时以内，可自她出生以来你家的电视就始终作为背景打开着，这将使你陷入自相矛盾之中。在第 1 章，我将带领你去发现你的育儿观念的根源，定义你自己的育儿风格，然后坦诚地评价你家的数字技术节制（technology diet）方案。最终的目的在于，思考你与数字技术的关系类型，以及你希望你的家庭未来与该技术形成何种类型的关系。

2. 理解数字王国。 重要的是，要了解数字技术的发展演进，即什么时代发生了什么。同样至关重要的是，要亲身感受今天的儿童和青少年实际上是如何使用数字技术的。本书赖以存在的基础是发展的。也就是说，我所有的分析和建议的基础是对不同年龄段的发展目标和重大事件的理解。这种数字化教养发展模式将考察数字技术如何支持成长，以及在孩子的每个发展阶段你需要着重处理的具体问题。在第 2 章，我们审视了那些探讨数字技术如何影响儿童发展的研究，然后在第 3 章带你游览广阔的数字技术王国。第 4 章介绍了一些几乎占据家长全部对话的热点话题，包括从数字襁褓（iBlankie）到众所周知的 5 分钟脸书知名度的所有东西。接着，本书第二部分的各章分年龄段探讨了数字技术与孩子不同发展阶段的需求之间的相互关系，以及应如何更好地令数字技术成为孩子健康成长的支持工具而不是阻碍工具。在第 11 章，我们会进一步探讨那些需要更多关注和家长介入的孩子，揭示多动症（ADHD）、焦虑症和抑郁症的危险信号。这些"兰花孩子"（orchid children）需要更多的关爱和不一样的技术参数。

3. 制订一个家庭技术规划和家庭媒体规则，保证数字技术对孩子的成长产生积极影响。 "规则"这一主题将在本书中反复出现，尤其是在第二部分讨论不同发展阶段的各章。虽然我会提出一些必须遵守的行为规范，但它们在很大程度上是你的家庭和你的规则。我鼓励你坦诚地对待自己和自己使用数字技术的实际情况——当然，这些是你每天为孩子树立的榜样。我将帮助你仔细考虑清楚自己的价值观、信念和习惯，这样你就能把它们用到你的家庭技术规划中去。最后一章提供的准则可帮助你将从本书中读到的一切融入你的个人家庭技术规划。我强烈建议你花些时间为家庭制订一个规划。制订一个能够直达完全开放的数字技术前沿的、有目的的行动方针是唯一的方法。有了家庭规划，理解了变化中的数字技术王国，你的家庭就能充分利用数字技术，熟练、聪明、安全地使用各种有趣的工具。

第一部分

美好的数字化新世界

1 了解家庭的数字化居所:
培养在线适应能力和数字公民意识

　　洛丽（Lori）是第一个对我的求助作出回应的"妈妈朋友"（mom friends）。我给一些我尊敬的妈妈发电子邮件，了解她们关于在数字时代抚育孩子的想法、担忧和观点。洛丽毕业于常春藤盟校（Ivy-League），在第二个孩子玛德琳（Madeline）出生以后，她离开了供职的律师事务所，成为一名全职妈妈。她认真仔细地对待自己的这份新工作。

　　洛丽给我发了一封长达三页（不是在开玩笑）的电子邮件，列数数字技术的罪恶。她解释说，她的孩子喜爱有精美插图的精装故事书，玩老式的棋类游戏。玛德琳5岁，杰克（Jake）7岁。她尽可能限制他们使用数字技术。在写这封长长的邮件时，她收到了递送来的2013圣诞贺卡。她打开箱子，而让她深感沮丧的是，她发现在姿态优美的全家福照片中，女儿拿着一台平板电脑（iPad）。

　　她完全惊呆了。在她的意识中，她的家庭文化是没有数字设备和数字技术的，但平板电脑就在圣诞树前，处于突出的位置。洛丽是一个非常有趣且有自知之明的母亲，这种反讽对她不会没有影响。她告诉我不要太在意那封列数数字技术罪恶的长达三页的邮件。她说，数字技术已经完全融入她的家庭生活，现在是面对现实的时候了。

10　　她把卡片寄回了公司，用图像处理软件删除了女儿手中的平板电脑，但是她开始重新评估她对数字技术的武断做法。洛丽有些伤感地对我说，她制订的严格规则蒙蔽了她的双眼，使她看不到她的丈夫和孩子已经对数字技术创新着迷了。洛丽褪去了她的盲目性，意识到并不只有她的孩子才沉迷于数字技术。圣诞贺卡事件后的那个夜晚，她想跟丈夫讨论新的节日贺卡。当她打开浴室门时，却发现丈夫，一位有影响力的华尔街投资银行家，正蜷缩在角落里全神贯注地玩一款十分流行的游戏——《部落战争》(Clash of Clans)。她问他在做什么，他解释说是为了避开孩子（和她），不让他们看到他在玩游戏。洛丽和我都认为，你可以回避数字技术，但你终究逃不开数字技术的诱惑。

和绝大多数家长一样，洛丽努力在"人类"和"虚拟"之间达成平衡。在 21 世纪，了解你家的数字化居所（habitat），对成功养育孩子而言是至关重要的。

我们都希望自己的孩子快乐、成功和安全。我们怎样实现这一目的？要使我们的孩子免遭危险（无论是线下还是线上），我们不能天真地相信只有教育和知识这一条可靠的途径。让我们获得成功和快乐的并不是规则和约束。逆境是不可避免的，孩子必须学会控制逆境。成人的快乐和成功似乎基于儿童时期的适应能力和性格。以此为基础，才能形成良好的公民意识（无论是否数字化）。**作为一名精神科医生、研究者和母亲，我相信，性格和公民意识的形成离不开适应能力，而适应能力就是在线上和线下寻求成功和快乐。**

多布斯（David Dobbs）在他 2009 年发表的论文《成功的科学》

（*The Science of Success*）中描述了他所谓的"蒲公英孩子"（dandelion children）和"兰花孩子"（orchid children）。"蒲公英孩子"是健康的或"正常的"孩子，其基因中有很强的"适应力"。无论是在人行道的裂缝中还是在精心照料的花园里，他们都能茁壮成长。相反，"兰花孩子"如果受到忽略或遭到粗暴对待就会枯萎，而若在暖房里得到仔细照料，他们就会绚烂地绽放。①

　　我同意"适应力基因"在孩子应对逆境的能力中确实起作用，但无论是人们的研究还是经验都发现，父母的养育和爱能改变基因安排好的路线。**因此，我们的第一个数字化养育目标是培养在线适应能力（online resilience）和数字公民意识（digital citizenship）。**

　　适应力强的孩子会将负面的情绪和经验转换成积极的情绪和经验。对于各种线上不利局面，他们不是回避，而是直面风险，从而成功应对各种不利形势。错误和过失对适应能力的形成极为重要，而过度约束的养育方式会使孩子较少发生错误和过失。无论是恰当地利用各种媒体平台还是坚持数字公民意识的信条，如果你的孩子要在各个活动领域和数字世界中持续发展，在线适应能力是基础。有高度自尊和自信的孩子更容易形成在线适应能力，具有心理障碍（psychological challenge）的孩子则困难重重。②（第 11 章将针对那些在数字技术利用方面面临挑战的孩子，为他们的家长提供一些建议。）

11

---

① David Dobbs, "The Science of Success", *Atlantic Monthly*, December 2009, *http:// www.theatlantic.com/magazine/archive/2009/12/the-science-of-success/307761.*

② Leen d'Haenens, Sofie Vandoninick, and Veronica Donoso, "How to Cope and Build Online Resilience", EU Kids Online, January 2013, *http://www. lse.ac.uk/ media@lse/research/EUKidsOnline/EU%20Kids%20III/Reports/ Copingonlineresilience. pdf.* 研究结论基于一项针对欧洲 25 000 名 9—16 岁孩子的家庭面对面调查。该研究也提出了解决策略。

> 你可以回避数字技术，但无法逃离数字技术。

当我试着列出在线适应能力的组成成分时，我看到了图赫（Paul Tough）写的《孩子怎样取得成功》（*How Children Succeed*）。他绕开了智力和学术能力评测（SAT）取得高分而获得成功这一观念。他认为，对成功而言，更要紧的是那些性格方面的品质，如坚韧、好奇心、自觉性、乐观和自制等。[①] 经济学家称这些品质为"非认知技能"，心理学家把它们叫作"性格"，而我将把这些特质与数字世界相联系，称它们为"在线适应能力"和"数字公民意识"。我相信，既然你的孩子花在数字世界的时间比吃饭、睡觉、闲逛和学习花费的时间多，那么他们就不只需要现实世界的适应能力。他们还需要在线适应能力，也需要数字公民意识来护佑自己和周遭的世界。

> 我们的孩子需要在线适应能力来护佑他们自己，也需要数字公民意识来护佑周遭的世界。

"数字公民意识"是你应该知晓的最重要的网络术语。数字公民意识反映的是与数字技术利用的责任感和适当性有关的规范和伦理道德。对我来说，这些术语意味着友好、责任心、自觉性、自制、警觉和利他等品质。我设想学龄儿童应像宣读对国家效忠的誓言那样宣读下列誓言。

12

数字公民誓言

　　我宣誓承诺拥护数字公民的价值观。我宣誓爱护自己、他人和社区。我宣誓要留意自己的在线言论和帖子的内容。我宣誓将技术用作提升自己素养和社区文明的工具。我宣誓要利用互联网和社交媒体的力量把友好和善行传播到全世界。我宣誓遵守数字世界的金科玉律——"己所不欲，勿施于人"。

[①] Paul Tough, *How Children Succeed: Grit, Curiosity, and the Hidden Power of Character*(New York: Houghton Mifflin Harcourt, 2012). 强烈建议阅读该书，了解性格背后的研究和新的教育方法。

数字公民意识应成为学校用来为数字世界培养成员的工具。在美国，国家的一项任务是"为公立学校提供高级电信服务和信息服务"。数字公民意识是核心课程的松散组成部分，并没有硬性规定的教学计划。不过，一所学校或一个学区申请额外的数字技术资金，即数字评估拨款（E-rate grant）时，它必须出示证据表明它在课堂里教授了数字公民意识。①

数字公民意识看起来显然是积极的，对此不应有太多争辩。但是，有不少文献，如一些专栏、博客和书籍，如《注意力分散》（*Distracted*）、《最迟钝的一代》（*Dumbest Generation*）都表示出下列担忧：数字技术将使我们在思想、创造性和关系等方面进入一个蒙昧时代。许多深受欢迎的电影，如《黑客帝国》（*The Matrix*）、《终结者》（*The Terminator*）等，都预示了可怕的世界末日，那时的人都是一些由计算机控制的脑死亡者。我们会不会走进一个美好的新世界，在这个世界里，2015年真的出现了影片《终结者》所描述的1984年的情况？很显然，我回答不了这个问题，但是需要对数字技术公司越来越强大的能力加以监控。那么，我们为此可以做些什么呢？

我们可以培养具有数字公民意识的孩子。

- 我们可以培养孩子，使他们合乎道德规范地使用脸书（Facebook）或YouTube（优兔）这类视频网站或者下一波将出现的任何东西。

- 我们可以培养孩子，使他们成为负责任的、能干的使用者。

---

① 数字评估拨款和CIPA的细节很复杂。通用业务管理公司（Universal Service Administrative Company，USAC）在官网上提供了申请信息。我发现埃尔克·格洛夫统一学区博客（Elk Grove Unified School District blog）对解释学区的数字公民要求最有帮助。

■ 我们可以培养能理解权力分立（separation of powers）的必要性，以及理解使数字技术与国家相分离（separation of technology and state）的必要性的政治家。

下面的方框中列举了一些提升在线适应能力和数字公民意识的方式。

13

提升在线适应能力的方式举例

- 与孩子讨论"好"电视和"坏"电视。
- 帮助他们区分电视、网络和社交媒体中的幻想与现实。
- 质疑他们在网上和电视上看到的刻板印象。
- 与他们谈论暴力——问他们对角色的感受。
- 教导他们对广告图片和信息保持判断力。
- 帮助他们成为有批判意识的消费者。
- 帮助他们评估网站的可靠性和真实性。
- 密切注意他们在社交媒体网站上的言行。
- 对他们或其他人在社交媒体上所作的错误选择进行当面（不是事后在线的）评论。
- 把一些小的在线错误转化为教育契机（teachable moment）而不是实施惩罚。
- 鼓励他们为在线错误道歉并改正错误。
- 保持坦诚沟通，这样孩子才能与你讨论在线错误和他们的在线关切。

你希望孩子准备好进入没有临时保姆的网络空间。

这段旅程始于家庭，始于你对自己家庭文化和家庭数字化居所的理解。

拳击短裤或紧身裤？定义你的家庭文化

要创建一份旨在培养在线适应能力和数字公民意识的育儿蓝图，我们必须从审视家庭文化开始。家庭文化很重要，因为它将左右你的家庭有关数字技术的决定。它将帮助你弄明白并解释你对待自己和孩子的方法。你的家庭文化由你的家庭在社区内外的身份构成。你的种族特点、宗教、教育、政治观点、价值观等共同塑造了你的家庭文化。每个家庭都不一样，它们很难被简单地归类为保守的、开明的、虔诚的或世俗的。帮助你定义家庭文化的是一些有趣而微妙的东西。例如，你怎样称呼你的祖母？是奶奶、阿娘、阿嬷、好婆、亲婆、嬷嬷、阿姥，还是阿奶？此处还有些涉及更多方面的问题可帮助你思考你家的家庭文化。

14

- 你们怎样庆祝？
- 你们的家庭传统是什么？
- 你们怎样放松？
- 你们的种族特点和家庭背景对你们的家庭生活有何影响？
- 你们的宗教对你们的家庭生活有何影响？
- 你的家庭与你童年时代的家庭有何异同？
- 你认为孩子的目标和当务之急是什么？

你的家庭文化将决定你关于数字技术的价值观。有些家庭准备接受数字技术并将它用作工具；有些家庭非常担忧和怀疑，将数字技术视为敌人；还有些家庭则兼具以上两种态度。洛丽不信任数字技术，试图限制数字技术，但她的丈夫和孩子渴求数字技术并接受数字技术。你的家庭文化不应受数字技术驱使，而应以有趣、健康、充实的方式融入数字技术。

本章将探索家庭文化的三个组成要素，它们对理解家庭的数字化居所而言很重要，也是家庭数字技术规划的组成部分。

- 你和你的伴侣与数字技术的关系。
- 你的教养身份和风格。
- 你家的媒体消费类型。

你与数字技术的关系

应以有趣、健康、充实的方式将数字技术融入你的家庭文化。

你与数字技术的关系是你的家庭文化的重要组成部分。那么，在数字技术谱系（technology spectrum）上，你处于什么位置呢？你是个精通数字技术的人吗？你是第一个进行升级的人吗？你是花费数小时来弄明白一些新的小玩意的人，还是更愿意让其他人来为你做这件事的人？这些问题的答案没有对错之分，但是，在你指导你的孩子之前，你需要弄明白你与数字技术的关系。婴儿潮时期出生的人（baby boomer）和 X 世代的人（generation Xer）都被称为"数字移民"（digital immigrant）。网络空间和数字技术对他们而言是第二语言。数字技术革命后出生的儿童和年轻人则被称为"数字土著"（digital native）。他们在讨论数字技术时是"没有口音"的。下列关于家庭文化的问题能帮助身为数字移民的家长更好地理解自己与数字技术的关系。

- 你记得的最早的电子游戏、电子邮件和社交媒体是什么？
- 你是接受还是避开最新的玩意？
- 你家里有几台电视？
- 你认为你是一个重度、中度还是轻度的数字技术使用者？

- 你无聊的时候是看《纽约时报》还是玩《宝石迷阵》（*Bejeweled*）游戏？
- 与丈夫（妻子）的"纪念日"，你们是去电影院还是健身房？
- 你把手机带进浴室吗？
- 你是更喜欢在电子阅读器上阅读，还是更喜欢阅读纸质材料？
- 对于孩子的数字化旅程，你是担忧还是兴奋？
- 你是经常使用互联网，还是偶尔使用互联网？
- 你注册脸书了吗？
- 你在网上遇到过你的配偶吗？你们有过网上约会吗？
- 你是更喜欢发信息，还是更喜欢交谈？
- 你的工作是否要求你始终在线？
- 你认为你是否为孩子的数字化生活作出了良好表率？

由于家庭文化的不同，你可能选择通过书写、电子邮件、发信息或记在脑中等不同方式来列出一系列能描述你的家庭的品质。你列出的清单将帮助你明确你是接受、回避、限制还是许可数字技术。

说实话：你是怎样的家长？

在描述完你的家庭后，现在该反思你是一个怎样的家长。在我们思考自己作为"妈妈"或"爸爸"的身份时，我们常常参照自己的父母来描述自己。你孩提时的记忆、遗憾和经历深刻影响着你将成为什么样的家长。这并不是说你将完全变成你母亲或父亲那样，但你逃不开他们的影响。不管你是否意识到，你第一个孩子的降生

16

很可能触发了你自己的童年记忆。多年来，你可能第一次发现自己
在问，如果是你的母亲，她会怎样应对某个局面。也许你并不完全
认同他们的努力。而且，你可能选择与你父母完全不同的方式。例
如，你可能严格限制数字技术的使用，原因就是你认为你的父母
"不够严格"。无论好与坏，你童年时的记忆和你与父母的关系将在
很大程度上决定你的父母身份和选择。

下列问题可以帮助你调整自己的父母身份：

1. 你父母最大的优点和缺点是什么？
2. 是什么影响了你父母养育孩子的能力？（如离婚、疾病、心
   理健康、药物滥用）
3. 你父母是怎样区别对待你的兄弟姐妹的？
4. 你父母是否制订了许多规则并提出了许多期望？
5. 当你做错事时，你父母如何惩罚你？
6. 除你自己的父母外，你是否还有其他的榜样？
7. 你养育孩子的方式与你的父母有何异同？

回答这些问题的目的在于帮助你弄清你是一个怎样的家长，以
及你为什么是这样的家长。第一至三个问题可帮助你从自己目前的
家长角度去理解你的父母。当你在决定如何处理孩子生活中的数字
技术或其他重要问题时，它们能帮助你明白你可以从何处着手。那
些在养育孩子方面面临重大挑战的家长与自己父母的关系多半充满
矛盾和失望。如果你的情况也是这样，那么对你来说，重要的是弄
17 清楚，你觉得你的父母在何处以及怎样让你失望。你可以从他们的
失败中吸取经验教训，帮助你在现实世界或虚拟世界里更好地养育
自己的孩子。

　　第四个问题和第五个问题可以勾勒出你父母的教养风格。如果你的父母在提出明确期望的同时鼓励独立性，你可能会愉快地给予孩子与他们的发展阶段相适应的自由，让他们去探索和接受数字技术。如果你的父母是挑剔的、高要求的，那么你在养育孩子时可能总会感到担心并对孩子作出种种限制。在孩子到达的每个重要发展时期（无论是真实的还是数字化的），你可能都会"记起"有关童年和父母的各种事情。你可能记起离家去参加夏令营时的担心，或者因让父母失望而感到羞愧。你应该对这些记忆和时刻进行评估。如果你回忆起了自己孩提时感受到的羞辱或失望，你要特别留意。可能正是这些记忆和有待解决的经验阻碍或影响了你今天所作的教养决定。如果你觉得作为家长你作出了不当的决定，那么请回过头去想想你的童年和你自己的父母，从中可以找到答案和解决方法。要留意你自己孩提时的不愉快的回忆，这样你才能有意识地朝不同的方向去支持和引导你自己的孩子。

　　最后两个问题使你有机会提前思考你将如何利用自己儿时的经验，使它们对你的教养风格产生积极的影响。我们可能无法控制我们自己的童年经验，但我们可以利用它们来更好地为我们自己和我们的家庭进行决策。

宵禁令还是糖果？定义你的教养风格

　　已经有研究表明，教养风格影响着孩子的媒体使用和在线适应能力。一般而言，研究者认为教养风格可分为专制型（authoritarian）、权威型（authoritative）、放任型（permissive）和忽视型（uninvolved）。近来，研究者将这四种类型应用于数字技术，并称其为"网络教养风格"（Internet parenting style）。你对待和管理数字技术的方式无疑将反映出你的一般教养风格。家长关爱（parental warmth）和家长监控

（parental control）是促成数字教养风格的两个主要成分。

18 　　**家长关爱和积极回应**指的是有意识地促进孩子的个性和自律发展。它表示父母顺应和培育孩子个人需求的程度。

- 关爱多的父母更有可能让孩子参与数字技术规则的制订。
- 父母与孩子之间更有可能分享数字技术经验。
- 孩子更有可能与父母分享他们在网上不悦的或可怕的经历。

家长监控与对数字技术使用的限制有关，也与对可接受内容所作的清晰指导有关。

- 监控严格的父母更有可能亲自监督或利用家长监控软件和过滤软件监督孩子的网络使用情况。
- 监控严格的父母更有可能设置没有商量余地的数字技术限制。
- 监控严格的父母更少注重孩子的个人需求，更多注重前后一致的规则及其产生的有效结果。

 完成下列小测验，看看你的数字教养风格

1. 我制订家庭数字技术规则的方法是：
   （1）我不操心。
   （2）我将尽我所能执行规则，但是在跟进时可能会有困难。
   （3）我将让孩子参与制订家庭数字技术规划。
   （4）对于何时可以使用数字技术以及如何使用数字技术，我丈夫和我会打印出前后一贯的清晰规则。

19 2. 理想情况下，你将如何监控孩子的网络使用情况？
   （1）我不操心。

（2）我偶尔看看孩子的手机或搜索历史。

（3）我会一直检查孩子的信息，会悄悄地在社交媒体网站上关注他。

（4）我会安装家长监控软件和过滤软件，屏蔽不当的网站，监控所有的活动。

3. 在工作日晚上，你是否允许儿子玩在线游戏？

（1）当然，否则他做什么呢。

（2）是的，他需要休息一会儿，但希望他过后会完成家庭作业。

（3）是的，但他需要先完成家庭作业并给我过目，这样我才乐意让他玩游戏或与他一起玩游戏。

（4）不会，电子游戏会使人上瘾，也会让人分心。他应该专注于他的家庭作业，但他可以在周末玩游戏。

4. 如果你发现女儿向她的男朋友发送了一张不雅照片，你会怎么办？

（1）无所谓，那是她的私事。

（2）我表示关注并与她讨论他们的关系。

（3）我关注女儿的自尊心，同时联系男孩的家长确保该照片不会被转发出去，然后在接下来的几天里没收她的手机。

（4）我会禁止女儿再和那个男孩见面，然后在接下来的一个月里没收她的手机。

　　如果你对大多数问题都选择了（1），那么你属于忽视型教养风格。这种风格不言自明，忽视型家长也不大可能会读这本书。与忽视型教养风格相关的是，孩子缺乏自尊心和适应能力。这种风格也是最少见的教养风格。

　　如果你对两个或两个以上的问题都选择了（2），那么你很可能属于放任型教养风格。放任型家长通常具有高积极回应和家长关爱、极少家长限制。他们关心自己孩子的独特需求，容忍孩子的不成熟和调节障碍。他们可能承认有必要制订数字技术规则，但他们很少执行规则，也很少注重规则与结果的一致。

20 如果你对两个或两个以上的问题都选择了（4），那么你被认为是专制型教养风格。专制型家长制订了不容置疑的规则。这些家长通常会提出前后一贯的规则和后果。不过，他们通常不考虑每个孩子的个性化愿望和需求。结果，他们实现了行为控制，但是规则并没有被内化和概括化。他们以命令而不是讨论的方式向孩子灌输其家庭关于数字技术的价值观和期望。在家长关爱和家长监控的健全连续体上，放任型教养风格和专制型教养风格代表的是两个极端。

如果你选择的答案有两个或两个以上的（3），就代表你是权威型教养风格。权威型教养是最常见的风格，也是与构建在线适应能力和数字公民意识最相符的风格。以下是一个十几岁女孩对其权威型父母的描述。

我妈妈还没给我买新的苹果手机。她说，我现在的苹果手机还很好，如果我的朋友根据我手机的型号来评价我，那么我就该问一问自己谁才是我真正的朋友。在一周的工作日内我都可以看电视，也可以在 Instagram 上发帖，但是在我被允许上网或在葫芦网（Hulu）上看视频之前，我得先做完全部家庭作业并给父母过目。我妈妈坚持在 Instagram 上关注我，并且在脸书上加我为好友。这有点不可思议，但她能帮助我处理我介入的欺凌事件。她要求我写一封道歉信并迫使我打电话给那个女孩。说实在的，结果很好，而我现在在网上也更加小心。

　　我可以与朋友一起外出，但我必须在晚上11点以前回家。如果我换了一个地方，我必须发信息告诉妈妈。必须和妈妈说晚上在哪里逗留，这真的很烦人，太过了。我有一个男朋友，但他看起来像个傻瓜。我和他分手了，我妈妈对整件事情表现得相当冷静，她说我作出了正确的判断，她还说或许在圣诞节时我可以得到一部新款苹果手机。

　　权威型家长努力在关爱与监控之间维持平衡。他们要求孩子遵守一套行为准则，但是当孩子违反行为准则时，得到的是支持性的帮助而很少受到惩罚。他们真的把孩子当作不同的个体去满足他们的需要，但同时期望孩子具有社会责任感。权威型教养风格将对青少年的心理和认知发展、心理健康、自尊心、学业成绩、自主性和社会化产生积极影响。[①]

21

　　放任型和专制型家长应该认识到其教养方法中的风险。放任型家长在努力支持和促进独立性时，承受的风险是未能提供孩子健

> 权威型家长最适合促进孩子提高在线适应能力。

康发展所需的期望和指导。专制型家长管理和监控得很好，但他们承受的风险是孩子不会自行管理数字技术。关爱与监控之间的平衡促成了权威型教养风格。我对瓦尔克（Martin Valcke）关于互联网教养风格的一个图示略作修改，以帮助你形象地了解各种教养风格之间的相互作用（见图1）。权威型家长最适合促进在线适应能力，以及由此形成的数字公民意识。

---

① Mathew S. Eastin, Bradley S. Greenberg, and Linda Hofschire, "Parenting the Internet", *Journal of Communication*, 56, (2006):486–504. 本文引用了对这些指标的研究。

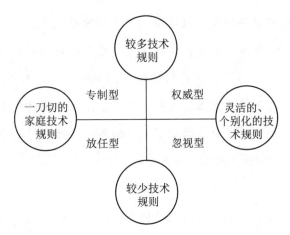

图1　教养风格与网络监控的关联图示 ①

22　　**客观评估你的家庭数字技术节制方案**

　　使用，使用，使用。 数百万关于数字技术的统计基本都与使用情况有关。放任型和忽视型家长允许孩子大量使用数字技术。专制型家长则较少允许孩子使用数字产品。各个家庭中影响数字技术使用数量和内容的因素又是什么呢？

　　有一种常见的说法是，孩子推动着家庭的媒体消费和媒体类型的选择，但是，婴儿和幼儿又如何创设他们的家庭媒体环境呢？答案是他们还不会。2013年，西北媒体和发展中心（Northwestern Center on Media and Development）针对数字技术时代的教养发表了一项令人印象深刻的研究，他们调查了2 300名孩子年龄在0—8岁间的家长。他们还在加利福尼亚州和伊利诺伊州召开了多次座谈会（focus group）。这项研究非常有趣，因为它是第一个关注幼儿的研究。在本书中，我

----

①　Martin Valcke, Sarah Bonte, Bram De Wever, and Isabel Rots, "Internet Parenting Styles and the Impact on Internet Use of Primary School Children", *Computers and Education*, 55, no.2(2010):454-464. 该文很好地概述了常见的育儿方式以及育儿方式如何影响孩子的数字生活。

将有关数字技术使用的统计分为两类：8 岁及 8 岁以下孩子的使用、9 岁及 9 岁以上孩子的使用。原因很简单：8 岁及 8 岁以下孩子往往与父母一起使用数字技术，他们更多更愿意玩教育游戏和应用程序。到了 9 岁或 10 岁，孩子已能读会写，社会性和独立性已有较大发展。这时，共同参与少了，两代的冲突也开始出现。

西北媒体和发展中心的研究人员发现，幼儿的家长创设了各种不同类型的媒体环境。研究中区分了三种教养风格：媒体中心型（media-centric）、媒体适度型（media-moderate）和媒体轻微型（media-light）。①

阅读下面的描述，你认为你属于哪一类？

媒体中心型：这类家长占被调查家长的 39%。这类家长喜欢使用媒体，平均每天花在媒体上的时间为 11 小时。其中超过 4 小时用于看电视，3 个半小时花在家用电脑上，2 小时花在智能手机上。只要在家，即使没人看，这类家长也喜欢开着电视。几乎有一半家庭（44%）在孩子卧室里放有电视。这类家长用电视和媒体来与他们的孩子保持联系。虽然他们确实和孩子一起看电视，但超过 80% 的家长说，在准备晚餐或做家务时，他们会用电视来让孩子打发时间。他们的孩子每天平均有 4.5 小时花在屏幕媒体上。这些孩子每天花在媒体上的时间比媒体轻微型家庭的孩子多 3 个多小时。

媒体适度型：这类家长人数最多，占被调查对象的 45%。这类家长在家时大约花 4.5 小时在屏幕媒体上。他们较少玩电子游戏。虽然他们喜欢看电视，但他们很少将看电视和电影作为首选家庭活动。与媒体中心型家庭相比，他们往往优先考虑全家性户外活动。媒体适度型家庭的孩子每天花在屏幕媒体上的时间大约为 3 小时。

23

---

① Ellen Wartella, Victoria Rideout, Alexis R. Lauricella, and Sabrina L. Connell, *Parenting in the Age of Digital Technology: A National Survey*, Center on Media and Human Development, School of Communication, Northwestern University, June 2013, *http://vjrconsulting.com/storage/PARENTING_IN_THE_AGE_ OF_ DIGITAL_TECHNOLOGY.pdf*, pp.1–30.

> **媒体轻微型**：只有 16% 的家庭属于媒体轻微型。这类家长每天花在屏幕媒体上的时间不足 2 小时。他们不大可能在孩子卧室里放置电视。他们也很少认为电视和电影是一项有趣的家庭活动，很少用电视和媒体来占据孩子的时间。媒体轻微型家庭的孩子平均每天花在屏幕媒体上的时间为 1 小时 35 分钟。

正是家长与数字技术的关系和家长对数字技术的消费决定了孩子在家里使用数字技术的状况。家长应以合作的、创造性的、有节制的方式与幼儿一起使用数字技术。在有幼儿的家庭里，数字技术不是冲突点。家长应共同参与幼儿的媒体经验。他们可以一起愉快地看节目或玩电子游戏，但是他们也应优先考虑和重视与孩子一起度过线下时光。

对 8—18 岁孩子的统计情况则大不一样。恺撒家庭基金会（Kaiser Famliy Foundation）从 1999 年就开始监测媒体使用。2009 年，他们对 2 000 个孩子进行了调查，并对 700 个孩子建立了详细的媒体日记。他们发现，8—18 岁的孩子平均每天有 7 小时 45 分钟花在数字技术上，如果考虑到他们同时使用多种设备，他们每天花在数字技术上的时间多达 10 小时 45 分钟。[①] 每日使用时间总计达 10 小时 45 分钟已令人难以置信，而更令人震惊的是，从 2004 年到 2009 年，5 年间全美使用量的增加。

> **2009 年孩子花在数字技术上的时间比 2004 年多了 2 小时 15 分钟：**
>
> - 音乐 / 视频增加了 47 分钟。
> - 电视增加了 38 分钟。
> - 计算机使用增加了 27 分钟。
> - 电子游戏增加了 24 分钟。
> - 电影和印刷媒体没有变化。

---

① Victoria Rideout, Ulla G. Foehr, and Donald Roberts, *Generation M2: Media in the Lives of 8-to 18-Year-Olds* (Menlo Park, CA: Kaiser Family Foundation, 2010). 这是美国有关媒体使用引用率最高的研究。

照这样的速度，2009 年，孩子平均每天花在数字媒体上的时间 24 超过 15 小时。他们将没有时间用来吃饭、睡觉或与真人交往。你在看到这些统计数字时或许会说，你的孩子不可能消费那么多媒体。

你确定吗？

我强烈建议你查明自己和孩子实际上使用了多少媒体。如果你想减肥，去拜访一位营养学家，他会建议你说，在你节食前，你应弄明白并监测自己的饮食习惯。与饮食一样，数字技术的使用最好也有节制，就像计算卡路里，诚实地计算自己花在数字技术上的时间很难。下列指标可帮助你保持诚实。

试着为你家的每个成员建立三天的媒体日记。如果你觉得这件事工作量太大，那么你可以一个一个地分别对每个家庭成员进行监测。如果你的孩子已满 8 岁，最好让他自己记录自己的媒体日记。我还没有发现可以同时追踪多人使用多种线上线下设备情况的理想的媒体日记应用程序。《拯救时间》（*RescueTime*）是一款时间管理工具，它可以详细记录你的互联网使用情况，并每周生成一份图示报告。另一款叫《时间兔》（*TimeRabbit*）的软件可以测量你在社交媒体上掉进"兔子洞"的次数。我不主张你为此而使用家长监控程序，但有不少现成的追踪软件可以利用。现在，我们只做一个为期 3 天的实验，记录你每天花在下列事情上的时间：

- 电视：现场直播、延时播出节目和网络电视节目。
- 计算机 / 平板电脑：在线和线下活动（包括家庭作业，但用星号标明）。
- 手机：包括通话、短信、游戏和网上冲浪。
- 游戏机：掌上游戏机和大型游戏机。

虽然这里将全部电视时间都包括在内，但我并不把音乐时间计入其中，除非你家是在上网或玩游戏的同时听音乐。多任务计时的结果将多于单任务计时的结果。如果可能，在多任务出现时，用彩色或下划线予以强调。我们不要为细节费心。我们想知道的是你家的每个成员花在数字技术上的大致时间。

以下建议可以帮助你进行准确的记录：

■ 以小时为单位记录（不是每天或每周）。如果无法连续 3 天进行记录，那么可以在一周任选 3 天进行记录。但要确保其中有一天是周末，有一天是工作日。

■ 每次使用数字技术时，给自己发一条信息或在日历上做个记号。你也可以随身携带一本纸质笔记本。

■ 可考虑全天都给家中较年长的成员发送提醒短信，提醒他们作好记录。

■ 如果你担心自己十几岁的孩子不够可信，那么可以要求他在每次使用数字技术时给你发一个信息，这样你就可以进行追踪。

■ 如果有必要，你可以查看手机使用数据或使用《拯救时间》软件来监测在线活动。

■ **要诚实。**

收集到这些数据后，你就可以准确地查明你家的数字技术使用情况。要关注那些有问题的使用模式，如深夜还在上网，或在做家庭作业时长时间发短信。学会"关闭"夜间的数字技术使用极具挑战性，你可以选择更多地介入睡觉时的例行程序，或在某个特定时间关掉你家的网络。在第 11 章，我将审视一些有问题的网络使用，以此来帮助确定你的孩子是否有风险。而现在，我们要努力弄清你家的数字化居住环境。

　　你的媒体日记显示的结果可能会令你吃惊。通常，家长更加惊讶的是自己的数字技术使用量和使用模式而不是孩子的使用情况。对孩子来说，言传不如身教。我们都知道，如果妈妈爸爸在晚餐时一直发信息和查看脸书，那么孩子跟着学便不足为奇。儿童精神病学行业的一个原则就是知道父母的行为极大地影响着儿童的行为，特别是 12 岁以下的儿童。例如，一个焦虑的 8 岁孩子前来求诊是司空见惯的事情。没有人明白这个小孩为什么如此焦虑。我约见孩子的父母，很明显，他们中有一人或两人都非常焦虑。我会告诉这对父母，在对孩子进行全面治疗之前，需要同他们进行一些额外的关于教养的沟通。我将努力解决父母的焦虑问题。有时，我会指导这样的父母进行自我治疗。说变就变！孩子的焦虑见好了。对于依赖数字媒体的恶习，同样如此。

26

成功的数字教养秘诀

　　此时，你可以合理布置你家的数字化环境。你可以布置主卧室（家长用）、孩子的卧室（孩子用）、地下室（孩子不被觉察地悄悄使用数字技术的地方），以及家里全家集中的地方（家庭的一般数字技术方案）。目的是要努力实现结合了家长关爱和家长监控的权威型教养风格。你与数字技术的关系和你的数字技术使用模式将决定你的孩子怎样以及何时应用数字技术。如果你能接受创新并与孩子一同使用，那么你就能培养孩子的在线适应能力和数字公民意识。

　　你的家庭数字化居所将为在线适应能力和数字公民意识提供开花结果的土壤。你家中关于数字技术的常见对话将为你的孩子提供应对数字时代的挑战所需要的水和阳光。你的忧虑和矛盾心理将在这些对话中表现出来。有必要承认你自己的关切，但不要将它们传递出去。当然，你希望保护孩子避开数字技术带来的风险和陷阱。你的目的是要使孩子有能力成为批判性的消费者而不是无助的受害者。例如，谈论电视节目和商业广告可以帮助孩子区分幻想与现实，正视规则，减轻暴力的后果。与孩子一起上网可以帮助孩子形成必要的技巧，不去理会那些不友好的评论或选择一个积极的社交媒体网站或有益的游戏。

希望本章能帮助你弄清你的教养身份以及你作为家长身处的情境。你应该清楚，为了培养你的孩子获得在数字时代成长所需的适应能力，你必须坦诚和自我反思。在本书的最后一章，你可以根据对你的家庭文化的理解，以及你从本书中学到的一切关于如何利用数字技术来支持孩子成为有适应能力的数字公民的知识，制订自己的家庭数字技术规划。

本书的全部内容都基于一个数字教养发展模型。绝大多数思虑周详的教养方法都会考虑孩子的身体、认知、社会性和情绪的发展，数字世界的教养也不例外。

> 无论你是否作好准备，数字里程碑都会到来。

你的孩子不可避免地会经历一些数字里程碑，如得到一部手机，加入一个社交媒体网站，通过电子邮件给教师发送家庭作业等。与走路、说话等发展里程碑一样，无论你有没有作好准备，它们都会到来。数字里程碑的不同之处在于，家长对它们何时到来、如何到来有一定的发言权。我向你保证，它们终究会到来，因此，你最好制订一个计划，而不要听天由命或者留待网络空间解决。

2 数字大事记：
数字技术影响孩子成长背后的事实

　　与每个育儿挑战一样，数字技术并不会同时向你涌来，就像你不必同时进行如厕训练和性教育。在你担心脸书上的色情图片前，你的孩子将先学会用你的智能手机。为了帮助我们的孩子在成长过程中掌控数字技术，我们应该将数字技术视为一系列发展里程碑或数字里程碑。我们必须理解孩子的每一个发展阶段，弄清每个发展阶段需要处理的数字技术成分——孩子已对什么作好准备，什么是有风险的或与年龄不相符的，或许最重要的是看数字媒体如何能促进孩子的健康发展。

　　一般而言，孩子接触数字技术的过程似乎是渐进的。从接触电视和音乐开始，接着是那些不需要读写能力的简单的交互式应用程序和游戏。对于初学走路的幼儿和学龄前儿童，教育类节目和游戏是最主要的，但情况很快就会变化。到学龄初期，电视和游戏的性质发生了变化。一二年级的孩子喜欢看的电视不再是教育性的。到了小学高年级，随着与其他孩子的接触，不具教育性的电子游戏进入了他们的生活。他们不再看美国公共广播公司（PBS）和尼克（Nickelodeon）的电视节目，而是喜欢看迪士尼戏剧（Disney dramas）和卡通频道（Cartoon Network）的枪击凶杀或超级英雄主题的节目。随着年龄的增长，他们使用游戏和电视的方式发生了变化。

令人担忧的是初中时期。这时是数字技术使用的高峰期。孩子玩电子游戏，真正开始了在线社交。绝大多数孩子在初中时已拥有手机，他们开始发信息，进行群聊。他们将注册 Instagram 或者 SnapChat。初中时期，网络欺凌（cyberbullying）和过度发送信息（hypertexting）的风险开始出现。社交媒体在初中末和高中初开始全面登场。在初中结束时，家长开始对孩子的数字足迹失去控制。因此，我们的目的是采取一种周密的方法，在孩子进入高中前使规则、指导和坦诚沟通等全部就位。

了解你的家庭文化和数字技术节制方案只是第一步——如果你还没有做这件事，那么请阅读第 1 章。第二步是弄清孩子的发展目标——本章的主题，这将使你清楚地了解数字技术在何处适用。接着你需要清晰地理解当前的情形——数字技术都有些什么，以及它们如何结合成一个整体。第 3 章和第 4 章将帮助你熟练地掌握数字王国以及关于教养的重要争辩。在本书的最后，你将为你家制订一份家庭数字技术规划。所有这一切都始于对数字教养发展模型的理解和执行。

数字技术对孩子发展的影响

作为家长，引导孩子健康成长是你的责任。因此，你在制订数字技术规划时，应像决定孩子的教育、营养、体育活动等那样，聚焦于发展。

儿科医生和儿童精神病学家一般将成长分为身体、认知和社会性/情绪发展几个方面。儿科学对孩子采用一种全方位的方法（multifaceted）。我们关心的身高和体重只是开始。儿科医生还要认真考虑儿童的认知、社会性/情绪的发展。各种形式的数字技术影响着当今儿童的日常经验，因而对儿童的发展产生了巨大作用。

关于儿童的发展，有各种不同的理论，它们在不同程度上都有助于我们弄清数字技术对儿童成长的影响。例如，当回顾我在学校里学过的各种关于儿童社会性发展的理论时，我感到震惊的是，它们大多与数字媒体世界有关。社会性/情绪发展的一个目的是形成安全自我意识。依恋理论（attachment theory）的提出者鲍尔比（John Bowlby）相信，童年时期与父母和看护人的关系决定着成年时的人际关系。依恋理论家可能会问，电视和计算机会怎样妨碍或取代孩子与其父母的关系。我们知道，作为背景的电视会妨碍父母—儿童互动的数量和质量。此外，和孩子一起看《芝麻街》（Sesame Street）可以提供丰富的社会互动。一个与父亲或母亲分开的学龄前儿童或学龄儿童可通过即时通信软件 Skype 或脸书与父亲或母亲联系，但 Skype 通话永远取代不了真实的互动，可它是不是能比电话或信件更好地维持重要关系？在试图控制数字技术在婴儿或蹒跚学步的孩子的生活中的渗透程度时，依恋理论是一种有用的工具。在本书的第二部分，我根据年龄对社会性/情绪发展的目标进行了分解，以便我们决定使用各种数字技术的适当时机和年龄。

另一种与你的数字技术决策有关的理论是维果茨基（Lev Vygotsky）的社会文化理论。该理论的一个重要概念是最近发展区（zone of proximal development），它指个人没有相应技能和知识以独立理解或完成任务，但在帮助或指导下能够做到。在对孩子的数字技术使用进行决策时，重视最近发展区能帮你作出明智决定。在网络空间，最近发展区是一个很棘手的问题。事实上，我发现这恰恰是孩子有麻烦的地方，因为没有明智的成人（比如你）为他们提供帮助和指

31　导。当幼儿不理解某个游戏或不能浏览某个网站时，他们会感到很沮丧。但是，如果有一位成人为他们阅读游戏说明或向他们演示如何安全地访问想看的信息，他们就会觉得很有力量感和成就感。我发现，幼儿多不具备他们使用的游戏或网站所要求的认知技能。青少年具备了进入网络空间所需的数字技术能力，但他们在应付社交媒体网站上的棘手社会情境时，往往仍停留在最近发展区内。

　　说到认知技能，认知包括各种心理过程，如注意、知觉、理解、记忆和问题解决。认知发展指的是认知随着时间的推移而变化。有许多种关于认知发展的理论，这些理论都包含伴随生活经验出现的生理成熟或神经系统成熟，它们与其他因素一起共同造就了一个能在具体环境中发挥作用的个人。

　　认知发展与脑的发展紧密相关。教育心理学家约翰逊（Genevieve Johnson）博士在研究了网络技术与人的学习的关系后认为，随着大脑的成熟，神经联系变得更加复杂，从而使更加复杂的认知过程得以发展。不过，大脑的结构严重依赖个体的生活经验，神经科学家称之为"环境刺激"。这些经验被大脑解释为一种神经活动类型。儿童时期是大脑发展高度灵敏的时期，因此儿童时期的这些活动决定了你的认知过程的形成。基本上，儿童的大脑功能会因认知要求的模式而有所调整，这样就有望形成成人世界所需的认知能力。① 数字技术世界增添了相当多的环境刺激，而这些刺激将影响孩子的大脑发育。例如，电子游戏可以提升视觉—空间技能。当孩子频繁接触多种多样的电子游戏刺激时，他们的神经通路将有所调整，视觉—空间技能将有所改进。对于将纸质阅读转换成电子阅读器上的阅读，成人会抱怨和抵制。而作为数字土著的幼儿能十分自如地在纸张和

---

①　Genevieve Johnson, "Internet Use and Cognitive Development: A Theoretical Framework", *E-Learning and Digital Media*, 3, no.4（2006）: 565-573.

屏幕之间转换，而且极少对两者加以区分。我们无法回避数字技术　　32
正在改变我们的大脑并影响我们的认知发展这一事实。

最后再举一个例子，埃里克森（Erik Erikson）的心理社会发展理论（psychosocial development theory）提供了一个最宽广的框架，可以将我们关于数字技术的方法结合进

> 弄清不同发展阶段的孩子将在数字世界遭遇什么，对你要作的决定而言是至关重要的。

去。埃里克森提出的心理社会阶段理论的核心是自我同一性的发展。自我同一性是一种有意识的自我感知，是在生活经验和社会互动的基础上形成的。在埃里克森看来，每个阶段都要求儿童或成人能掌控该阶段的发展危机。每个阶段的胜任感都使自我同一性得到增强。显然，我们希望数字技术能帮助儿童和青少年获得胜任感，而不是令他们感到不胜任。学龄前儿童正处于第三阶段。埃里克森认为，这一阶段的目的是通过对游戏和社会互动的指导（通过克服与这里的讨论没有直接关系的主动感 vs. 内疚感的危机）使儿童获得力量感和控制感。数字技术可以帮助儿童发展更加复杂的游戏。在网上，他们在建立社会联系时可以更加主动。同样，埃里克森的第五阶段（此时的危机是独立自主 vs. 羞愧和不信任）对应的是青少年时期，这一阶段要求青少年形成强烈的自我意识和独立性。青少年可以躲在网络空间，迷失在电子游戏中，或者找到志趣相投的朋友并通过在线联系形成同一性。

基本上，数字媒体是一种影响我们认知（我们思考的方式）的文化工具。它也是一种决定我们大脑结构的环境刺激。我们通过对环境中的模式作出反应而学习。孩子从电视和计算机中体验了多种多样的相互矛盾的提示，这些影响着他们的行为，进而影响他们大脑的发展。① 在计算机发展的早期，人们对电视、计算机和社交媒体

---

① Genevieve Johnson，"Internet Use and Cognitive Development：A Theoretical Framework"，*E-Learning and Digital Media*，3，no.4（2006）：565–567.

对孩子的长期影响表露出许多担忧和悲观的看法。随着时间的推移，人们现在已经清楚，只要适度而安全地使用，数字技术对孩子大有益处。让我们看看目前已知的数字技术对身体、认知和社会性／情绪发展方面的影响。

33

> 本章只是对数字媒体中与发展有关的研究进行要点列举。绝大多数研究都是横断研究和相关研究，而不是因果研究。这意味着有很强的相关性，但是准确的原因还不清楚。旨在证明原因和结果的研究必须有一个对照组，而且必须进行纵向研究，这意味着需要很长的时间。

身体发展

杰克是一个 11 岁的六年级孩子。他放学回家，在自己的房间看电视。他玩《魔兽世界》，而且十分喜爱这个游戏。对他而言，上床睡觉就像打仗一样艰难。他很晚还在玩游戏或看电视。他不再踢足球，因为他说他厌倦了这项运动。他似乎长胖了。他的成绩还行，但他的老师认为他并没有达到他的实际水平。他的朋友是跟他一起玩《魔兽世界》和《我的世界》（Minecraft）的人，但他很少面对面见到他们。

杰克是否遭受了数字技术带来的风险？他的身体发展是否受到了影响？是的。有很多言论都声称数字媒体与健康之间存在联系。当前绝大多数涉及媒体对身体影响的研究都基于电视和传统电子游戏。针对网络使用和社交媒体的研究正在增加，但它们对健康的影响还不明确。针对智能手机和平板电脑的研究还很少，我期待未来几年这方面的研究会大量增加。

过度使用数字媒体会导致肥胖、代谢异常和睡眠障碍。数字技术不会引起任何这些具有挑战性的问题，也不是所有数字技术都对身体具有相同的影响。不过，在制订媒体规则和选择媒体时，媒体与健康之间的一些联系值得你关注。

数字技术会让我们变胖吗？

在美国，儿童肥胖是一种流行病。电视的数量以及儿童房里是否放置电视，这两者都会增加肥胖的风险。罪魁祸首是电视和视频。视频既可以在老式电视上看，也可以作为流媒体在计算机、平板电脑或智能手机上看。已有的绝大多数研究都是针对传统的电视收视进行的。

34

对于数字技术使用导致肥胖的机制，目前尚有争论，但已确定无疑的是，长时间对着屏幕会引起肥胖——所谓长时间即超过美国儿科学会（American Academy of Pediatrics，AAP）推荐的每天 2 小时（见第 6 章）——在卧室看电视也会引起肥胖。

发表于 2011 年的 AAP 媒体原则（AAP policy on media）着重介绍了英国一项历时 30 年的有趣研究。该研究发现，周末每天看电视的平均时间越长，

> 卧室里的电视让情况变得更糟。

30 岁时的体重指数（body mass index，BMI）越高。5 岁时，周末每多看 1 小时电视，成年后肥胖的风险就增加 7%。[1]2005 年一项对 8 000 个苏格兰儿童的研究发现，3 岁时每周看电视时间超过 8 小时

---

[1] Russell M. Viner and Tim J. Cole, "Television Viewing in Early Childhood Predicts Adult Body Mass Index", *Journal of Pediatrics*, 147, no.4（2005）: 429–435.

（每天 1.1 小时）的孩子在 7 岁时就有了肥胖的风险。①

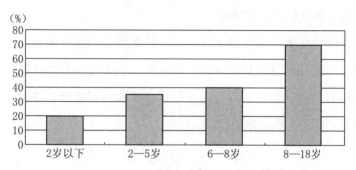

图 2   卧室里有电视的孩子的百分比 ②

　　在卧室看电视时，每天看电视的时间会增加 1—2 小时。超重的
35　　风险增加了 31%，吸烟的可能性也会翻倍。③ 一项对 2 343 名 9—12
岁孩子的研究表明，卧室里的电视是导致肥胖的一个重要风险因素
（与体育活动无关）。④ 当青少年的卧室里放有电视时，他们：

① John J. Reilly, Julie Armstrong, Ahmad R. Dorosty, Pauline Emmett, A. Ness, I. Rogers, et al., "Early Life Risk Factors for Obesity in Childhood: Cohort Study", *British Medical Journal*, 330, no.7504（2005）: 1357.

② Victoria Rideout, Ulla G. Foehr, and Donald Roberts, *Generation M2: Media in the Lives of 8-to 18-Year-Olds*（Menlo Park, CA: Kaiser Family Foundation, 2010）; Ellen Wartella, Victoria Rideout, Alexis R. Lauricella, and Sabrina L. Connell, *Parenting in the Age of Digital Technology: A National Survey*, Center on Media and Human Development, School of Communication, Northwestern University, June 2013, *http: //vjrconsulting.com/storage/PARENTING_IN_ THE_AGE_OF_DIGITAL_TECHNOLOGY.pdf*, pp.1-30.

③ Barbara A. Dennison, Tara A. Erb, and Paul L. Jenkins, "Television Viewing and Television in Bedroom Associated with Overweight Risk among Low-Income Preschool Children", *Pediatrics*, 109, no.6（2002）: 1028-1035; Daheia J. Barr-Anderson, Patricia van den Berg, Dianne Neumark-Sztainer, and Mary Story, "Characteristics Associated with Older Adolescents Who Have a Television in Their Bedrooms", *Pediatrics*, 121, no.4（2008）: 718-724.

④ Anna M. Adachi-Mejia, Meghan R. Longacre, Lucinda Gibson, Michael L. Beach, Linda Titus-Ernstoff , and Madeline A. Dalton, "Children with a TV Set in Their Bedroom at Higher Risk for Being Overweight", *International Journal of Obesity*, 31, no.4（2007）: 644-651.

- 看电视的时间更多。
- 体育活动的时间更少。
- 每餐吃得更少。
- 消费更多含糖饮料。
- 蔬菜吃得更少。①

代谢异常时常与肥胖不分家，有时也与数字技术相关联。

代谢异常

有许多研究表明，看电视过多与血胆脂醇过多（高胆固醇）、高度紧张（高血压）以及哮喘发病率增加之间存在相关。

近来的研究还发现，看电视的时间与患Ⅱ型糖尿病的年轻人的血糖水平、抗胰岛素性和代谢综合征之间存在高度相关，但看电视时间不是引起这些问题的原因。

在我长大的过程中，我们在户外玩耍，不会整天坐在屏幕前。这种变化是不是今天的孩子变胖的原因呢？

数字技术可以打破卡路里摄入与能量消耗之间脆弱的平衡。然而，有关数字技术已取代体育活动的证据并不十分可信。令人信服的是，增加体育活动、减少面对屏幕的时间、改善营养等都可以防止变胖。

在促进身体活动而不是久坐行为方面，有些电视和电子游戏相

---

① Victor C. Strasburger and the Council on Communications and Media, American Academy of Pediatrics, "Children, Adolescents, Obesity, and the Media", *Pediatrics*, 128, no.1（2011）：201-208. 该政策文件提供了有关肥胖数据的良好概览。

要成为生气勃勃的而不是久坐不动的家庭，要根据孩子的年龄和兴趣选择合适的电子游戏和电视节目，对电子游戏和电视的使用要适度。

对要好一些。对于电子游戏，我的选择是任天堂第 5 代家用游戏机 Wii 和其他一些交互式电子游戏系统。有一项研究以玩《热舞革命》（*Dance Dance Revolution*）和任天堂的《Wii 运动》（*Wii Sports*）的青春期前儿童为研究对象。研究人员发现，玩这两种游戏的能量消耗与中等强度的步行相等。[1] Wii 和微软电子游戏平台 Xbox，以及电视游戏机（TV console games）多要求玩家跳舞或四处跳动。有时，你甚至可以和在同一房间内的朋友一起跳。这样的游戏可以增加人际互动和竞争。在某些情形下，电视和电子游戏正在替代一些卡路里消耗很高的老式游戏，但这种情况不多。

36

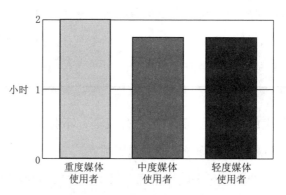

图 3　花在体育活动上的时间 [2]

[1] Diana L. Graf, Lauren V. Pratt, Casey N. Hester, and Kevin R. Short, "Playing Active Video Games Increases Energy Expenditure in Children", *Pediatrics*, 124, no.2（2009）: 534-540.

[2] Victoria Rideout, Ulla G. Foehr, and Donald Roberts, *Generation M2: Media in the Lives of 8-to 18-Year-Olds*（Menlo Park, CA: Kaiser Family Foundation, 2010）; Ellen Wartella, Victoria Rideout, Alexis R. Lauricella, and Sabrina L. Connell, *Parenting in the Age of Digital Technology: A National Survey*, Center on Media and Human Development, School of Communication, Northwestern University, June 2013, *http: //vjrconsulting.com/storage/PARENTING_IN_ THE_AGE_OF_DIGITAL_TECHNOLOGY.pdf*, pp.1-30.

数字技术导致的肥胖是否受到不健康饮食习惯的推动?

研究已表明，大量接触垃圾食品广告影响了儿童对食物的认识和对食物的偏好。[1] 儿童节目中超过 80% 的广告都与快餐或零食有关。[2] 有一项研究发现，儿童看电视节目时，每小时大约会看到 11 种食品的广告。[3] 每年累计有 4 400—7 600 条广告——其中只有不到 165 条广告推荐健康有营养的食品。[4] 我发现有一项研究非常引人注目，这项研究发现，对于同一种食品，在同时面对品牌食品（branded food）和非品牌食品（unbranded food）时，孩子更喜爱品牌食品。[5] 你能做什么来减少广告的狂轰滥炸呢? 你可以把节目（包括电影，其中也充满垃圾食品的介绍和图像）录下来，而不是实时收看或观看点播节目。你可以和孩子谈论广告，指出那是怎么回事。

> 在与麦当劳（McDonald's）和可可泡芙（Cocoa Puffs）的战斗中，你可能最终败北，但你可以帮助孩子成为训练有素的消费者。

37

[1] Victor C. Strasburger, Amy Jordan, and Ed Donnerstein, "Health Effects of Media on Children and Adolescents", *Pediatrics*, 125, no.4（2010）: 756–767.

[2] Kristen Harrison and Amy L. Marske, "Nutritional Content of Foods Advertised during the Television Programs Children Watch Most", *American Journal of Public Health*, 95, no.9（2005）: 1568–1574.

[3] Carmen Stitt and Dale Kunkel, "Food Advertising during Children's Television Programming on Broadcast and Cable Channels", *Health Communication*, 23, no.6（2008）: 573–584.

[4] Walter Gantz, Nancy Schwartz, James R. Angelini, and Victoria Rideout, *Food for Thought: Television Food Advertising to Children in the United States*（Menlo Park, CA: Kaiser Family Foundation, 2007）.

[5] Thomas N. Robinson, Dina L. G. Borzekowski, Donna M. Mathesan, and Helena C. Kraemer, "Effects of Fast Food Branding on Young Children's Taste Preferences", *Archives of Pediatrics and Adolescent Medicine*, 161, no.8（2007）: 792–797.

我家青春期前的孩子很晚还不肯关计算机。睡眠和肥胖有关吗?

谁不熬夜看电影、给朋友发信息、在易趣网(eBay)上竞价买东西或玩电子游戏呢?

不要绝望。家长可以防止孩子因数字技术而变得肥胖和失眠。

有证据支持睡眠减少可能导致肥胖。其中的机制可能是,疲劳导致更多久坐不动的行为,而久坐不动是肥胖的风险因素。另一种可能是,人在清醒并久坐不动时有更多时间和机会吃更多东西。最后,有些研究表明,睡眠减少会影响神经内分泌系统并抑制饱腹感(感到饱的能力)。

到底谁需要睡眠?

睡觉也许能让我们明白数字技术具有的那些成问题的后果。情

不睡觉的孩子更容易肥胖,出现注意方面的问题,表现出应激性,甚至出现攻击性爆发和乱发脾气。

况可能是这样的:媒体使用导致睡眠减少,而睡眠不足又导致各式各样的问题,如肥胖、记忆力减退、焦虑等。作为家长,我们费心费力地训练孩子的睡眠习惯。家长规划婴儿的睡眠模式,根据蹒跚学步的幼儿的午睡时间来组织他们的全部生活。以我的经验,孩子上小学时,家长与孩子之间的最大冲突就是围绕上床睡觉发生的。所有这些关切和戏剧性事件都是有充分理由的。孩子需要睡眠。睡眠能使我们大脑中的突触和认知过程得到恢复,而且生长激素的分泌会在夜间达到最高水平。

38

作为一名内科医生和一位母亲,我知道,我的孩子和病人都需要睡眠。如果你的孩子睡得很少,那么这可能会影响他的成长。你虽然不必像内科医生和神经科学家那样清楚睡眠不足如何影响成长。但睡眠不足与注意问题、应激性、认知障碍和肥胖直接相关。这里罗列的仅仅是冰山一角。然而多少睡眠才足够呢?请看下面方框里的内容。

多少睡眠才够？

南澳大利亚大学的研究人员审视了 300 项 1897—2009 年的睡眠研究，从中发现了 32 组关于睡眠的建议。这些研究中的绝大部分，以及传统智慧都认为，孩子没有得到足够的睡眠。这并不奇怪，因为 83% 的研究调查到的实际睡眠时间都比睡眠建议中推荐的睡眠时间要少。更令人震惊的是，那些睡眠建议并不由基于证据的研究得出，而是根据共识得出——尽管过去一个世纪以来的作者都承认没有证据支持他们的指导原则。

然而事实是，多年来孩子的睡眠在减少：

- 过去 100 年，孩子大约每年少睡 0.73 分钟。
- 与已发布的建议相比，儿童和青少年每晚少睡 37 分钟。[1]

通常，家长都担心自己的孩子将如何管理"现时代"（modern times），并努力保障孩子有更多的睡眠时间。但具有讽刺意味的是，随着时间的推移，不仅孩子的实际睡眠时间在慢慢减少，而且推荐睡眠时间也在减少。20 世纪以来，推荐睡眠时间少了 70 分钟。现在的一般建议是，蹒跚学步的幼儿应睡 11 小时，学龄儿童应睡 10±1 小时，青少年应睡 8±1 小时。总之，你的孩子很可能没有得到足够的睡眠。当你的孩子表现出易怒和破坏行为时，这可能就是对他们需要更多睡眠的第一次示警。

---

[1] Lisa Anne Matricciani, Tim S. Olds, Sarah Blunden, Gabrielle Rigney, and Marie T. Willias, "Never Enough Sleep: A Brief History of Sleep Recommendations for Children", *Pediatrics*, 129, no.3（2012）: 548-556.

数字技术是否剥夺了我们的睡眠？

每一代人都感到技术对孩子的要求繁重且耗费精力。1905年，布朗（Crichton Browne）这样写道："这是一个越来越无眠的时代，我们都夜以继日。"当时，他将之归咎于电车（trolleys）和路灯（streetlights）；今天，我们则归咎于脸书和YouTube。关于数字技术如何影响孩子的睡眠，有三种说法：

1. 数字技术侵占了睡眠时间（侵占假设）。
2. 数字技术导致情绪、认知和身体的兴奋，因而干扰了睡眠（内容假设）。
3. 孩子暴露于明亮的光下，破坏了生理节律。[1]

■ **媒体侵占睡眠时间**。侵占假设认为，数字技术侵占了睡眠和体育活动的时间。2008年，研究人员发现，每天在电视和网络上花费超过1小时的孩子，用于玩耍、睡觉、阅读和学习的时间少7—10分钟。[2]不过，这比单纯的数字产品侵占睡眠时间更为复杂。

■ **计算机亮光影响生理节律**。数字技术可能不仅仅是侵占了睡眠时间，可能还在事实上令入睡变得困难。褪黑激素是由脑垂体分泌的一种激素，主要作用是调节我们的醒睡周期（sleep-wake

---

[1] Neralie Cain and Michael Gradisar, "Electronic Media Use and Sleep in School-Aged Children and Adolescents: A Review", *Sleep Medicine*, 11, no.8 (2010): 735–742.

[2] Natalie D. Barlett, Douglas A. Gentile, Christopher P. Barlett, Joey C. Eisenmann, and David A. Walsh, "Sleep as a Mediator of Screen Time Effects on U.S. Children's Health Outcomes", special issue, *Journal of Children and Media*, 6, no.1 (2012): 37–50.

cycle）。它对光敏感，在夜晚黑暗的环境下达到最高分泌水平。人们发现，如果将计算机或平板电脑的亮度调到最大，在它面前待 2 小时后，褪黑激素的释放就会受到抑制。计算机和平板电脑的蓝光是罪魁祸首。我们的醒睡周期对蓝色系的光最敏感。人天生就会在日出的白色和蓝色日光中醒来。Nook 和 Kindle 等电子阅读器用电子纸（e-paper）技术来解决这个问题。电子纸技术模拟真正的纸质图书。它有墨水的外观，是黑白色的，能像纸质图书那样反射房间里的环境光线。清晨的蓝色光线可以提高觉醒水平，处理季节性情绪失调。[①] 不过，睡觉前应将蓝光设备关闭，而且不要在床上使用。

■ **夜间使用数字技术会导致过度兴奋**。研究发现，晚上在网上冲浪或玩电子游戏会使入睡时间延长，总的睡眠时间减少。它会推迟入睡时间或侵占睡眠时间，但是情况要比单纯的侵占睡眠时间更复杂。数字技术的内容可能直接或间接影响睡眠的质量和数量。即使孩子已习惯于玩暴力电子游戏，暴力电子游戏对睡眠的破坏性也比非暴力电子游戏更大。玩暴力电子游戏提高了唤醒水平，减少了睡眠时间，使睡眠质量降低。[②] 一项关于蹒跚学步幼儿、媒体和睡眠的研究发现，对于 3—5 岁的幼儿，在就寝时间使用媒体（无论何种类型），以及日间的媒体使用中涉及成人或暴力主题，都会破坏他们的睡眠。不过，日间观看与其年龄不符的电视节目对睡眠的质量和数量没有影响。夜间使用电子设备与睡眠不好、体重超标、运动量

40

① Stephani Sutherland, "Bright Lights Could Delay Bedtime", *Scientific American*, 23, no.6, December 19, 2012, *http*://www.scientificamerican.com/article/bright-screens-could-delay-bedtime.

② Shenghui Li, Xinming Jin, Shenghu Wu, Fan Jiang, Chonghuai Yan, and Xiaoming Shen, "The Impact of Media Use on Sleep Patterns and Sleep Disorders among School-Aged Children in China", *Sleep*, 30, no.3（2007）: 361–367.

少等相关。①

比起那些非交互的、不具情绪刺激性的内容，夜间接触暴力内容和令身体与情绪兴奋的内容造成的问题更严重。无论是研究还是常识都告诉我们，数字技术会破坏睡眠，晚上应尽量少用。

认知发展

维果茨基说，人类的认知创造了工具（如印刷机、电报），这些工具又反过来创造人类的认知。约翰逊将此观点推进了一步："互联网是人类迄今为止创造的最复杂的工具，就这点而论，它对认知的影响最终可能超过先前的任何文化工具。"②

适度使用交互式数字技术在培养和精确调整孩子的智力和教育方面具有巨大的积极作用。

数字媒体对认知发展的影响非常重要，因为认知发展是全部发展的基石。遗憾的是，数字时代的认知要求正在改变——事实上，它还是一个未知的领域——成人大多对此感到不安。让事情变得更加复杂的是，绝大多数的研究结果并不一致且相互矛盾，在数字技术对幼儿认知发展的影响方面更是如此。对学龄儿童和青少年的认知影响则比较容易解释。数字技术可能是一种不可思议的学习工具，能够培养 21 世纪必需的认知过程，但重要的是，要区分不同种类的数字技术，努力确定哪些使人更聪明，哪些令人更愚笨。在认知方面最受关注的是语言、注意和学业表现。

41

---

① Harneet Chahal, Christina Fung, Stefan Kuhle, and Paul J. Veugelers, "Availability and Night-Time Use of Electronic Entertainment and Communication Devices Are Associated with Short Sleep Duration and Obesity among Canadian Children", *Pediatric Obesity*, 8, no.1（2012）: 42−51.

② Genevieve Johnson, "Internet Use and Cognitive Development: A Theoretical Framework", *E-Learning and Digital Media*, 3, no.4（2006）: 570.

认知发展与幼儿

幼儿（0—5 岁）所用数字技术的变化日新月异。我有三个孩子，分别是 5 岁、7 岁和 9 岁。当我现年 9 岁的孩子 5 岁时，他在便携式 DVD 播放机上看 DVD，在利普斯特游戏机（Leapster，一款为 4—10 岁儿童设计的简单的手持游戏设备）上玩一些简单的游戏。而我现年 5 岁的女儿根本就不知道如何使用利普斯特游戏机或 DVD 播放机。她从平板电脑的应用软件商店（App Store）下载《巴布工程师》（*Bob the Builder*），并在电子阅读器 Kindle 和 Raz-Kids 上学着阅读巴布图书（Bob books）。她在我的苹果手机上玩《祖母的厨房》（*Grandma's Kitchen*）和讨厌的《芭比》（*Barbie*），在她哥哥的迷你平板电脑上听音乐。对她来说，一切都是触摸屏和交互式的，不存在非交互式的，她用的数字技术几乎都不需要读写能力。四年间发生了多大的革命性变化啊！

我们的大脑在 5 岁时基本定型。事实上，大脑的发育大多发生在人生的头两年。大脑在出生时约为 0.34 千克，一年后大约为 1 千克。5 岁后大脑的重量基本不再变化。不过，神经通路这一错综复杂的联系发展直到 5 岁后还将持续不断地重组。德索拉-黑尔（Ann DeSollar-Hale）是一位神经心理学家，同时也是《技术中的幼儿》（*Toddlers on Technology*）的作者之一，他雄辩地将大脑的发育精简描述如下：

在向我的病人解释大脑时，我喜欢把它比作在林中小路上漫步。你在路上走的次数越多（即反复），路就越宽，你走起来也就越容易。然而，如果你不走，小路就会变得杂草丛生，难以行走。这些神经通路也是如此：主要的"信息高速公路"联结在人生的早期，即 5 岁前的大发展时期便已形成。精简（减

42

少）开始于早期发展之后，那些没有使用的联结将不再发挥作用。对于大脑发育，这就是"用进废退"。[①]

"信息高速公路"和"树"的比喻使神经可塑性的概念简单易懂。神经可塑性意味着我们的神经通路是可延展、可修正的，会对有目的的和偶然的生活经验作出回应。如果你的孩子已经年过 5 岁，也不要绝望。树干虽已生成，但树枝和树叶还可以修剪。儿童和青少年的大脑是"可塑的"，会因与数字技术相关的生活经验和其他生活经验而被精简。

新近的研究和创新可能会对美国儿科学会关于 2 岁以下幼儿不宜（参见第 5 章）使用屏幕媒体的建议提出异议。然而，随着触摸屏和交互式应用软件的出现，婴儿和幼儿也能使用苹果手机和平板电脑来学习与成长。超过 50% 的幼儿（8 岁及以下）使用过平板电脑，60% 的婴儿（6 个月到 2 岁）都摆弄过家里的笔记本电脑、计算机、手机和平板电脑。对于交互数字技术对认知的影响，我们的看法无疑将因智能手机和交互式平板电脑的出现而改变。

美国儿科学会的态度很坚定，因为它认为，在发展早期接触屏幕媒体有可能导致语言发育迟缓和注意问题。婴幼儿需要人际互动和实时的人声。人际互动是他们的生存和学习方式，任何妨碍人际互动的东西都将导致认知发展延迟。无论是躺在婴儿床里被忽略的婴儿，还是被长时间丢给宝宝视频（baby vedio）的幼儿，他们的认知发展都将受到影响。2009 年的一项研究发现，2 个月到 4 岁的孩子如果看电视过多，他们的言语互动将不足，由此会引发语言发育

[①] Patti Wollman Summers, Ann DeSollar-Hale, and Heather Ibrahim Leathers, *Toddlers on Technology*（Bloomington, IN: AuthorHouse, 2013）, 16.

迟缓的风险。[①] 因此，这里的问题并不是《芝麻街》或《小小爱因斯坦》（*Baby Einstein*）引起了语言发育迟缓，而是过度收看电视导致人际互动的数量和质量降低，并最终导致认知发展延迟。

对注意方面的关切与婴儿正在发育的大脑和参与水平相关。婴儿和幼儿在将二维图像转换为三维图像方面仍有困难，他们更多地被真人或一些真正具有交互性的东西吸引。不管是 20 世纪 50 年代在电视屏幕上放映的《你好，杜迪》（*Howdy Doody*），还是下载到迷你平板电脑中的《爱探险的朵拉》（*Dora the Explorer*），被动的电视始终是被动的。

我同意美国儿科学会关于 2 岁前不看老式电视以及 2 岁后每天看电视时间不超过 2 小时的建议。在幼儿认知发展方面，最有前景的是智能手机和交互式平板电脑。《技术中的幼儿》一书的作者提出了一个令人信服的观点，即新数字技术能培养幼儿的认知技能并最终提高他们的学业表现。当然，在这方面还没有足够的（或者说基本上很少）研究，因为数字幼童（2007 年苹果手机问世后出生的孩子）还很小，智能手机或平板电脑技术都还很新。不过，已有许多轶事性证据。撰写《技术中的幼儿》一书的作者看到，无论传统识字卡（flash card）的制作如何别出心裁，学龄前儿童对识字卡应用软件（flash card app）的兴趣仍远远大于对传统识字卡的兴趣。应用软件是交互式的，它让幼儿有控制感，并且可以提供必要的重复而又不会令成人感到无聊透顶。教师曾看到幼儿非常认真地对待这些程序，而这在传统识字卡上从未出现。我

> 看电视并不适合用来维持幼儿的参与，也不适合促进他们的注意持续时间。

43

---

① Dimitri Christakis, *Healthy Media Use*, Seattle Children's Hospital, 2009, *https：//www.seattlechildrens.org/healthcare-professionals/aar/2009/highlights/healthymedia-use/.*

们可能发现，交互式教育数字技术增加了幼儿的注意持续时间。我们将看到，这些更新的交互式数字技术在认知和教育方面的重大成效。

学龄儿童的情况又如何？

数字技术能否让孩子作好入学准备，并使他们更聪明？

是的，适度使用交互式数字技术会让你更聪明。它能培养各种重要的认知过程，就其定义来看，它们能令你更聪明。问题是它对学业表现有没有帮助。让我们从积极的方面开始，然后再回到学业表现上来。

绝大多数有关认知发展的研究都与幼儿相关。摩西（Moses）在审视这些研究时发现，适度看电视有利于阅读，但这与电视的内容有很大关系。[①] 他们还发现，那些旨在提高幼儿读写能力的节目确实提高了读写能力。一旦儿童在 7、8 岁时具备了基本的读写能力，电视就不再能培养更复杂的理解和诠释能力。

约翰逊用一个图解来帮助人们理解数字技术对认知的影响。我根据自己的用途对此图解作了一点修订（见图 4），它以可视化方式很好地表明各种与电子游戏、互联网和社交媒体使用有关的认知技能。（电视不在此图中，因为对大多数人来说，电视对认知没有什么要求，不能培养任何认知技能，尽管有些教育电视节目可以扩充儿童的知识面，让儿童被动地接触一些新经验和社会互动。）只要适度，数字技术能提升多种认知过程。

44

---

① A. M. Moses, "Impacts of Television Viewing on Young Children's Literacy Development in the USA: A Review of the Literature", *Journal of Early Childhood Literacy*, 8, no.1（2008）: 67-102.

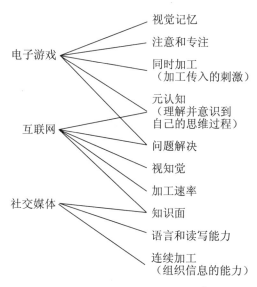

图4　数字技术对认知的影响 [1]

电子游戏有什么效果？ 45

电子游戏带来的认知风险和好处包括：

- 玩电子游戏能提高反应时间方面的表现。

- 玩电子游戏能教会孩子如何处理和组织若干相互竞争的刺激。

- 玩电子游戏能为孩子提供许多视觉空间技能方面的练习。

- 玩电子游戏的孩子被发现在旋转形状和三维立体形状方面表现更佳。

- 玩电子游戏的孩子能自己阅读游戏说明，更多采用试误法进

① Genevieve Johnson, "Internet Use and Cognitive Development: A Theoretical Framework", *E-Learning and Digital Media*, 3, no.4（2006）: 565-573.

行问题解决。①

■ 电子游戏玩家有更强的视觉记忆能力和模式识别能力。

所有这些技能都是我们的认知过程的组成部分，也是我们所说的智力的组成部分。对家长来说，电子游戏似乎是没有意义的，是浪费间，但它确实能提高玩家的认知技能。

网络使用如何影响发展？

阅读网站不同于读书。与读书相比，阅读网站更为交互并要求读者作出更多决定。读者必须运用搜索策略，必须对网站的可靠性进行评估。它迫使使用者管理多个竞争性刺激，如弹出窗口和超文本。它是一个不可思议的信息源。问题不再是"我能否找到问题的答案"，而是如何选择和整合多种解释与答案。我试图给我 7 岁的儿子定义百科全书。我告诉他，那是一套书，其中有谷歌上的所有答案。他看着我，就好像我疯了，然后说那一定是一些非常大的书。

卡尔（Nicholas Carr）在《浅薄》（*The Shallows*：*What the Internet Is Doing to Our Brains*）一书中悲叹，在线阅读很不同。在线阅读不再是从左到右、从上到下地阅读。我们略读、快速浏览并搜索相关信息。② 这可能是真的，但研究者发现，旨在提高读写能力的电视节目和计算机游戏确实提高了幼儿的阅读能力。网络提出了新要求，除此之外，电视和网络能提高传统阅读技能。由于儿童不再查阅百

46

---

① Fran C. Blumberg and Lori M. Sokol, "Boys' and Girls' Use of Cognitive Strategy When Learning to Play Video Games", *Journal of General Psychology*, 131, no.2（2004）: 151-158.

② Nicholas Carr, *The Shallows*: *What the Internet Is Doing to Our Brains*（New York: Norton, 2010）, 7-20.

科全书，他们便需要学会如何快速浏览、略读和跳过。目的是要学会这种阅读方式，同时又不牺牲伴随深度思考的较慢的传统阅读方式。

数字技术会使孩子的成绩提高还是降低？

学业表现与认知发展相关，但两者不是一回事。每天使用屏幕媒体超过 2 小时、深夜还使用屏幕媒体、卧室放置媒体等都是低学业表现的风险因素。这并不必然意味着数字技术令你更愚蠢，但它可以使你成为一名差生。有两种理论对学业表现低下进行了解释：侵占假设和内容假设。侵占假设认为，使用屏幕媒体的时间侵占了睡觉和学习的时间。内容假设聚焦于媒体的内容，认为这些内容对认知、注意和学校功课有直接影响。谢里夫（Sharif）和萨金特（Sargent）发现，时间侵占和媒体内容都是学业表现低下的风险因素。[①] 工作日使用屏幕媒体（电视和电子游戏）的时间是学业表现低下的风险因素，但周末使用屏幕媒体不是风险因素。他们还发现，较多接触成人内容与寻求刺激、叛逆、学业表现低下等相关。

成人内容与学业表现低下之间的通路尚不清楚。虽然我们认为，数字技术让我们更有效率，但对少年和青少年以及他们的学校功课而言并非如此。多任务以及多种设备的轰炸有碍专注地学习。数字技术会令人分心，造成烦扰，让孩子在思考、组织和分析时很难不被打扰。适度使用数字技术对孩子的认知发展有益。然而，一旦过度使用、在卧室里使用以及在没有家长监督和规则的情况下使用，就会侵占孩子体育活动、睡眠和社会互动的时间。

---

① I. Sharif and J. D. Sargent, "Association Between Television, Movie, and Video Game Exposure and School Performance", *Pediatrics*, 118, no.4（2006）: e1061–e1070.

社会性和情绪发展

47   一般而言，社会性和情绪发展指的是儿童与青少年形成关系、自我调节情绪和参与外在世界的能力。儿童必须形成稳固的自我意识，能表达情绪以形成有意义的关系。有关认知发展的研究大多聚焦于幼儿，而有关数字技术的社会性效果的研究主要聚焦于10—12岁的儿童以及13—19岁的青少年。我将这方面的讨论分为四个与数字技术相关的部分：

- 玩耍的科学。
- 社交媒体和自尊。
- 数字技术与友谊形成。
- 在线联系对孤独。

玩耍的科学

玩耍和探索是早期同一性形成的基石。近年来，我们看到人们又开始鼓励孩子玩耍。托儿所很少聚焦于知识获得，而更多聚焦于玩耍和创造性。最优秀的曼哈顿托儿所引以为豪的就是，他们并不进行正式阅读教学，也不进行数学操练。他们只提供各种结构化和非结构化的玩耍机会。

现代交互式数字技术可以无缝整合进童年早期的教育，但不应取代这个年龄段孩子

> 数字技术为较年长的孩子提供了虚拟的场所。

在现实生活中的玩耍。托儿所里，孩子共用一台平板电脑可以促进相互玩耍，但这与共用蜡笔或玩具没有实质性差异。**数字技术真正宝贵的地方在于，它为较年长的孩子提供了想象性玩耍的机会。**

如果每次有家长对我说"我小时候，我们在后院玩耍；而现在，我的孩子日程排得太满，只在室内玩电子游戏"，我都能得到五美分，那么我早就成为富翁了。走进我办公室的大多数母亲都能一口气说出自己孩子的一系列活动。有自知之明的家长会指定一天为玩耍日（playdates），以便玩耍被安排进日程

> 只有在21世纪，你才能把"房子"或"学校"的游戏一直玩到成年时期。

并成为多少有些价值的追求。一个12岁男孩在外面搭建一座城堡，与邻家孩子玩牛仔游戏都是很棒的事。但是到初中时，即使有指定的玩耍时段，孩子对玩耍也常常感到难为情。传统的电视游戏（console game）、角色扮演游戏和互联网都提供了丰富的玩耍机会并由此使同一性得以发展。

48

对于在线游戏（online game）为儿童、青少年和成人提供了丰富的玩耍机会与创造机会，有不计其数的例子。儿童可以创造化身或另一种身份进行幻想的探险。《我的世界》让孩子可以摆弄方块，创造各种复杂的结构。在《魔兽世界》中，你可以创造一个强大的化身、加入公会，公会的队友紧密协作，并且常常进行在线和线下的沟通与会面。《第二人生》（Second Life）可以让你变成另一个人，过一种幻想的生活。《第二人生》中的化身可以对"生活"进行选择，有在线的关系和家庭。网络和电子游戏是一个可以安全地尝试不同身份和幻想的地方。

再一次强调，在数字时代，内容和时间都是值得关注的主要问题。过于暴力的游戏有可能使玩家对暴力麻木不仁或导致更多的攻击行为。成人网站和游戏有可能让儿童和青少年接触到不适当的内容。与年龄不符的游戏有可能令幼儿沮丧、意志消沉。过度玩游戏或过度上网有可能侵占睡眠时间和真实互动的时间。不过，互联网以及在线和离线游戏可以提供非常适合儿童与青少年同一性发展的

玩耍和幻想空间。

社交媒体和自尊

理想情况下，稳定的自我意识形成于童年早期，在整个青少年时期逐渐发展为更加复杂的同一性。在评价"自尊"这一笼统的短语时，你需要明白的是"自我意识"中自觉到的对自我（即能反映和评价你自己的那部分你）的认识。"较早的"研究（我指的是20世纪90年代后期和21世纪初期的研究）倾向认为，互联网和社交网络引起了抑郁和孤独。近期的研究则集中于脸书和其他社交网络如何形成社会联结，包括社交媒体实际上如何通过允许用户控制在线身份的设定和修改培养自我意识。

49　　　　社交媒体允许选择性的自我展示（self-presentation）。用户通过选择头像、选择与谁"做朋友"、"喜欢"的音乐和网站、微博、密码等来控制自己的在线身份。我们都有现实自我和理想自我。社交媒体网站可以触发人的理想自我，而这最终将产生一个更加积极的自我意识或自尊。

冈萨雷斯（Gonzales）和汉考克（Hancock）做过一项引人入胜的研究，其重点是脸书如何触发积极的自我展示。他们将来自一所大学的63名大学生分为三组：一组为控制组，一组在有镜子的单独隔间里，一组在有打开脸书档案的计算机的单间里。被试被告知，这个实验研究的是人们在使用互联网后对自己的态度，他们会被要求填写调查问卷。结果是脸书小组在自尊方面的得分最高。更有趣的是，在窗口被打开的三分钟内修改了自己个人档案的小组在自尊方面的得分最高。能在线展示理想自我，能根据自己的选择对个人信息进行修改，实际上可以提高你的一般自我意识和自尊。只要负责任地使用，互联网和社交网络可以成为构建自尊和培养理想自我的有力工具。

　　自我展示的力量有时会被展示焦虑或社交媒体抑郁症抵消。在第 11 章，我将讨论那些感受到焦虑的儿童和青少年，以及那些正在与社交技能不足、抑郁和焦虑作斗争的儿童和青少年所面临的挑战。一般而言，那些遭受低自尊或社交焦虑的人可能没有准备好去利用数字技术提供的各种工具。

数字技术与友谊形成

社交媒体是否破坏了青少年建立现实关系的能力？

　　十年前对这个问题的答案是肯定的。今天，答案是"不"，不过要取决于你问的是谁。瓦尔肯堡（Valkenburg）和彼得（Peter）是两位荷兰研究者，他们解释说，十年前的互联网是一个与线上的陌生人进行联系的地方，获得这种联系的代价是减少或失去与现实生活中朋友的联系。20 世纪 90 年代后期的几项研究表明，使用互联网削弱了青少年的社会联结和幸福感。① 而现在，几乎所有年轻人都在上网，他们中的绝大多数都利用互联网来启动和加强他们现实生活中的友谊。

　　研究者认为，由于在线沟通刺激了自我表露（self-disclosure），因此，互联网有益于青少年的关系建立。与现实生活相比，青少年更容易在网上披露私人信息。当前的研究表明，这方面存在轻微的性别偏移。男孩比女孩更容易在网上披露他们不会当他人面披露的信息。适度的自我表露能提升友谊的品质。有研究支持这样的观点：

50

---

① Patti M. Valkenburg and Jochen Peter, "Online Communication and Adolescent Well-Being: Testing the Stimulation versus the Displacement Hypothesis", *Journal of Computer-Mediated Communication*, 12, no.4（2007）: 1169–1182.

在线自我表露与友谊形成（friendship formation）和高质量友谊的比率有关。荷兰研究者发现，青少年在网上自我表露一年即可产生高质量友谊。在线披露不会直接引发更好的友谊，但它提供了高质量友谊所需要的东西。最后，研究还支持如下观点：高质量友谊增强了幸福感。因此，在线沟通和自我表露可以帮助青少年形成更牢固的在线和线下友谊。

　　青少年期和成年早期的目标是要建立家庭以外的有意义的亲密关系。数字技术肯定改变了我们的关系的性质。这种变化让数字移民们感到不安，但没有必要认为这种变化本身是成问题的。数字土著则对网上男友和虚拟关系（virtual relationship）感到舒适自在。他们在"虚拟"朋友和"真实"朋友之间穿梭自如。许多青少年和成人更喜欢真实互动而不是在线互动。不过，虚拟关系自有其作用，而且网络空间中的所有关系并不都是同等的。青少年有可能形成安全的、支持性的和协作的在线关系。关键在于不要让在线关系取代或遮蔽面对面的互动和关系。互联网和社交媒体网站是宝贵的新工具，它们既能加强已有的关系，又能促进有意义的虚拟关系。

在线联系与孤独

　　麻省理工学院自我和技术研究所（Institute on Self and Technology）的创始人以及《孤独地在一起》（*Alone Together*）的作者特克（Sherry Turkle）告诉我们，数字联结导致"陪伴幻觉"（illusion of companionship）。虽然这一观点得到大肆宣扬，但它仅讲述了事情的一半。青少年利用互联网和社交媒体来维持联系，制订计划，分享照片、想法和观点。当具有积极自尊和熟练数字技术技能的青少年在为家庭作业困扰时、生病在家时或因近来的分手而悲伤时，他们会从网上找到支持。青少年可以利用数字技术来维持和促进真实的友谊。他们也可以结交一些经常分享共同兴趣和技能的虚拟朋友。虚拟朋友可以在一起编写诗歌、改正编程项目中的错误或在虚拟游戏的冒险中成为队友。在开启、维持和加强真实关系与虚拟关系方面，数字技术具有无限的潜力。

必须说明的是，当互联网被不熟练的人使用或误用时，就可能危害社会联结和关系。例如，研究者发现，当大学生过多地在脸书上寻找安慰时，他们得到的是负面的反馈。脸书成为社会性孤独（有时还很严重）的来源，而不是支持的来源；它也令青少年陷入低自尊的危险之中。[①] 社交技能欠佳的、抑郁的、焦虑的青少年和年轻人非常有可能在网上进行不当的自我表露并过度寻求安慰。我的临床经验和研究都支持这样的观点：社交技能和数字技术技能欠佳的青少年在网上感到更加孤立和孤独。（参见第 11 章，看看怎样帮助易受伤害的青少年。）

我相信数字教养发展模型必定可以帮助你的孩子发挥数字技术的潜力，而不是沦为各种陷阱的牺牲品。互联网和社交媒体是新兴的复杂工具，其使用需要教导、监督，需要随着年龄的增长慢慢引入，因为它们的有效利用需要一定的成熟度。在下一章，我将给你一张数字王国的地图，这样你就可以对你的孩子将遇到何种设备、媒体、服务、应用程序和游戏，以及它们在孩子的不同年龄阶段可能有什么用途等有一个不错的总览。

---

① Elise Clerkin, April Smith, and Jennifer L. Hames, "Interpersonal Effects of Facebook Reassurance Seeking", *Journal of Affective Disorders*, 151, no.2（2013）: 525-529.

3 数字王国：你应该知道的技术地带

16岁的斯泰西（Stacy）因轻度抑郁以及"没有实现她的学习潜能"而求助于我。她是一个相当聪明的孩子，她谈论自己的智力，以此来回避讨论自己的情绪。与许多和她同龄的孩子一样，她已经学习过高级计算机科学和算法，但是高效地根据日程计划做家庭作业对她来说仍是一个挑战。她解释说，她能在做家庭作业的同时完美地运行多个计算机程序。我建议她试着用《自我控制》（*Self Control*）或《自我抑制》（*Self Restraint*）等自我管理应用软件来管理自己的时间。我操着"口音"很重的数字语言（Digital-ese）向她解释说，她可以利用这些软件来设定一个计时器并屏蔽掉一些有问题的网站。例如，可以在做家庭作业时屏蔽脸书和YouTube 2小时。这样做完全不会影响网络的功能，但可以少掉很多干扰。

斯泰西开始说得更慢更大声，就像人们在与一些不完全理解他们语言的人讲话时那样。她解释说《自我控制》不是一个应用程序而是一个网络浏览器插件（Web browser extension）（它实际上是一个应用程序）。她解释说这种程序没有用，因为她把自己的计算机设置成只要击键三次就可以绕过这些程序。我感到自己很惊慌，我熟练掌握了数字语言，但远远谈不上流利。我不能用这种语言来进行复杂的讨论或反驳她的观点。我只好回答说，击键三次可能就是一个很好的提醒，提醒她离开干扰网站。

我与斯泰西的这种沟通你听起来肯定不陌生，要想跟上精通数字技术的青少年很难。当我 1992 年从宾夕法尼亚大学毕业的时候，我们只要熟练掌握而不是流利掌握一门外语。而今天，家长必须熟练掌握数字语言，这样才能理解和诠释孩子的数字化生活。不用担心，要做到这一点不必去注册一门浸入式课程。你的右手边就坐着一位教师——你的孩子。如果你的孩子不满 10 岁，你可以和他一起学习，而且如果你的孩子在第二节课就超过了你，你也不用感到惊讶。

我初中学习计算机的时候，最大的区别在于软件和硬件。而今天我们谈论各种媒体平台及其相互重叠的交互方式。在数字技术世界里，平台指的是让其他应用程序运行的硬件或软件环境。计算机平台包括 Windows 系统（Windows PC）和苹果系统（Macintosh）。移动平台包括安卓系统（Android）、苹果操作系统（iOS）和 Palm 公司的掌上电脑网络操作系统（webOS）。① 社交网络服务也是一个平台，它能在具有共同兴趣和活动的人之间建立起社交网络和社会关系。社交网络一般是一种基于网络的服务，个人可以用它来创建自己的公开形象（public profile）并与互联网上的其他人互动。各种

---

① Poynter.org 为新闻工作者撰写有关技术的文章提供了非常棒的术语汇编。

平台的定义和区分模糊不清，存在很多重叠。脸书一开始只是一个社交网络网站，后来发展到有自己的媒体平台，再之后，各种游戏、应用程序和视频都被设计出来在脸书上运行。

我将当前的数字王国分为以下各种广泛的平台：

- 电视。
- 移动设备。
- 计算机／互联网。
- 电子游戏。
- 社交媒体和网络。

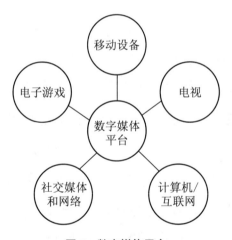

图 5　数字媒体平台

当然，平台只是数字王国中的一部分。互联网的快速发展和可用性、各种新出现的移动设备、触摸屏技术等都是当前数字王国中的重要部分。互联网的快速发展和日益增强的可利用性使越来越多的人可以参与到数字革命中。家长必须理解键盘输入、触摸屏以及无接触界面（no-touch interface）的区别。传统上，我们使用键盘、鼠标或游戏杆来操纵计算机或游戏。苹果平板电脑的发明掀起了一

54

场触摸屏革命，推进了数字技术的使用，尤其是在那些还不能操纵鼠标或阅读键盘的幼儿中的使用。未来的数字技术可能是声控互动（voice-activated interaction）的，如苹果手机中的"Siri"。设备的移动性使我们有更多时间和机会使用数字技术。无论好与坏，数字技术已无处不在。家里、学校里、我们的口袋里以及我们的枕头下，都有我们的设备。

在本章，我将概要列出你在规划孩子的数字王国时可能会用到的主要定义。

21 世纪的电视

在数字技术王国里，电视占了很大一块。事实上，人们在数字技术上花费的全部时间中，电视占了很大一部分。孩子看电视的时间要多于他们在学校的时间。[①] 电视已经改变，但又没变。人们继

55

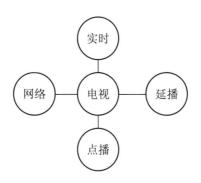

图 6 当今观看电视的方式

---

① Victoria Rideout, Ulla G. Foehr, and Donald Roberts, *Generation M2*: *Media in the Lives of 8-to 18-Year-Olds*（Menlo Park, CA: Kaiser Family Foundation, 2010）, 3.

续观看情景喜剧、纪实节目、戏剧和电影。不过，人们看电视的方式已发生变化。由于网络电视的出现，人们实时收看电视的时间在减少。孩子越来越多地在苹果播放器（iPod）、MP3 播放器、智能手机、平板电脑和计算机上看电视节目。

网络电视已成为一种产业。在 21 世纪初，宽带的可用性越来越强，带宽越来越宽，于是在线"流媒体"电视成为现实。2009年，国际网络电视学院（International Academy of Web Television）成立，设立网络电视大奖"最佳播客奖"（Streamy Awards）。原创节目不再限于网络或有线电视。最受欢迎的流媒体节目网站有：YouTube、Netflix（奈飞）、Vimeo、雅虎在线视频（Yahoo Screen）、每日视频（Dailymotion）和葫芦网。所有这些网站都制作原创节目，也提供大量已发行的经典节目和近期节目。各个网络主站点、YouTube 以及其他站点大多提供免费节目播放，但是所有节目的下载都需付费。孩子谈论的是看连续剧而不是节目。我的病人告诉我，他们差不多看完了《老友记》（*Friends*）第一季或打算看《霍根英雄》（*Hogun's Heroes*）第二季。他们较少考虑 30 分钟或 60 分钟的节目。他们下载连续剧，看完一季又一季。电视的发展越来越深入。幼儿已不容易理解直播电视的概念。他们在电视屏幕上敲击和划动，指望他们喜欢的节目能神奇地出现，而它真的出现了。

孩子把电视视作"多任务"的基础。在下一章，我将更多地讨论多任务迷思。大多数孩子报告，他们在看电视的时候"完成多种任务"。每周全家一起收看《爱之船》（*The Love Boat*）或《霹雳娇娃》（*Charlie's Angels*）已演变成孩子在做其他事情（如发信息、上网或做家庭作业）的同时在平板电脑上看电视。七至十二年级的孩子中，大约 70% 都会在看电视时在另一媒体上完成多种任务。①

电视变得越来越具交互性。一开始是在《美国偶像》(*American Idol*) 节目中为你喜爱的参赛者投票，后来发展为在各种节目中发微博、发帖、投票等。孩子在自己的卧室中，在进行即时聊天、发送即时消息（IM）和短信的同时又看电视。许多孩子在看节目的过程中查找有关角色和剧情的信息。虽然看电视的方式已经变得更多样化、更具交互性，但如果看得过多或在卧室里看，仍会导致拖延行为和久坐不动行为。

关于看电视，你应该知道的一些统计数字

- 11—14 岁的孩子看电视最多，平均每天 3 小时。
- 即使是在对年龄、性别、家长教育程度、家庭构成等因素进行控制的情况下，各种平台上，非洲裔和西班牙裔的美国孩子看电视仍比美国白人孩子多。
- 70% 的孩子卧室中有电视。
- 卧室中有电视的幼儿每天看电视的时间比卧室中没有电视的幼儿多 1 小时。
- 约 50% 的孩子家中，即使无人在看电视，也让电视开着（即背景电视）。
- 家长更多针对孩子收看的电视内容制订规则（46%），而较少针对孩子看电视的时间制订规则（28%）。①

下列方框中是家长应该知道的一系列术语和网站。

57

---

① Victoria Rideout, Ulla G. Foehr, and Donald Roberts, *Generation M2: Media in the Lives of 8-to 18-Year-Olds* (Menlo Park, CA: Kaiser Family Foundation, 2010), 33–34.

② 同上：15–17.

现代电视术语

播客：可以从互联网上下载或缓存到计算机、便携式媒体播放器或其他设备中的数字音频或视频文件。

流媒体：一种在计算机网络上传送数据（如音频和视频内容）以实现实时观看的方法。不用先下载再收看或聆听，在后续内容传送的同时就可以播放。

时移电视：你录制后储存于某种设备［如数字视频录像（DVR）、筛选式数字视频录像（TiVo）］或通过有线电视服务在以后某个时间观看的节目。

网络电视：专门制作以用于网络播放的原创电视内容。

YouTube：最大的视频分享网站，每月访问量达十亿。任何人都可以上传短视频供公开或非公开观看。

Netflix：提供电视和电影内容订阅服务的一个美国网站，既可以通过互联网进行点播，也可以通过邮件订购 DVD。它从 1999 年开始提供邮件订购数字视频交付服务，到 2009 年，用户已达一千万。具有讽刺意味的是，2000 年百视达（Blockbuster）公司曾拒绝花五千万美元收购 Netflix。现在，它每月的访问量有一亿五千万。Netflix 在原创网络节目中处于领先地位。2013 年，它出品的《纸牌屋》（*House of Cards*）以网络节目的身份破天荒地获得了艾美奖（Emmy Awards）。①

---

① 有关 YouTube 和 Netflix 的数据引自 "Top 15 Most Popular Video Websites, May 2014", eBizMBA website, *www.ebizmba.com/articles/video-websites*. ［在中国，与前者类似的网站主要有快手、抖音、哔哩哔哩（即 B 站）；与后者类似的则有腾讯视频、爱奇艺、芒果 TV 等。——译者注］

移动媒体平台

58

　　正是移动媒体平台（mobile media platform）推动了数字技术消费的日益增长。对于今天的孩子，手机不再是一部电话机。手机现在已被当作移动媒体传递平台。事实上，孩子已很少用手机通话，而越来越多地用它来做其他事情。你的孩子将用手机通话、发信息、听音乐、阅读、照相、玩游戏、购物、上网、看电视。传统的看电视方式已减少，孩子越来越多地在手机或平板电脑上看电视。过去10年来，电子游戏使用的增长在很大程度上要归功于手持式游戏设备和那些在手机与平板电脑上玩的游戏。青少年和10—12岁孩子的手机拥有量是10年前的2—3倍。现在，三年级孩子中有25%已拥有手机。大约75%—85%的青少年有手机，其中一半是智能手机。[①]

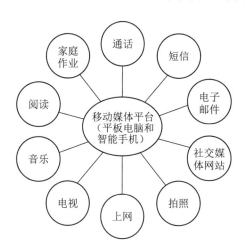

图7　移动媒体平台的功能

---

① Elizabeth Englander，"Research Findings：MARC 2011 Survey Grades 3—12"，*MARC Research Reports*，Paper 2，Bridgewater State University，2011，*http：//cdn.theatlantic.com/static/mt/assets/science/Research%20Findings_%20MARC%202011%20Survey%20Grades%203-12.pdf.*

59   对于绝大多数孩子，电子化沟通从发短信开始，过段时间便发展到社交媒体。基本上，孩子一旦有了手机、平板电脑或 MP3 播放器就会开始发信息。在整个青春期，孩子发的信息还会加速增多。电子化沟通已改变我们的沟通方式。我将较多阐述短信革命，但你

几乎所有孩子用得最多的手机功能都是发短信。

应该明白，发短信是你可以间或使用的与孩子沟通的最好方式。我的意思不是说用发短信来代替真实的互动，而是你会发现，在孩子的成长过程中，发短信是一种与他沟通并保持联系的很好方式。

当今儿童和青少年手中的手机

- 青少年平均每月发 3 000 条信息。
- 青少年平均每月打 120 个电话。
- 有些青少年每月发的信息超过 10 000 条。①
- 8—18 岁的孩子每天花 30 分钟打电话。
- 8—18 岁的孩子每天花 90 分钟发信息。
- 只有 14% 的青少年家长对孩子每天可发信息的数量制订了规则。②

短信被定义为通过蜂窝网络（cellular network）发送的电子消息，一般是从一个手持设备发送到另一个手持设备。今天，信息的形式可以是文字、照片、视频、模因（meme）（如表示某种观点、主题、笑话或评论的图像，类似于中文语境中的"表情包""段

---

① Shawn Marie Edgington, *The Parent's Guide to Texting*, *Facebook*, *and Social Media*：*Understanding the Benefits and Dangers of Parenting in a Digital World*（Dallas, TX：Brown Books, 2011），19（包含全部每月三次的统计数据）.

② Victoria Rideout, Ulla G. Foehr, and Donald Roberts, *Generation M2*：*Media in the Lives of 8-to 18-Year-Olds*（Menlo Park, CA：Kaiser Family Foundation, 2010），18.

子""梗")和表情符号等。沟通变得更短也更可视化。孩子可以通过这种前所未有的方式与家长始终保持联系。始终保持联系有利也有弊，对这一问题的探讨将贯穿本书。在积极的方面，你能以一种更加无缝的方式持续追踪并介入孩子的生活。不过，我曾看到许多大学生和年轻人离开父母就不知道该怎么办，也不能靠自己来作决定，因为他们通过手机把父母时时带在身边。智能手机和不停地发信息有可能导致年轻人幼儿化。论文《懦弱者国度》（*A Nation of Wimps*）的作者将智能手机称为"永久的脐带"。① 孩子在初中时就应学习管控短信。家长必须在持续沟通和鼓励独立与自信之间维持平衡，因为独立与自信才是成长的主题。

60

　　家长应能定义色情信息（参见第 4 章、第 9 章和第 10 章）和自拍照（selfies）。色情信息指发送（一般是在手机之间）带有明显性内容的照片或消息。2012 年 8 月，这个术语正式被收录进《韦氏大学词典》（*Merriam-Webster Collegiate Dictionary*）。在孩子进入社交媒体世界前，色情信息就已出现在短信上。后面我们将更详尽地讨论色情信息的问题，但你现在应知道这个术语以及它如何与你的孩子使用的设备互动。

61

　　"自拍照"在 2013 年成为一个正式术语，被用来描述当今一代。自拍照被定义为自己用智能手机或网络摄像头给自己拍的照片。自拍照已成为 Instagram 等社交媒体网站中分享的照片的主要部分。我将在第 10 章花更多笔墨讨论自拍（self-portrait）、自拍照、电影等。重要的是，家长必须明白，自拍照不仅仅是数字相册中的一种照片。孩子用自拍照来表达看法、思想或记录某些时刻。大多数孩子对自

---

① Hara Estroff Marano, "A Nation of Wimps", *Psychology Today*, November 2004, *http://www.psychologytoday.com/articles/200411/nation-wimps*.

移动设备术语

聊天：通过互联网进行的各种沟通。传统上，它指通过即时消息一类的短信应用程序进行的一对一沟通。

表情符号（emoticon）：面部表情的一种表示，由多个键盘字符组成，如":-）"表示微笑。表情符号用来传递作者的感情或表示某种语气。

表情图标（emoji）：表意符号（ideogram）和笑容符（smiley）。最早由日本开发。这些图标已标准化并被植入新上市的智能手机和电子邮件服务（如谷歌 Gmail 邮件服务）。

屏幕截图：由用户创造的记录监视器（或电视和其他视觉输出设备）上显示的所有可见项目的图像（多在计算机或手机上）。

自拍照：给自己拍的上传到社交媒体网站的照片（通常是用智能手机或网络摄像头拍摄）。

色情信息：通过手机发送的带有明显性内容的照片或消息。在 21 岁的青年中，多达 80% 的人收到过色情信息。

SnapChat 照片分享应用：一款照片消息应用程序，用户可以发送照片、视频、短信和图画给指定的收信人。发送的照片和视频被称为"快照"。用户可以设置这些快照显示的最长时限，时限可从 1 秒到 10 秒不等，收信人可以看这些快照，接着这些快照就会从收信人的设备上消失。警告：收信人可能会对照片截屏以继续保留照片。SnapChat 和一些类似的应用程序已成为色情信息和网络欺凌的滋生地。①

---

① 在中国，即时交流软件 QQ（手机版）的"闪照"功能与此类似。——译者注

拍照不会想太多，也不会过度张贴他们的自拍照。自拍照不过是 21 世纪的另一种沟通方式。上页方框中的内容是你应知道的有关移动设备平台的一些定义。下面方框中是发信息时使用的一些缩略语。

发信息时使用的缩略语

60

在撰写本书时，我的研究助手西顿（Lola Seaton）只有 18 岁，她编撰了以下缩略语。你可以由此开始了解发信息时使用的缩略语。本书从头至尾都可能充塞着种种缩略语，它们更短也更难破译。①

ATM：此时

BF：男朋友

BFF：永远的好朋友

BRB：马上回来

BTW：顺便说一下

DMC：有意义的深度对话

DW：别担心

FB：脸书

FBC：脸书聊天

GF：女朋友

GTG：我得走了

IDC：我不在乎

IDK：我不知道

ILY：我爱你

IMO：我认为

JK：只是开玩笑

K/KK：好的

KL：酷

LMAO：笑死我了

LOL：大笑

LUSM：非常爱你

LY：爱你

NM：没关系 / 没什么

NP：没问题

OMG：哦，天啊

PLS/PLZ：请 / 拜托

---

① 除上述英文缩略语外，中文社交网络更常使用拼音缩略语，其类型更多，更新更快，家长可通过在线"词典"查找缩略语的对应含义。——译者注

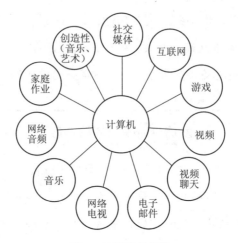

图 8　计算机的用途

计算机平台

　　尽管已出现移动革命和触摸屏革命，但儿童和青少年每天仍在计算机上花费一个半小时到两小时。这还不包括用计算机做家庭作业、看电视和听音乐的时间。

8—18 岁的孩子在计算机上做什么 （**不包括看电视、听音乐和做家庭作业**）
• 社交网络：22 分钟。
• 游戏：17 分钟。
• 视频网站（如 YouTube）：15 分钟。
• 其他网站：11 分钟。
• 电子邮件：5 分钟。
• 图片 / 照片：4 分钟。
• 杂志 / 报纸：2 分钟。
• 其他：2 分钟。
• 总计：1 小时 29 分钟（11—14 岁的孩子为 1 小时 46 分钟）①

---

① Victoria Rideout, Ulla G. Foehr, and Donald Roberts, *Generation M2*：*Media in the Lives of 8-to 18-Year-Olds*（Menlo Park, CA: Kaiser Family Foundation, 2010）.

在计算机上给奶奶打电话？

语音通话和视频会议的发展趋势是使用计算机而不是固定电话。它的首字母缩略词为"VoIP"。"VoIP"即网络电话，是"通过网络协议传送的语音服务"，也叫"IP电话"或"互联网电话"。网络电话使你可以通过互联网通话或进行视频通信。绝大多数智能手机、计算机以及接入互联网的其他设备都可以拨打网络电话。目前，它

计算机：促进阅读和研究？

阅读时代确实没有终结，但它似乎正从纸上转移到计算机、平板电脑和智能手机上。在设备和计算机上阅读已占阅读整体的很大一部分。过去5年来，你在网上可以找到的适合你家幼儿的识字课程的类型已有很大改变。我相信，数字幼童（2007年苹果手机问世后出生的孩子）将会在计算机和平板电脑上学习阅读。孩子也通过阅读网站和做研究而获得重要消息。15—18岁的女孩（66%）更多在线查找卫生知识（health information）而不是通过看电视、听广播或线下视频了解卫生知识。① 我经常遇到这样的青少年病人，他们在网上为朋友或自己查找卫生知识，然后来我办公室核实或澄清那些信息。这些问题常常开启有关健康问题和性问题的有意义对话。孩子将越来越多地利用互联网和数字设备进行阅读与研究。我们的目的是寻找有效的教育工具，并学会如何成为一个重视真实性和尊重版权的批判性消费者。

---

① Victoria Rideout, Ulla G. Foehr, and Donald Roberts, *Generation M2*: *Media in the Lives of 8-to 18-Year-Olds*（Menlo Park, CA: Kaiser Family Foundation, 2010）, 22.

的语音质量还略逊于有线电话，但是有线电话似乎正在步传呼机和随身听的后尘。常见的网络电话有 Skype、FaceTime、TeamSpeak 和 Viber。你可能觉得你家的青少年正单独待在自己的卧室里，但他很可能正一边同世界各地的虚拟朋友玩电子游戏，一边用 FaceTime 或 Skype 与同学通话。真正的问题不是他是否孤独，而是他是否在做家庭作业。

电子游戏平台

电子游戏不再是你年轻时玩的那种街机游戏（arcade game）。不过，我确实喜欢《吃豆人》（*Pac-Man*）这款游戏在迪士尼频道（Disney channel）被重塑为卡通超级英雄。自《吃豆人》和《大金刚》（*Donkey Kong*）出现在购物商场的游乐中心以来，电子游戏已有很大发展。我将电子游戏分为以下五种类型。

- 街机游戏（想想 20 世纪 80 年代的购物商场）。
- 大型游戏机。

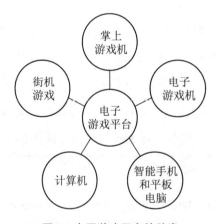

图 9   电子游戏平台的种类

- 手持游戏设备。
- 可以方便地在手机、平板电脑和计算机上玩的小游戏（simpler game）。
- 个人电脑上的复杂大型多人游戏。

电子游戏机（video game console）是一种设备，它允许用户在一台单独的电视上而不是手持设备或传统的街机上玩游戏。第一台电视游戏机是于 1972 年问世的奥德赛（Magnavox Odyssey），但真正大受欢迎的家用电子游戏机是雅达利公司（Atari）的乒（Pong）。20 世纪 80 年代中期，电子游戏曾急剧萎靡，但任天堂红白机（nintendo entertainment system）使家用电子游戏机得以振兴。微软的"Xbox"系列、索尼的"PlayStation"系列、任天堂的"Wii"系列是目前比较流行的游戏机。2014 年，游戏机行业的佼佼者是索尼的 PlayStation4、微软的 Xbox One 和任天堂的 Wii U。这些游戏机都可以连接互联网，孩子可以从网上下载游戏到游戏机中，也可以与其他人联网玩游戏。一些新的游戏机还提供诸如 Netflix 或葫芦网的流视频服务。[1]

掌上游戏机（handheld game console）是一种轻便的便携电子设备，内置屏幕、扬声器和游戏控制器。掌上游戏机比传统的大型游戏机小。它最早问世于 20 世纪 70 年代后期，但使掌上游戏机真正流行起来的是任天堂 1989 年发布的 Game Boy 及其著名游戏《俄罗斯方块》（Tetris）。2004 年，Game Boy 被任天堂的"DS"系列取代，索尼也发布了它的"PlayStation Portable"（PSP）系列设备。2014 年，最热门的掌机是任天堂的 3DS 和索尼的 PS Vita（PSP 的升级版）。

---

[1] 关于电子游戏的大部分细节来自维基百科、在线博客和对更有经验的玩家的采访。

　　大约只有一半的游戏在电子游戏机上玩，剩下的都在便携式设备上玩，包括掌机（29%）、手机（23%）。玩电子游戏的高峰在11—14岁。年纪较小的孩子花在便携设备，如任天堂的DS、索尼的PSP或触控式苹果播放器（iPod Touch）上的时间比年纪较大的孩子多。男孩和女孩都在便携设备上玩游戏，但男孩在电子游戏机上花费的时间更多。男孩平均花在电子游戏机上的时间为1小时，而女孩为15分钟。

66　　可以在移动设备和计算机上玩的游戏多达数千种。《植物大战僵尸》（*Plants vs. Zombies*）、《神庙逃亡》（*Temple Run*）、《地铁跑酷》（*Subway Surfers*）、《部落战争》（*Clash of Clans*）、《愤怒的小鸟》（*Angry Birds*）等都是一些很容易下载到手机里，在任何地方都可以玩的游戏。许多游戏既可以在移动设备上玩，也可以在计算机上玩。《我的世界》便既有口袋版（pocket edition）也有个人电脑版（PC edition）。个人电脑版的可选项、更新和画面都更好一些。角色扮演类的多人游戏一般都有结构复杂的画面，适合在计算机上玩。数字技术不断改进，一切都可以移动，安卓系统和苹果手机上将会有越来越多角色扮演类游戏和幻想类游戏。

8—18岁孩子中曾玩过某种电子游戏的比例

- 《吉他英雄》（*Guitar Hero*）：71%
- 《超级玛丽》（*Super Mario*）：65%
- 《Wii游戏/Wii运动》（*Wii Play/Sports*）：64%
- 《侠盗猎车手》（*Grand Theft Auto*）：56%
- 《光环》（*Halo*）：47%
- 《疯狂橄榄球》（*Madden NFL*）：47%

电子游戏类型

令人惊讶的是，对于电子游戏的类型并没有完全达成共识。不过，了解一些基本的游戏类型还是有益的。[①] 对你孩子所玩的游戏表示出兴趣能让你更好地理解他的数字世界。

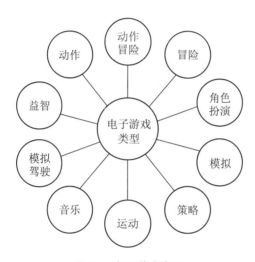

图 10　电子游戏类型

动作游戏

在各类游戏中，动作游戏（action game）是最大的一类，包括多种子类型。基本上，动作游戏会涉及对身体的挑战、手眼协调和反应时间。三种最主要的动作游戏是格斗游戏（fighter game）、射击游戏（shooter game）和平台游戏（platform game）。在动作游戏中，由玩家控制主角。主角（一个化身）必须通过关卡，收集物品，绕过障碍，与敌人作战。有时，化身因通过全部关卡而获胜，有时因打败敌人而获胜。有些游戏是不用获胜的，游戏的目的在于尽可能

67

---

① 我试着从维基百科、在线词典和电子游戏博客中拼凑出电子游戏设备和流派的大致轮廓。

多地积累分数或硬币。下面有一些例子：

- 基本的球类游戏，如经典的《兵》(*Pong*)。
- 格斗游戏：两个角色之间进行格斗，其中一个角色由计算机控制，如《街头霸王》(*Street Fighter*)、《魔鬼帝国》(*Mortal Kombat*)。
- 平台游戏：这类游戏需在不同平台间跳跃。角色多在阶梯和岩脊间跳跃。《大金刚》是这类游戏中较早的一个。任天堂的《超级玛丽》系列一直是这类游戏中最成功、最持久的一个。在 20 世纪末，平台类游戏是最流行的游戏种类。
- 射击游戏
  - □ 第一人称射击游戏（first-person shooter）：重点是从角色的视角进行射击和战斗，如《光环》和《使命召唤》。
  - □ 第三人称射击游戏（third-person shooter）：角色或玩家从远处——更广泛的视角进行射击和战斗，如《生化危机》(*Resident Evil*)和《战争机器》(*Gears of War*)。

68

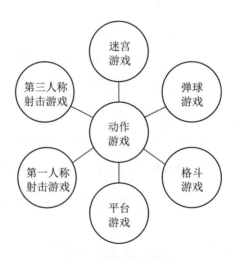

图 11 动作游戏类型

其他游戏类型

- 冒险游戏：这是最早开发的一类游戏。它不要求很快的反应能力或很短的反应时间。它要求玩家通过与其他人或环境互动，解决各种疑难问题。这类游戏构成了更细致复杂的角色扮演游戏的基础。《神秘岛》(*Myst*) 便是 20 世纪 90 年代以来一款很有影响的冒险游戏。 69

- 模拟游戏：这是一种广泛的游戏类型，一般是模拟各种真实的事件或幻想的现实。玩家可以建造、扩充或管理一个幻想的社区。《我的世界》就是一款建造和管理的模拟游戏。《模拟城市》(*Sim City*) 则是一款建造城市的游戏。

- 音乐游戏：玩家与音乐互动，努力跟上音乐的节拍。这类游戏有可能采用跳舞毯或某种模拟乐器。音乐游戏是运动游戏的基础，它使电子游戏更具社会互动性。流行的音乐游戏有《热舞革命》(*Dance Dance Revolution*) 和《吉他英雄》(*Guitar Hero*)。

- 运动游戏 (exergaming)：这是玩家作为个人或团队参加一项运动。"Wii 运动"系列一直是第二畅销的电子游戏，仅次于《俄罗斯方块》。EA Sports 和 2K Sports 两家公司主宰着运动游戏市场，它们发行的运动游戏有《疯狂足球》(*Madden Football*) 系列、"FIFA" 系列和曲棍球 (NHL) 系列。

角色扮演游戏

角色扮演游戏起源于《龙与地下城》(*Dungeons & Dragons*)。玩家在游戏中扮演一个或多个具有一套特殊技能的冒险者。随着故事的发展，玩家不断变强，也可以实时玩游戏。你可以作为一个团队或公会的一分子玩游戏。你可以定制你的角色。最有名的角色扮演游戏是《魔兽世界》和《最终幻想 14》(Final Fantasy XIV)。角色扮演游戏能让玩家沉浸在一个新的世界中，让玩家形成身份认同并全身心投入。大型多人在线角色扮演游戏（MMORPG）可以让数百人一起实时互动和游戏。角色扮演游戏和大型多人在线角色扮演游戏值得单列出来说明，以便让你更好地理解游戏世界。斯蒂芬妮（Stephanie）是一名高中生，她和我分享了她玩《魔兽世界》的体会。《魔兽世界》是一款大型多人在线角色扮演游戏，占了角色扮演游戏 40% 的市场份额。

70

《魔兽世界》是我生活中的一大部分，我热情投入在我的公会中。我有漂亮的盔甲，这代表我的技能水平。我可以收集和骑乘疯狂的动物。我喜欢我的公会，它由那些经常和我一起玩游戏的人组成。我们各有各的角色，听从公会领导的命令。公会允许像我这样的年轻玩家加入，但我们必须有礼貌，还需要学习某种礼仪。一段时间后我们便互相了解。我可以连续几小时沉浸在不同的战斗中。

角色扮演游戏是青少年和成人的同一性形成与社区形成过程。青少年加入"团队"，与其他人保持很强的在线联系。公会也会举行现实生活中的聚会，它促进了现实生活中的友谊和关系。本书第二部分将对这类游戏作更多探讨。既然你已了解电子游戏的路线图，那么再让我用一些辩论和细节来稍作点缀。

做游戏玩家，拯救世界

我 9 岁的儿子醉心于电子游戏。他在我的手机上玩，在苹果平板电脑上玩，在家用游戏机 Wii 上玩，在他的 DS 游戏机上玩。我跟不上他玩的流行游戏。最近，他开始玩《我的世界》。他用一些基础方块造出了复杂的结构。他间或杀死一个僵尸，有人作出粗鲁的评论。但是在创造模式中，他花费数小时建造错综复杂的建筑物。几年前他就扔掉了乐高积木，但是他成为《我的世界》中的建筑师和城市规划师。这劳心费力，也很费时间。我不确定是该哭还是该为他加油。①

　　这位妈妈表现出对电子游戏的矛盾心理。《我的世界》是我在游戏新世界中选择的代表性游戏。它将没有意识的僵尸或怪物与真实的创造性结合在一起。它的游戏说明十分有限，孩子必须自己弄清该如何寻找工具、如何建造结构。它的画面并不华丽，看起来就像乐高积木，但孩子可以用它来创造全世界。欧洲和美国出现了《我的世界》俱乐部和长老监督会。

　　但并不是所有电子游戏都一样。谈及数字技术时，幼儿家长最担心的就是电子游戏。他们担心自己的孩子会"上瘾"或接触过多暴力。②电子游戏就在这里，我们正到处寻找电子游戏的积极影响。有些专门研究游戏的研究人员报告，游戏满足了人们在现实世界中无法得到满足的真正需要。此外，游戏玩家正开始用游戏来解决现实世界中的真实问题。

71

------

① Jane McGonigal, "Be a Gamer, Save the World", *Wall Street Journal*, January 22, 2011.
② Ellen Wartella, Victoria Rideout, Alexis R. Lauricella, and Sabrina L. Connell, *Parenting in the Age of Digital Technology*: *A National Survey*, Center on Media and Human Development, School of Communication, Northwestern University, June 2013, *http*: //*vjrconsulting.com/storage/ PARENTING_IN_THE_AGE_OF_DIGITAL_TECHNOLOGY.pdf.*

2010 年，超过 57 000 名游戏玩家署名成为颇负名望的《自然》（*Nature*）杂志的一篇研究论文的合著者。这些游戏玩家此前并没有生物化学方面的经验，他们应征在一个名为"在线蛋白质折叠游戏"（*Foldit*）的 3D 游戏环境中解谜。在这个项目中，他们以各种有助于治愈肿瘤或预防老年痴呆的新方式折叠虚拟蛋白质。这个游戏由华盛顿大学的科学家开发，他们相信，游戏玩家在这项创造性任务中能比超级计算机做得更好。研究者是正确的。游戏玩家在超过一半的游戏挑战中打败了超级计算机。①

麦戈尼格尔（Jane McGonigal）是一位游戏开发者和作者，她为世界银行研究所（World Bank Institute）开发了一款名叫《召唤》（*EVOKE*）的游戏。通过这个游戏，130 个国家的 19 000 名玩家承担了改善食物供应、增加清洁能源使用、终结贫困等现实世界中的任务。10 周之后，他们创办了 50 多家至今仍在运作的新实体公司。她最喜欢的公司是最近更名为"Librii"的跨非洲图书馆（Libraries Across Africa）。它是一个新的特许体系，鼓励在非洲提供图书和数字图书馆。在她所著的名列《纽约时报》（*New York Times*）畅销书排行榜的《游戏改变世界：游戏化如何让现实变得更美好》（*Reality Is Broken：Why Games Make Us Better and How They Can Change the World*）一书中，她写道："理解了电子游戏的力量的年轻人将创造和塑造未来。"

社交媒体服务平台

社交媒体网站是社交媒体服务平台的一部分。社交媒体在数字王国中占了很大一块。我将图 12 称为"社交网络地图"，以便让你明白社会互动如何把不同的平台连接起来，如何把你的数字王国结

① Jane McGonigal, *Reality Is Broken：Why Games Make Us Better and How They Can Change the World*（New York：Penguin，2011）.

合在一起。社交媒体被定义为一种电子化沟通方式，通过这种方式，用户可以创造线上共同体，分享信息、思想、个人消息、照片、视频以及其他内容。社交媒体网站需要依靠基于网络的交互式技术平台才能发挥作用。共有六种社交媒体：协作项目、博客、内容共同体、社交网络网站、虚拟游戏世界、虚拟共同体。

72

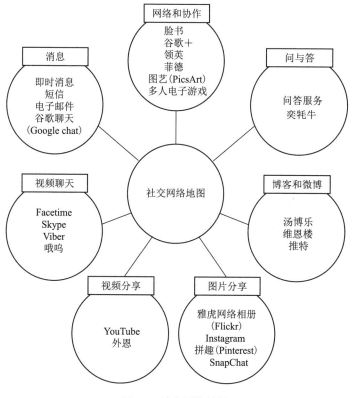

图 12　社交网络地图

在 11—14 岁的孩子中，社交媒体的使用激增。截至 2014 年，最受青少年欢迎的四个社交媒体网站是脸书、推特（Twitter）、Instagram 和 SnapChat。脸书 ① 是目前为止全球范围内最受欢迎的社交媒体网站。

———————

① 脸书类似中国的 QQ 空间，需添加好友并通过后才能看见对方具体的动态信息。——译者注

2013 年 5 月，脸书的用户已超 11 亿。如果将脸书看作一个国家，那么它已接近世界上的人口大国——印度［12 亿人口（2011 年）］。不过，脸书在青少年和年轻人中的受欢迎程度下降很快。尽管它在数字不动产（digital real estate）中仍占较大一块，但对儿童和青少年而言，它已不再代表社交媒体的未来。2013 年，推特在很短时间内就接替脸书成为最主要的社交媒体网站，但是 Instagram 在 2014 年又占据了领先位置。① 然而，SnapChat 是用户数上升最快的社交媒体网站，特别是在年龄偏小的青少年中。目前，推特大约有 5 亿用户。当然，这要看你怎样定义用户。推特是一个社交网站和微博网站，允许用户发送和接收"推特"（tweet），这些"推特"的文字内容只限 140 个字符。Instagram 是一个照片分享网站。SnapChat 允许用户发送照片，但照片会在 10 秒后或 10 秒内"自动销毁"。

社交媒体的使用似乎遵循一条清晰的发展路径。它从简单的发信息、发电子邮件、购物和游戏开始，然后发展到照片和视频分享网站（如 Instagram 和 SnapChat）。当孩子学会阅读并基本能打字后，他们便已为最初的在线社会互动作好了准备。7 岁时，孩子已长大到能够收发电子邮件和玩电子游戏了。从这时开始，他们可以在线登录网站和游戏，进而可以与网络空间中的其他人一起玩，相互沟通。

我两个年幼的儿子第一次因在线社会互动而感到特别激动是在

---

① "Facebook Is Still a Must for American Teens"，引自 Statista 网站，皮尤研究中心（Pew Research Center）2012 年一项针对社交媒体和青少年的研究。2012 年，脸书拥有的青少年和年轻人用户最多。这个数据每季变化。推特 2013 年收购了 Mantle，2014 年收购了 Instagram。而 SnapChat 看起来是 2015 年最大的竞争者。*www.marketingcharts.com/wp/online/instagram-now-tops-twitter-facebook-as-teens-most-important-social-network-41924/.* 在 12～24 岁人群中，SnapChat 似乎比推特更受欢迎。*www.marketingcharts.com/wp/online/snapchat-seen-more-popular-than-twitter-among-12-24-year-olds-41252/.* 研究由派普·杰弗瑞市场调研公司（Pipe Jaffray market research firm）实施。

玩《梦幻足球》(*Fantasy Football*)时。他们的球队与联盟中的其他球队进行比赛。他们密切关注自己的比分，用他们爸爸的电子邮箱发送球员转会消息。企鹅俱乐部（Club Penguin）、爱护圈（Everloop）等儿童社交网和网娃（Webkinz）网站等是专为7—10岁孩子设计的虚拟共同体。在迪士尼的企鹅俱乐部，孩子可以建造圆顶冰屋、搜寻配饰。如果他们积累了足够的虚拟币就可以购买宠物"帕夫"（puffle）。他们可以在虚拟社区中与他们的线上朋友聚会。同样，孩子可以建造和分享他们在《我的世界》中创造的作品。小姑娘可以加入甜心乐（Sweety High）。甜心乐适合10岁的女孩。它是一个学校主题的社交媒体网站，女孩可以在这里与朋友互动、赢取奖励、观看网络系列剧《甜心》(*Sweety*)（该剧讲述了三个永远的好朋友之间的故事）。

孩子得以进入成人社交媒体多是通过 Instagram 以及其他图片分享与视频分享程序。Instagram 已成为初中生的"脸书"。Instagram 是一个在线分享照片、视频的社交媒体网站。家长必须知道，Instagram 上的照片可以被分享到脸书、推特、汤博乐（Tumblr）和雅虎网络相册上。

既然对孩子来说，脸书已不再"酷"，那么重要的就是弄清谁能接替它。2012年，接受调查的孩子中有一半认为脸书是最重要的社交媒体网站。到2013年，这个数字下降到所有接受调查者的四分之一。随着脸书开始衰退，推特、Instagram 和 SnapChat 的重要性正在提升。

74

脸书以外

下面是你应该知道的其他重要的社交媒体网站。[1]

---

[1] Kelly Schryver, "11 Sites and Apps Kids Are Heading to After Facebook", blog post, Common Sense Media, September 20, 2013, *http://www.commonsensemedia.org/blog/11-sites-and-apps-kids-are-heading-to-afterfacebook#Tumblr.*

■ **问答服务**（Ask.fm）：这个社交媒体网站允许用户匿名或实名提问和回答问题。它已臭名远扬，是恐吓和网络欺凌的滋生地。

■ **谷歌+**（Google+）：这是谷歌的社交媒体网站，目的是用"圈子"（circle）来帮助用户控制分享的对象，是对脸书的"朋友"概念的改良。它在成人中比在孩子中更受欢迎。

■ **Instagram**①：这是青少年中最受欢迎的社交媒体网站。它允许用户拍照、编辑和分享照片。Instagram 现已被脸书收购。

■ **基克消息**（Kik Messenger）：它是通过应用程序实现的短信的替代品。用户多认为，它比短信更快更有趣。

■ **哦呜**（Oovoo）：用户可以通过这款免费的视频、声音和消息应用程序展开群聊，群聊人数可多达 12 人。

■ **菲德**（Pheed）：这是一个在青少年中越来越受欢迎的社交媒体网站。用户可以定制自己的"通道"，可以分享文本、照片、视频和音频笔记等。用户可以分享脸书和推特上的内容。绝大多数人都把菲德作为一个社交媒体网站来使用，但用户的"通道"可以转换为现金。理论上，用户可以向看其内容的用户收费。

■ **SnapChat**：用户可以利用这个消息应用程序发送照片和视频，设定一个 1—10 秒的时间限制，届时这些照片或视频将"消失"。SnapChat 是一个快速增长的社交媒体应用，有46% 的青少年和青年使用过 SnapChat。

■ **汤博乐**：它介于博客和推特之间。在汤博乐，用户可以以文本、照片、视频等形式发布自己的轻博客（Tumblelog）供

---

① Instagram 与中国的微信朋友圈类似，但可单方面关注而不需先添加好友才能看见具体动态。——译者注

分享和关注。

■ **推特**①：在这个社交网络和微博网站，用户可以发布不超过 75
140 字符的消息（"推特"）。

■ **外恩**（Vine）：它是推特旗下的一款社交媒体应用程序，允
许用户发帖、观看和分享循环播放的 6 秒短视频。

■ **维恩楼**（Wanelo）：它的名字是"想要、必需、热爱"
（Want，Need，Love）的缩写。这是一款结合了购物、时
尚博客和社交网络的应用程序。用户可以通过"我的动态"
（My Feed）功能展示自己的风格。

数字王国的发展趋势

数字王国一直处在变化之中，但是我想指出一些显而易见的趋
势，以便密切关注未来几年的数字技术发展。

■ 一切都变得可移动。
■ 各种设备专门为孩子设计，直接以孩子为销售对象，如库
里欧儿童平板电脑和儿童手机（Kurio）、纳比儿童平板电脑
（Nabi）。
■ 孩子已从脸书转到他们的家长尚未注册的网站。
■ 社交媒体从照片分享网站开始。
■ 孩子对问答服务类的问答网站（Q & A site）和 SnapChat 之
类的"自动销毁"网站特别感兴趣。
■ 黑客行为和破译密码行为被认为很酷。
■ 社交媒体已成为一个社会变革的平台。有很多种回报的方法，

---

① 在中国，与推特类似的产品是微博。——译者注

　　如提升价值网站（Upworthy）和做事网站（DoSomething）。

■ 我最喜欢的亲社会和时间管理应用程序是《联合国儿童基金
　　会水龙头计划》（Unicef Tap Project）。只要你 10 分钟不碰手
　　机，联合国儿童基金会水龙头计划的捐赠人就会为有需要的
　　儿童资助一天的干净饮用水，每个 10 分钟都可换一天的干
　　净饮用水。

　　要想弄清你希望你的家庭如何使用数字媒体，拥有一份数字王
国地形的鸟瞰图是一个极好的开端，但这还不足以令你作出明智的
决策。下一章将讨论学校内、体育赛事中、聚会上、新闻里以及一
切数字移民聚集之处所争辩的热点话题。

从马桶平板架到脸书知名度：
数字辩论的好处、坏处及令人厌恶之处

《飞扬的小鸟》（*Flappy Bird*）的开发者为什么将游戏下架？

脸书上是否到处都是青少年？

美国国家安全局是否有权查看我们的搜索历史？

碧昂斯（Beyonce）或贾斯汀·比伯（Justin Bieber）在 Instagram 上是否有更多的粉丝？

无论你是伴护一个 12 岁孩子参加睡衣派对，站在足球比赛的球场边线，还是在筹款拍卖时出价，处处都有数字技术。国内和国际的对话中充满关于数字媒体的讨论与争辩。要想跟上它们真的很不容易。2014 年 2 月，我写这一章的时候，《纽约时报》上满是一家日本比特币（虚拟货币）网站破产的消息；联邦法院判令 YouTube 撤下一段有争议的反伊斯兰视频的消息；一家号称其游戏"非常有趣，孩子将不会看到那些胡说八道的东西"的新教育游戏公司的消息。作为家长，要紧的是，你要了解那些装点着 21 世纪数字王国的定义和争辩。你已经知道了很多问题，但由于设备、媒体和应用程序等一直在变，这些问题的答案也一直在变。当然，随着游戏的流行和落伍，通俗音乐歌星的过气，集体对话中社会政治问题的热议和冷却，那些问题（如上面所列的问题）也将不断演变。本章将描

　述那些在本书撰写时饱受争议的热点问题，以助你对本书探讨的问题形成一个总体看法。

使用数字技术：时间、内容、方式

鸡尾酒会上的对话往往反映了国内外都关心的某个主题。每天我都听到成人和孩子在争辩何时可以使用数字技术、该使用什么数字技术，以及如何使用数字技术。

■　何时是孩子接受或使用某种设备的适当时间？

■　应该给孩子配备什么设备？

■　应该如何管理、引入和使用这些设备？

关于时间的争辩

我将在本书后面各章详述关于何时的争辩。它的底线是你必须采取一种发展的观点。孩子是否已作好使用这类设备的准备？他是否能把它当作一种工具来使用？他现在是否需要这种设备？在关于何时的争辩中，最热的问题是"**我何时该给孩子配一部手机？**"如果你对前述三个问题的答案是肯定的，那么也许就是该买一部手机的时候了。就像走路和说话都要经历若干重要阶段，数字化的各个重要阶段发生在不同的年龄段。孩子一般在9—18个月时会走路。一个9个月大的孩子和一个18个月大的孩子都在走路，但对9个月大的孩子来说，18个月大的孩子就像是奥运长跑运动员。数字化的发展阶段同样如此。无论孩子是班级里第一个还是最后一个拥有手机的人，他们都能形成足够让他们在数字时代出类拔萃的技术头脑和技能。一个8岁的孩子，如果他的父母离婚了，又经常去旅行，那么他可能真的需要一部手机。手机使他能在两个家庭间活动，能同没有法定监护权的那位家长交谈。如果这个孩子经常由不同的家长和看护人接送，那么还应增加一层安全的考虑。一个 12 岁大的男孩，如果一直由他的妈妈开车接送他去活动的地方，那么他可能还不需要手机。这个 12 岁的男孩可以在家用电脑上收发电子邮件，做家庭作业，玩《我的世界》。两个男孩最后是否都会拥有手机？是的。关于何时的争辩需要采取一种深思熟虑的、个别化的、能反映家庭的现实和文化的发展方法。

关于内容的争辩

我 10 岁大的侄女霍普（Hope）收到一部智能手机作为她 11 岁生日的礼物。她买了一个安卓手机，因为推销员极力宣传该手机的多功能性。但她很快就发现，她的六年级朋友都有苹果手机，还建立了一个聊天群，而她的安卓系统并不能完全支持这个群聊。她只能看到一些文本内容，很难参与到群聊中去。她错过了一次睡衣派对，不知道该群正在试演一出新戏。这算不算一出人生悲剧呢？当然不是。但这对霍普来说并不好受。她选错了昂贵的设备，他的父母也不愿立刻就再为她买一部昂贵的手机。搞清楚"适当的"年纪然后再破解该为此年龄段购买哪些设备或应用程序是一件很复杂的事。

家长总在问哪个社交媒体网站最适合自己的孩子。Instagram 已被默认为适合初中生的社交媒体网站，但从法律上讲，你需要年满 13 岁才能加入 Instagram。"自动销毁的"社交媒体网站和"匿名的"社交媒体网站使争论进一步复杂化。问答服务要求匿名评论，在 SnapChat 上发送的照片会在 10 秒内自动销毁。自 2014 年初以来，奕牦牛（*Yik Yak*）成了被指责的罪魁祸首。奕牦牛鼓励用户使用化名匿名发帖。网站声称"让奕耗牛的一切只留在奕耗牛上"。但是，奕耗牛知道你的位置，该公司也曾协助警察辨认用户。[①] 我一直要求青少年问问自己，为什么他们需要让自己的照片在 10 秒内自动销毁。

可以使用的应用程序、社交媒体网站和

> 做一个批判性的消费者：在为那些"有毒"的社交媒体网站和设计低劣的游戏花费金钱与时间前，先问自己一些该问的问题。

富裕孩子的玩具：特权还是权利？

有许多关于特权和数字技术的争论。在 21 世纪的头十年，就有很多关于数字技术将导致富人与穷人之间的差距进一步加大的关切。实际上，技术正在弥合鸿沟而不是扩大鸿沟。在世界范围内，数字技术越来越便宜，越来越易获取。手机在一些非洲小镇的普及率与麦迪逊大街差不多。一些美国研究人员发现，低收入家庭实际上比富裕家庭拥有更多设备。他们的解释是，低收入家庭可能翻新和循环利用多种设备，而富裕家庭干脆以旧换新直接更新设备。

公立学校承诺在课堂中利用数字技术，这是使低收入家庭的学生能够与其富有同学一样形成相同技术技能的关键。2013 年秋，前纽约市长布隆伯格（Michael Bloomberg）发布了"有线纽约"（WiredNYC）计划，要让公共空间和公共建筑都接入高质量的免费互联网。"有线纽约"是一个更大的全国性计划的一部分，这个计划致力于保持美国各城市在工商界的竞争力，也致力于无线互联网接入的普及化。

---

① Shannan Yangar, "Yik Yak App Is Wreaking Havoc in Schools: 11 Things Parents Need to Know", Tween Us blog post, March 4, 2014, *www.chicagonow.com/tween-us/2014/03/yik-yak-app-parents-need-to-know.*

低收入家庭越来越多地使用数字技术并没有改变智能手机、平板电脑、游戏机和计算机仍十分昂贵这一事实，而这一因素肯定影响了内容和时间问题。大约每月一次，总会有一个苦恼的少年或青少年走进我的办公室，痛惜地对我说他不知如何告诉爸妈他把智能手机弄丢了，或把智能手机掉进了马桶。许多中高年级的孩子都期望自己能有一部智能手机或计算机。我9岁的儿子问我，他10岁生日时能不能得到一部苹果手机作为生日礼物。我告诉他得等到他11岁。他在脑瓜里算计了一会儿说，他要和他的弟弟妹妹拥有一模一样的手机。我被他的逻辑搞糊涂了，因为他的妹妹才5岁。他解释说，他9岁，弟弟妹妹分别是7岁和5岁。由于每两年会更新一次，最后他们便应该有一样的设备。我渐渐明白了，虽然到那时离他得到第一部智能手机已过了几年，但他希望每两年就能更换一次。

我们应告诉孩子，做一个数字化公民意味着要珍惜昂贵的设备。从童年早期开始，孩子就必须明白，拥有和使用数字技术是一项特权而不是权利。

游戏不计其数。家长常常比孩子更感到茫然而不知所措。家长必须查看它们的等级，并到常识媒体网站（Common Sense Media，一个面向家庭、基于各年龄的媒体评价网站）上阅读有关它们的评论，这一点非常重要。家庭应针对设备、网站、应用程序和游戏展开持续对话。需要征召儿童、少年和青少年来教父母，让父母明白要购买的各种东西的利与弊。孩子和家长都应成为批判性消费者。在为那些"有毒"的社交媒体网站和设计低劣的游戏花费金钱与时间以前，先问自己一些该问的问题。

80

关于方式的争辩

我能肯定你与你的孩子、朋友或家庭有过这方面的争论。数字技术应如何被引入、使用和监督？应渐进地引入数字技术，在一段时间内逐渐引入更多功能和应用程序。设备和网站应被视为工具而不仅仅是娱乐。最后，必须对设备、电子化沟通、游戏和互联网等的使用加以监督。恺撒家庭基金会（Kaiser Family Foundation）发现，16% 的青少年在看电视的时间上有限制，26% 的青少年在能看的电视内容方面受规则制约。[①] 这些数字还很低。指导原则应一以贯之。数字技术是你的家庭文化的扩张。你的孩子应理解你使用数字技术的基本准则，以便将这些准则逐渐内化。随着时间的推移，指导原则应越来越灵活。应培养孩子的独立性，但他们同时应明白，指导原则、期望和监督始终存在。

同一性

在脸书上受欢迎就像在《大富翁》中发财 [②]

只要你更注重真实朋友的选择而不是脸书上的知名度，那么在脸书上受欢迎便没有问题。

在社交媒体对儿童和青少年的社会生活有何影响这一问题上，激烈的争论无休无止地进行着。不可否认，脸书上的好友和 Instagram 中的粉丝并不是传统意义上的"朋

---

① Victoria Rideout, Ulla G. Foehr, and Donald Roberts, *Generation M2*: *Media in the Lives of 8- to 18-Year-Olds*（Menlo Park, CA: Kaiser Family Foundation, 2010）.

② 修改自流行模因："Being Famous on Facebook Is Like Being Rich in Monopoly". *http://memecrunch.com/meme/11QA1/being-famous-oninstagram-is-like-being-rich-in-monopoly*.

友"。但这并不意味着真挚的友谊已不存在。这是说，社会期望青少年与每一个熟人保持持续的联系。在我成长的过程中，有一个笑话说培根（Kevin Bacon）与任何一个一线名流之间只存在六度分割。绝大多数机智的青少年通过与熟人的熟人联系，都能打败培根。而绝大多数机智的青少年都能明白"脸书的朋友"（社交媒体粉丝）与真实的朋友之间的区别。尽管如此，他们还是很容易被社交媒体搞得筋疲力尽。

81

关于我们是否应抛弃社交媒体的辩论已经过时且毫无意义。社交媒体就在这里，因此，现在的问题是如何帮助孩子在社交媒体网站的交际中拥有高品质的社交生活和健全的友谊。对家长来说，重要的是必须明白，青少年在社交媒体上得到的回应会对他们产生什么样的影响——关键不在于家长可以决定家里是否要禁止社交媒体网站，而在于家长能提供青少年所缺少的认识。

重要的是，青少年和少年不能根据粉丝的数量或为其帖子"点赞"的人数来对自己进行评判。家长还应警惕脸书和 Instagram 是否使自己的孩子感到被忽略或不受欢迎。家长可以帮助青少年明白，在社交媒体上吸引粉丝的能力主要与花在社交媒体上的时间和数字技术能力有关，较少与个人价值或友谊有关。要权衡每个孩子可能冒的风险和可能获得的益处，这一点很重要。你要做的不是在女儿年满 16 岁前禁止她使用社交媒体，而是要思考她能否将社交媒体作为一种工具来约请她的"真实的"朋友。如果 15 岁大的儿子非常害羞，但他的虚拟社交生活很活跃，你就该想想这些网络是否真的给了他自信，还是令他更加没有自信？那些社交技能差、自尊程度低的孩子很少能享受到社交媒体和网络空间带来的好处，反而很容易受到伤害，正是这样的孩子需要更多的监督和指导。（在第 11 章我将专门针对这些孩子进行讨论。）

就辩论的积极因素而言，互联网和社交媒体使青少年能探索不同的身份并形成自我表达。再次重申，问题不在于该不该用，而在于如何用。你家的孩子能否学会在网络空间展现其真实的自我，能否学会用一种能让他们在数字高速公路上长期驰骋的方式来表达自我。他们能否认识到，现今绝大多数人在网上呈现的都是经过高度美化的最好的自我，这些人所做的就好像是拼凑了一份能让他们获得梦想中的工作的简历。孩子是否因与这些人的比较而对自己作出负面评价，是否因羡慕这些人而令自己被压得喘不过气来。社交媒体上的自我展示已成为一个成熟的研究领域。现有研究表明，那些具有良好社交技能和积极自我形象的人会利用社交媒体来巩固他们的关系，增强他们的自尊。不利的一面是，那些缺乏自尊心、社交技能弱的孩子不大可能以有益的方式来利用社交媒体。作为一名家长，你的目的是要帮助你的孩子，使他们能在社交媒体上与生活中真实的朋友联系，并学会成为社交媒体的批判性消费者。我一直在提醒青少年和成人，对于在 Instagram 和汤博乐上看到的一切，你不能全信。社交媒体网站是很好的地方，人们可以在上面剪贴各种记忆，表达各种意见和爱好。它们为朋友间的联系提供了丰富的机会，但不能简单化地理解它们。

过度分享已成为一个热点话题。我认为，对青少年来说，过度分享是最大的问题。匿名性和网络沟通的速度使大量信息的传播变得极其容易。作为正在这块新土地上寻找自身出路的数字移民，你或许本能地知道，你的脸书"好友"将自己的经前综合征症状或结肠镜检查的细节发布到网上就是一种过度分享，但那些流利掌握了数字语言的青少年不能明白这一点。懂得应在何时何处披露个人信息或敏感信息是一种习得的技能。

缺乏自尊的孩子（和成人）会到社交媒体上寻求肯定。他们会在帖子中说，自己感觉很糟，希望得到"朋友"和"粉丝"的鼓励。有些孩子会去问答服务，这是一个"问题—答案"形式的社交媒体网站。一个非常聪明但过度分享的女孩

> 确认披露个人信息和敏感信息的适当时间与地点是青少年必须学习的一项技能。

告诉我，在她被"讨厌"之前，问答服务网站接收了她的 50 个问题。在得到负面反馈之前获得的那么多正面反馈令她十分兴奋。诸如问答服务和奕耖牛这类的网站都鼓励过度分享，而孩子却时常受到骚扰和欺凌。事实上，奕耖牛收集了你的位置信息（GPS）。孩子可以对方圆 16 千米内的任何人发表评论。社交媒体应成为一个从朋友那里获得建议和支持的地方，而不应成为一个被厌恶和骚扰的地方。家长必须帮助孩子学会如何有节制地、适当地分享和寻求肯定。

自拍照或自恋？

《牛津英语词典》（*The Oxford English Dictionary*）2013 年将"自拍照"（selfie）作为正式词语收录，由此引发了一场关于这一代人是否过分专注自我（self-absorbed）的辩论。适度拍摄自拍照是一种脑洞大开的创造性自我表达形式。自拍照可以通过帖子或信息被迅速发布出去，以传达某种情感或记录某个时刻。自拍照已不仅仅是内容广泛的相册，它已成为数字化模因。模因是某种亚文化内由一个人传递给另一个人，以表达某种玩笑、想法或观念的一幅图片、一个单词或一个短语。绝大多数孩子经常拍摄和发布自拍照，但是那些害怕自拍或选不出一张自拍照的孩子可能正遭遇严重的身体意象问题或同一性问题。生活不只是一系列完美的自拍。应鼓励所有孩子适度使用自拍照，鼓励他们记得享受和体验当前时刻而不只是记录当前时刻。

自拍照是数字技术引发沟通方式改变的一个极佳例证。卡尔获

得普利策奖提名的书《浅薄》写的就是互联网如何随着"文字"沟通演变为更短、更可视化的沟通形式而改变我们的大脑。家长担忧，从书写传统向"推特"或短信的疾速演变是否正对读写能力造成威胁。毫无疑问，数字技术（从表情符号到自拍照）正在改变我们的读写方式。一个15岁的九年级男孩向我解释说，他在网上学习语法和礼仪。他主持了一个角色扮演论坛，由他在论坛上阐述一个故事和情境，其他人提供角色简介供他审议。他选择那些在他看来具有良好语法和社交礼仪的作者，以便故事能按照他设想的方式展开。这种在线协作讲故事对他的读写能力、语法、创造性和书写技能起到了促进作用。

　　有一项英国研究发现，短信体（textism）（短信中用的语言）的使用与阅读和拼写能力的改善有关。他们发现，8—12岁孩子因发短信而提高了音韵意识，以及对音调的理解和控制能力。[1] 儿童和青少年将不可避免地依赖自动纠错和拼写检查，但他们也必须了解何时何地可使用短信体，何时何地该使用正式语法。沟通已变得更加复杂和多面。孩子必须学会利用语词、图片、标签或表情符号来清楚地表达自己的意图。电子化沟通和在线写作可能最终有助于提升读写能力而不是削弱读写能力。

电子安抚：抱着手机入睡

　　正如我在第2章已讨论过的，从19世纪开始，家长便担心数字技术夺走了我们的睡眠。具有讽刺意味的是，研究认为，今天的青

---

[1] Clare Wood, Sally Meachem, Samantha Bowyer, Emma Jackson, M. Luisa Tarczynski-Bowles, and Beverly Plester, "A Longitudinal Study of Children's Text Messaging and Literacy Development", *British Journal of Psychology*, 102（2011）: 431–442.

少年的睡眠时间与前一代青少年的睡眠时间相差不多，但轶事性证据表明，情况并非如此。拔掉电源插头和关闭设备是数字技术管理中最难的部分。家长都报告，最大的冲突发生于就寝时和关闭系统时。数字技术使我们无法入睡。设备的背光会抑制睡眠必需的褪黑激素的分泌。高度刺激性的游戏或暴力节目令入睡更加困难。睡觉前 30 分钟就应关闭设备。而且，仅关闭设备还不够，还不能把设备带上床。

　　抱着手机睡觉已成为全国性的流行病。孩子担心自己睡着时"错过"一些东西。一位少女告诉我，她必须和她的手机睡在一起，以防某个朋友半夜里找她。"哔哔啾啾"

> 对于青少年，仅仅关闭手机或平板电脑是不够的，这些设备应放到另一个房间里。

的更新声和收到信息的声音整夜响个不停。成人和孩子都报告，如果他们试图在睡觉时与手机分开，就会感到"不舒服"。我建议家长把全家的手机都放进一个公用充电站，让它们待在一间公共休息室里过夜。家长告诉我，他们的孩子必须和手机睡在一起是因为他们需要手机当闹钟，对此，我觉得很好笑。我最后一次申明，你可以花不到 10 美元的钱去买一个老式闹钟。不要自己骗自己，这不是闹钟的问题。这是我们离不开自己的手机的问题。手机已成为较大孩子和成人的安抚物。我们声称，没有手机我们也能睡觉，却又找出很多借口来让我们可以抱着手机睡觉。

关　系

虚拟关系与现实关系

　　《她》（Her）是一部获得 2014 年奥斯卡金像奖的电影，讲述的是一个男人爱上了他的计算机操作系统。他甚至试图通过一个替身与她发生性关系。导演琼斯（Spike Jonze）通过这部电影不那么微妙地展现了我们正处于变化中的关系的性质。每天，我坐在办公室听青少年说："他说……""她说……"以及"你能相信他会那样做吗？"我知道这些青少年从未真正当面说或做这些事。绝大多数时候，青少年是在学校里置身于同一物理空间、彼此面对面的情况下谈论"现实的"关系。不过，几乎所有有意义的沟通都是通过信息、Skype、SnapChat 或脸书进行的。他们可能使用了熟悉的术语"说"，但他们的意思是"发信息"或"发 Skype 信息"。如果你认为我夸大其词，那么你可以尝试与一位 13—18 岁的青少年交谈，听听他谈论他与朋友和爱人之间是如何沟通的。

我们是否注定要爱上我们的计算机？美好的人类的爱情是否已死亡？我们的孩子会不会缺乏与真人互动的技能？当然不是。不过，关系正在改变。家长需要明白，我们正在处理两类关系：现实关系和虚拟关系。两类关系都已发生改变。好消息是，18 岁以下的孩子一般不会对在线约会网站感兴趣。大多数孩子更喜欢与人类互动，不过他们发现发信息更方便。有关约会的"规则"也已发生变化，其中融入了无穷无尽的短信，而且常常招致色情短信。情侣之间很少彼此期待，因为他们始终处于联系状态。他们的沟通是时间密集型的。我想说，这种沟通让我们失去了那种期待的兴奋与痛苦。此外，短信使沟通中的顾忌减少了。青少年可以就他们的关系和生活中的真实问题相互沟通与支持。研究表明，十几岁的男孩更有可能在短信中讨论自己的情感，然后会得到很多想要的支持与反馈。《规则》（The Rules）是 1995 年出版的一本有名的（或声名狼藉的）书籍，它的作者不得不改写此书，将数字技术的"新规则"纳入其中。

　　　　家长也必须理解虚拟关系。青少年与他们在网上遇见的人进行联系，形成富有意义的友谊和其他关系。这全是坏事吗？不。在本书中，你将发现有很多例子都表明，虚拟关系可以帮助青少年形成更多联系。我在工作中接触过的大多数青少年都觉得他们的虚拟朋友更理解他们——他们拿着自己的诗歌向这些虚拟朋友征求反馈，与这些虚拟朋友协作完成项目，或与虚拟朋友组队玩多人游戏。

　　库珀（Cooper）17岁，非常聪明，但学校功课不太好。他的父母之所以带他来见我，是因为担心他太孤独。库珀绝大多数时候都在自己的房间玩计算机。他是一个漂亮的男孩，看起来不到17岁，与我的眼神接触一闪而过。他神采奕奕地告诉我他最近在玩的幻想游戏，但当我问到他的学术能力测试（SAT）和大学时，他就变得很厌烦。我问到他的朋友。他回答说他当然有朋友。我问他是否见过他的朋友，他说见过。我向他解释说，因为他父母告诉我他从不离开自己的房间，那么他是怎么见朋友的呢？他翻了翻白眼，轻蔑地看着我。他是与他们在线见面的。他继续解释说，他与学校的朋友在线联系，而不是当面联系。他最亲密的朋友住在加拿大，他们已"认识了好多年"，库珀说，如果按我的定义，他没有"见过"他，但他是他的"老"朋友，他们协作玩游戏、做项目。

　　对任何一个家中有深陷网络的青少年的人来说，这样的对话都不陌生。我们知道，友谊的品质与青少年的幸福感直接相关。相对于在线关系，大多数孩子和成人都偏爱真实的互动。不过，这一代年轻人认可虚拟朋友在其社交网络形成中的作用。数字土著"抓住了"这类关系，对于家长如此担心这类关系，他们真的觉得疑惑不解。

　　家长的担心在于两个方面：他们家的青少年是否安全，以及虚拟关系是否会取代真实的人类互动。**青少年必须理解家长对虚拟关系的安全性的关切。**一般而言,在孩子上高中前,我不鼓励任何虚拟关系的形成,但是必须提醒青少年,不要泄露个人信息,同时要承认网上的人有时会撒谎、作假、伪装自己。我认为青少年不应与网友见面,除非有家长在场。

如果遇到一个过于依赖网友的青少年,我们会马上仔细探查他的社会和情感需求在现实世界里得不到满足的原因。辩论的焦点不是青少年该不该有虚拟关系,而是如何平衡虚拟关系,以及如何用虚拟关系来增强现实生活中的人类互动。目的不是爱上你的计算机,而是要利用数字技术来改善现实生活中的友谊和亲密关系。

电话的消亡和短信的兴盛

传统的电话已步八轨磁带(eight-track tape)、转盘式电话(rotary phone)和拨号式调制解调器(dial-up modem)的后尘。2009年,移动设备上的短信、电子邮件讯息、流视频、音乐和其他移动服务的数据总量已超过手机通话的全部语音数据。事实上,人们之间的语音沟通大多是通过互联网进行的。目前的趋势是使用网络电话通信服务。Skype、WhatsApp 和 Viber 是三个免费的网络应用程序,允许用户在互联网上进行语音或视频聊天。

短信已超过通话,短信革命还促生了一种全新的书写方式,包括简短缩写、表情符号、模因等。普通青少年每月发送数千条短信,他们想努力做到能马上回复所有短信。因此,相关辩论在于如何帮助他们跟上朋友的步伐又不至于负担过重。家长必须帮助孩子成为友善的短信使用者,使他们既能与朋友保持联系,又不至于成为"短信狂"(hypertexting)、过度分享的人或泛联系的人(panavailable）。家庭需要设立无短信时刻（text-free time），要留出做家庭作业和进行人际互动的空间。

你能否逃过网络欺凌？

网络欺凌是利用电子通信欺负他人。这类讯息一般具有威胁性或恐吓性。网络欺凌包括不友好的短信、电子邮件或照片。在第9章，我将用一些例子来说明网络欺凌是怎样导致抑郁和自杀的。所有孩子中几乎有一半都报告，自己遭受过网络欺凌。网络欺凌是阴险的，因为你不能躲藏，而欺凌者可以。他能跟你到家，时时刻刻与你待在一起。欺凌者可能伪装成你的朋友或你生活中的某个人。学校一直在努力管控欺凌行为，但网络欺凌的管理更加困难，因为它通常发生在学校外。在形成数字公民意识的过程中，孩子必须学会识别不友善的行为，学会与欺凌者抗争。家长必须提供一个足够开放的环境，以便孩子每当在网上有任何不适都能及时向他们求助。家庭和学校必须向孩子灌输这样的观念：要与网络欺凌抗争，决不能做被动的旁观者。

> 网络欺凌是阴险的，因为你不能躲藏，而欺凌者可以。

数字技术会不会破坏家庭？

斯坦纳–阿代尔（Catherine Steiner-Adair）的《大分离》(*The Big Disconnect*) 和特克的《孤独地在一起》都悲叹数字技术导致我们进一步分离。纵观历史，导致核心家庭（nuclear family）分开的因素既有自然的也有人为的。事实是，你得很费劲才能保证家庭不仅形式上在一起，而且情感上也在一起。在学会一起玩耍前，三四岁的孩子一般都是各自玩耍（parallel play）。家庭成员常常"孤独地在一起"，他们并肩坐在一起，在自己的设备上各自"玩耍"。正如

88

不想让数字技术令你的家人分开？那么请相互关注彼此的数字化生活。

我们在第 1 章里讨论的，数字技术到底是导致家人悄悄溜走的油脂还是将家人黏合在一起的胶水，是由你的家庭文化决定的。我希望家庭成员相互关注彼此的数字化生活。即使你不痛快，也要学习玩 Wii 游戏，让孩子给你播放 YouTube 上的滑稽视频。与幼儿共同使用媒体能教会他们更好地认识数字技术，还能提供有意义的人类互动。对于青少年，发信息使你能保持对他们的数字化生活的参与，还能使你与时俱进。对于年龄较大的青少年，发信息是与他们保持联系的极佳方式。它让你觉得直接介入了他们的生活。你不必等待星期日的通话，你可以听见各个微小的细节。不过，应留出不使用数字技术的时间和空间供彼此联系。家庭用餐时不使用数字技术就是一个让家人共聚一堂的良好开端。如果家长希望孩子拔掉设备的插头，那么家长自己必须先拔掉插头。无论家长的数字技术精熟程度如何，他们始终是最重要的数字化榜样。如果妈妈爸爸能关掉他们的手机，为家庭生活留出时间，孩子也会照做。

组织和智力

课堂上的数字技术：从托儿所到学位论文

你可以跑开，但你无处可藏。你可以限制数字技术，但从托儿所开始，数字技术就在课堂里。在接下来的三章，你将看到，孩子还未拿掉尿布时，数字技术就已进入课堂。对此有不少争辩，但相关争辩每周都有所不同。在第 6 章，我要向你介绍数字幼童（Digitods）。数字幼童指那些在苹果手机时代蹒跚学步的孩子。触摸屏革命伴随他们长大。在他们刚学会说"再见"时（大约 9 个月大）

他们就能划动和点击。

　　该不该给幼儿智能手机和平板电脑？当然不该，但我们并不像你想象的走得那么远。美国儿科学会主张 3 岁前不使用数字技术。至于 3 岁后，美国儿科学会建议每天可用 2 小时。关于何时的争辩，其关键在于要**把数字技术视作工具**。数字技术既可以是记录木偶表演的工具，也可以是通过宇航员的眼睛探索外太空的工具。不管是在起居室还是在教室，我们都希望能让孩子明白，他们不需要数字技术也可以理解几何课的内容，但他们可以利用数字技术来观察三维立体的形状，从而使数字技术成为加深其理解的工具。

　　关于课堂里该如何使用数字技术和何时使用数字技术的争辩在激烈地进行着。课堂里的数字技术使用不应减损现实的游戏、问题解决和讨论，但是我要再次声明，数字

> 如果我们在幼儿园就要学会应知道的一切，那么我们最好抓紧培养孩子的数字公民意识。

技术在课堂里应作为一种工具——不应为用而用。在当前这个过渡时期，学校对待数字技术的方法有些不一致，也有些混乱。一方面，学校拥有自己的服务器，能在线发布家庭作业让家长和学生都了解，这种感觉棒极了。但如何统一、周详地将数字技术整合进课程是一个更加复杂的问题。五年前，学校还在夸耀它们在高中阶段使用了笔记本电脑。在 2014 年，对于在托儿所和幼儿园里怎样运用平板电脑这一问题，激烈的争辩正在进行。我女儿就读的托儿所的所长对我说，她准备在 3 岁幼儿的课堂中引入数字公民意识。蹒跚学步的孩子都在使用数字技术，因此教给他们数字化善意（digital kindness）永远都不嫌早。如果我们在幼儿园就要学会应知道的一切，那么我们最好抓紧培养孩子的数字公民意识。

90

数字技术会不会"腐蚀"孩子的大脑?

如果你对读到的一切都深信不疑,那么数字技术肯定会"腐蚀"你的孩子的大脑。数字技术正在改变我们的大脑,数字技术也正在改变我们开展研究、写作和沟通的方式。生活经验形塑并修剪我们的神经通路。因此,每一代人的大脑都与他们父辈的大脑有所不同。孩子的大脑在快速浏览、略读和转换方面可能更加熟练。研究已发现,电子游戏提升了视觉空间思维,促进了独立解决问题能力的提升。孩子将以不同的方式沟通和写作,这是不可避免的。孩子能很方便地获取信息。他们在学校里需要学习的是如何评估网站的可信度和真实性,以及如何才能不抄袭他人的作品。千禧一代和蹒跚学步幼儿必须学会如何在"论文"写作或报告中使用超链接、数字化图像、视频和特效等。数字技术正在改变我们写作、研究、阅读和学习的方式,但是认为数字技术正在"腐蚀"孩子的大脑有些言过其实,并且对我们的讨论毫无助益。一般而言,如果在适当的年纪以合理的方式为孩子引入数字技术,那么数字技术会促进孩子的认知发展。早期的研究(指 1980—2008 年)都认为数字技术对大脑具有负面影响。那些研究大多是针对电视和较被动的媒体进行的。事实真相是,尽管在早期有那么多警告,但实际上并未发现电视"腐蚀"了我们的大脑。数字技术最大的负面影响被认为是导致久坐行为。美国儿科学会以及本领域的所有研究者都公开、明确地主张,不要将电视置于卧室之中。许多新近的游戏主机(gaming console)都能促进运动游戏。所谓运动游戏,即该电子游戏也是一种运动形式,如《热舞革命》和《Wii 橄榄球训练营》(*Wii's NFL Training Camp*)。2010 年之前的研究并未考虑到当前数字技术的交互性。

一般而言,我相信数字技术能让我们更聪明。如果在认真思考的基础上使用数字技术，那么数字技术肯定不会"腐蚀"我们的大脑。我更想关注的是在现实中玩耍和深思的需要。那些声称数字技术正在"腐蚀"我们大脑的专家还说，玩耍已不存在。我确实认为家长应鼓励孩子在现实生活中玩耍，这一点很重要，尤其是对幼儿而言。我认为数字技术永远不应取代玩耍。生活已经改变，孩子不再随意到附近的户外玩耍，然后在他们高兴的时候再回家。家长必须注意，孩子不仅有玩虚拟游戏的需要，而且有在现实中玩游戏的需要。在说了这些之后，我相信对 10 岁以上的孩子来说，数字技术是一件大好事。在玩乐高或芭比被当作一件很酷的事情之后的数年里，多人游戏、时尚网站（fashion website）、《我的世界》等使年龄较大的孩子有了一个被社会认可的地方去装扮、建造或游戏。

卡尔在《浅薄》中担心"深入思考的死亡"。我也有这方面的关切。数字技术是进行问题解决、研究、写作、实验等的强大工具。不过，互联网本身并不会自动引发深入思考。它只能提供知识的获取。大思想家和高中生都需要时间静下心来应对难题。千禧一代也珍视书面文字，但他们希望书面文字能更简洁、更精辟。报纸、杂志和书籍都越来越简短。文章和观点也多以短小精干的花边新闻的形式来呈现。我们怎样促使孩子坐下来应对那些虚构出的难题或挑战性的概念？一般来说，科学发现源于漫长而乏味的观察。我相信这对家长和孩子来说是一个真正的挑战。认真对待各种难题需要时间。本书从头至尾都鼓励家庭留出关闭媒体的时间，无论是家庭成员单独关闭还是一起关闭都值得提倡。我希望能促进现实的互动，也希望能珍惜用于思考的安静时间。孩子的大脑确实与我们的大脑不同。他们是数字土著，他们的大脑可能更适合在混乱的网络空间中找到深入思考的空间。

92

互联网会不会导致多动症?

作为一名儿童和青少年精神病专家,我认为关于这一点的争辩很令人厌烦。让我清楚地告诉你:**数字技术不会引起多动症**。过去20年来,被诊断为多动症的患者数量在增加,这使人们感到多动症的患病率在上升。实际上,这是因为内科医生、教师和家庭的筛查做得更好,而且针对多动症的治疗水平也有所提高,它们使得多动症更加可控。或许对数字移民(如我们)来说,我们的孩子在互联网上看起来心不在焉、漫不经心。但这并不意味着互联网导致了多动症。中等程度的注意分散是正常的。多动症药物治疗对所有注意分散都有帮助,但这并不代表人人都有多动症。我在第11章将谈到一项有趣的研究,它认为多巴胺调节异常(dopamine dysregulation)与互联网成瘾有关。多巴胺是与多动症密切关联的主要神经递质。多动症的治疗方法可能有助于治疗成问题的互联网使用。多动症患者出现成问题的互联网使用的风险更大,这也很有可能。成瘾与多动症可能有共同的通路,但没有理由相信数字技术会导致多动症。

多任务迷思

从互联网—多动症辩论中引出的一个话题是多任务迷思。我们经常说,患多动症的孩子和成人都"不能很好地完成多任务"。不过,神经科学家告诉我们,多任务并不存在。你的大脑必须从一项任务转换到另一项任务。因此,大脑不可能同时注意两项任务。我不鼓励孩子学习多任务。我希望他们理解多任务只是一个迷思。它只会导致低效率和更大的分心。数字技术已导致大量分心的发生,对此,现在必须着手予以控制。对少年和青少年来说,最大的挑战是边做家庭作业边使用数字技术。我们必须戳破多任务的泡沫,这

93

样才能教会孩子（以及我们自己）如何在做家庭作业时切断或回避电子设备或网络导致的分心。我认为，电话始终应放在另一个房间。我认为《自我控制》应是所有学生必备的工具。我指的是《自我控制》(SelfControl)软件，它能在预先定好的时段内拦截接收或发送的邮件服务器或网站。《自我控制》可以帮助青少年，使他们在计算机上完成家庭作业时不会不断受到其喜爱的社交媒体网站的干扰。①它可以让你列出网站黑名单和白名单。《抵制社交》(Anti-Social)是一款社交网络拦截软件，只要你预先列出一些耗费时间的网站，它就会对它们进行拦截。《抵制社交》软件夸口说，"当你不再与朋友聊天时，你会惊奇地发现你做了那么多事情"。既然多任务是一个迷思，我们也对深入思考有所担忧，那么家长就应帮助孩子在完成家庭作业时尽可能地提高效率和集中注意。

隐　私

从尿布到死亡：你的数字足迹

具有数字公民意识后，你还应能追踪数字足迹。数字足迹是你留在互联网上的踪迹。被动的足迹是其他人收集的关于你的消息。主动的足迹是所有你留在网络空间的标记。数字足迹从出生时就开始了，因此，新晋家长在发布宝宝的可爱照片时应当小心，因为这可能使你的孩子（照片）出现在董事会会议室里。学院和大学定期用谷歌搜索未来的学生。我们都知道，未来的雇主会查看求职者的脸书主页以及更大范围的数字足迹。无论好坏，年轻人都应管理好自己的数字足迹。

---

① Jocelyn Glei，"10 Online Tools for Better Attention and Focus"，*http：//99u. com/articles/6969/10-online-tools-for-better-attention-focus*.

除非你在竞选公职或领导一家上市公司，否则你的数字足迹并不如你孩子的数字足迹那么重要。我已经认识到我是个守旧落伍的人。我是私人执业者，但人们仍用谷歌搜索我。在本书出版时，我将有望拥有一个漂亮的网站，但那时，我的姓名和地址也将被公布在网站上。人们也通过其他医生、心理学家和教师的推荐而来找我。我 24 岁的数字技术助手因我还没有自己的网站而感到惊愕，而我正认识到完善我的数字足迹的价值所在。我也许可以在互联网上招揽生意，但我的身份和未来并不依赖于我的数字足迹。然而，对于我的孩子和我的病人，情况就不是这样了。

> 孩子的数字足迹不必追求完美，但应该真实，并能反映孩子的发展、成就和成长。

数字足迹有一个好处。它为你提供了一个简练而创造性地展示自己的机会。孩子将留下大量的数字足迹，这些数字足迹将反映他们的发展、成长和成就。家长不必对此感到害怕。你的孩子会觉察到你的恐惧。你的目的应是帮助孩子建立一个经过周密思考的创造性的数字足迹。他们可以探索，可能犯傻或出错。但是，他们需要有自己的数字身份，以此来映射他们的真实身份。这个数字身份不必是一份完美的个人档案，但应是真实的。

不是你妈妈的日记

在与数字技术有关的争论中，隐私也许是一个最激烈的话题。有关隐私的争论包括两部分。一方面，你应保护孩子在这个世界中的隐私；另一方面，你的孩子希望保有不让你知道的隐私。对此，你应妥善应对。保护孩子在这个世界中的隐私比较容易，而尊重孩子在家中的个人隐私要困难一些。《儿童在线隐私保护法案》（Children's Online Privacy Protection Act, COPPA）的目的就在于保护 13 岁以下儿童的在线隐私。它规定网站经营者在向幼儿推销时需获得家长同意，它同时还详细规定了若干项向儿童营销的限制条件。这也是为什么脸书和 Instagram 要求用户必须年满 13 岁。人们发现，《儿童在线隐私保护法案》未能有效保护儿童，因为儿童和网站经营者可以轻易避开那些指标。不过，它开启了关于隐私的对话。在孩子年龄尚小时就应教育他们，使他们知道对密码和个人信息进行保密的重要性。若无家长许可，孩子绝不应公开其个人信息。除了家长，孩子绝不应将密码告诉任何人。孩子应知道，如果有陌生人在网上找到自己，就应向家长寻求帮助。在孩子成长的过程中，家长从一开始就应掌握所有的密码，哪怕他们不会经常性地使用这些密码。家长应成为自己孩子的在线安全和隐私的守护者。

　　孩子想要保有不想让家长知晓的隐私，但对家长来说，尊重孩子的这一愿望是个棘手的问题。人们对此存有激烈的争论。但我强烈地感到，21 世纪的隐私与 20 世纪的隐私有所不同。30 岁以上的家长必须当心，不要用自己童年时代关于隐私的概念来推断 21 世纪的隐私概念。隐私的定义已有所改变。家长来到我的办公室，愤愤不平地说他们从不看孩子的"私人"通信，他们自豪地说自己信任孩子。他们在成长的过程中都曾记日记，而他们也无法想象自己的父母翻看自己的日记。但是，美国国家安全局、谷歌和脸书都可以访问你孩子的"私人"通信。我很难理解为什么美国国家安全局能够比我更了解我的孩子。

　　重要的是，要让你的孩子明白，网络空间是没有隐私可言的。如果你家的少年或青少年想写日记，他可以用离线的 Word 文档来写，或者用一本带锁的纸质日记本来写（这种日记本仍然有售）。但是，如果孩子将日记发布到推特或 Instagram 上，家长就应知晓。你应让孩子知道你在监督他们的活动。你应成为孩子的"好友"和"粉丝"，但是你没有必要正式地进行"评论"或"点赞"，除非你得

95

到孩子的许可。你的工作是监督他的数字足迹，帮助他摆脱棘手的局面或感到不自在的处境。

"性感女郎"：童年时代的性和色情信息

在我 5 岁的女儿围着房子奔跑，嘴里高声叫着她从爆红的韩国歌曲《江南 style》（*Gangnam Style*）中听来的"性感女郎"时，我该不该表示关切呢？似乎每一代人最早接触性和性感的时间都有所提前。孩子通过互联网寻找卫生知识。他们通过互联网了解性，而且最后常常停留在一些不合宜的网站上。我将在第 9 章详细讨论谷歌三次点击现象（three-click Google phenomenon）。基本上，第一次搜索是纯洁的和教育性的，之后，随着一次次的点击，最终停留于暴力网站、种族歧视网站、性别歧视网站和色情网站的风险逐渐增加。事实是，孩子不难在流行文化中找到露骨的色情内容。你无法限制孩子搜索互联网，你所能做的最多不过是像你父亲那样成功地把《花花公子》（*Playboy*）杂志藏在床下。我奉劝家长不要太天真，要在孩子上网了解性问题前，先在线下和他们谈论性问题。孩子必须明白，如果自己不先从家长和学校那儿获得一些基本的知识，那么互联网上提供的一些信息对他们来说可能是混淆不清、自相矛盾的，有时甚至是可怕的。有关两性关系的基本常识是一个超越了性技巧（他们可能已经知道这部分内容）的持续性讨论话题。2015 年，在谈论"有关两性关系的基本常识"时会包括这些内容：身体意象、经双方同意、图像处理软件 Photoshop、暴力、色情信息等。

色情信息是指发送有色情意味的文本信息或照片信息。有 20% 的青少年报告曾发送过色情信息，30% 的青少年曾收到过色情信息。我怀疑这些数字偏低，因为绝大多数青少年认为，只有发送裸照或半裸照才是色情信息，而那些有色情"意味"的照片或文本是调情和约会的常规组成部分。作为家长，你已经知道卷入色情信息的各种风险所在。照片会留下来，成为孩子的数字足迹的一部分。SnapChat 是最常见的发送色情信息的地方之一。它是一个社交媒体软件，允许用户发送将在 10 秒内自动销毁的照片。青少年真诚地相信照片已自动销毁。然而，接收者可以对 SnapChat 的图像进行截屏。截屏后的照片可以被永久保存，也可以被转发给任何人。

电子传播助推了色情信息的发送，因为当那个人不是实实在在地站在你面前时，制约就削弱了。自拍照和深夜发送信息更容易跨越自拍与色情信息的界限。隐私已经改变，通过电子手段向男朋友或女朋友发送性挑逗照片不再具有私密性。当然，同伴压力（peer pressure）和文化压力也在起作用。在我们生活的文化中，绝大多数女性名人都在推销其性魅力，将性魅力作为自己的商标。青少年感受到来自同伴的性压力并不是新问题。最大的不同在于，你在 20 世纪 70 年代和 80 年代所犯的愚蠢的错误早就被遗忘了，并且无可挽回。我敦促青少年尽可能地在亲身接触中培养他们的关系。我宁愿他们于实实在在的人际接触中而不是在网络空间里表现得性感和亲密。

只要拿走手机

97

围绕如何制定数字技术使用规则和数字技术使用后果有一场国际对话。家长经常报告，他们唯一可用在青少年身上的筹码就是数字技术。我常常在想，我们的父母究竟是怎样让我们去做某些事情的。他们没有手机或社交媒体可以拿走。争论的焦点是对孩子的监督程度和信任程度。首先，在孩子年幼时就制订指导原则，对于培养数字公民意识和逐渐形成家庭的价值体系很重要。我的建议是慢慢地实现权力转移，随着时间的推移逐渐增加孩子的选择和独立性。

孩子不可能自己学会开车，他们也不可能自己学会负责任地使用数字技术。

初中的孩子必须参与规则的制订和理解。家长控制和过滤软件是好的，但是，要让孩子逐渐学会独立判断，自己管理自己的数字技术使用。我相信对于初中孩子，家长应阅读和监督他们发送的信息和电子邮件；对于高中孩子，家长应查看和监督他们的社交媒体。关于限制的程度和监督的内容，还有很多东西值得争论。严格的限制可能无法使孩子对数字技术的使用作好准备，但有可能迫使他们转入地下。然而，过多的信任也不合适，因为这不是信任的问题。利用数字技术进行自我展示、发帖、管理和操纵数字技术等都需要指导与经验。既然我们不指望孩子自己学会开车，那么为什么他们就应该自己学会驾驭数字技术呢？正如青少年在拿到正式驾照前需要有学车执照，我建议在孩子准备好独自驾驭数字技术前应先获得数字执照。

第二部分

数字化成长

5 下载进尿布：
管理学前儿童的数字世界——0—2岁

我女儿奥利维亚（Olivia）刚刚3岁，她有一个想象中的朋友拉维奥利（Charlie Ravioli）。奥利维亚在曼哈顿长大，因此拉维奥利也有许多当地的特质：他住在"麦迪逊大道和莱辛顿大道"（Madison and Lexington）的公寓里；吃烤鸡、水果和水等食物，刚满7岁半；他觉得自己"不再年轻"，或者奥利维亚认为他"不再年轻"。不过，奥利维亚的这个想象中的玩伴身上最具当地特色的一点是，他总是很忙，忙得没时间和她一起玩。她把玩具手机拿到耳边说："是拉维奥利吗？我是奥利维亚……我是奥利维亚。来一起玩吗？好吧，给我电话，再见。"然后她"吧嗒"一声关上手机，摇着头说："我一直只能通过手机联系他。"或者"今天我和拉维奥利通话了。"我和妻子问她："你玩得开心吗？""不开心，他总是忙于工作。在电视上。"（天知道他是电器维修工，还是脱口秀节目主持人。）

有时，奥利维亚会因为自己无法让自己的日程安排和拉维奥利的日程安排相互协调而叹气，但是她把它当作不可避免的事情来接受。这就是生活。"我今天意外地碰到了拉维奥利。"她说，"他正在工作。"然后她又欢快地补充道："但是我们一起上了一辆出租车。"　"然后呢?"我们问。"我们一起吃了午餐。"她说。①

　　奥利维亚 3 岁,拉维奥利要大一些,已经 7 岁半,他们都比本章要探讨的对象大一些。但是对那些有婴幼儿的家庭来说,有一定的警示作用。奥利维亚总是试图在想象的手机上安排能与拉维奥利的日程安排相契合的日程表。当拉维奥利雇用劳里(Laurie)做助手后,对奥利维亚和拉维奥利来说,事情变得更糟。奥利维亚不再能打通拉维奥利的电话,她与拉维奥利的"互动"基本上是通过想象中的助手给想象中的朋友留言。不必感到震惊——孩子都在模仿父母。有时,我们确实通过孩子的眼睛和行为看到我们自己。也许奥利维亚的父母都是工作繁忙的专业人员,他们试图平衡自己繁忙的生活。3 岁前,孩子开始将父母作为榜样来模仿。我猜想,到了2015 年,拉维奥利先生会有一部苹果手机,会忙于发信息和照片,很少与人在现实生活中聊天或在操场上碰面。

　　就数字技术而言,那些孩子尚处于婴儿期的父母是最幸运的。如果你的孩子还不满 2 岁,你仍有机会管理好自己的数字技术使用习惯,同时为管理孩子的数字技术使用奠定基础。不过,你已没有充足的时间去制订一个从孩子出生就能实施的家庭媒体规划。2 岁以下的孩子每天花在媒体上的时间大致为 45—75 分钟。② 他们主要是看电视

---

① Adam Gopnik, excerpt from "Bumping into Mr. Ravioli", *The New Yorker*, September 30, 2002.

② Ellen Wartella, Victoria Rideout, Alexis R. Lauricella, and Sabrina L. Connell, *Parenting in the Age of Digital Technology: A National Survey*, Center on Media and Human Development, School of Communication, Northwestern University, June 2013, *http://vjrconsulting.com/storage/PARENTING_IN_THE_AGE_OF_DIGITAL_TECHNOLOGY.pdf*, p.24. 西北大学报告的时间为 1 小时 15 分钟,其中 59 分钟是看电视。下页脚注中常识媒体网站的研究认为是 44 分钟。平均而言,孩子每天花在媒体上的时间约为 1 小时。

和视频。在过去 10 年里，人们看电视的总量并没有显著变化，但看电视的方式已改变。孩子更喜欢看延播电视，如数字视频录像、筛选式数字视频录像、点播或网络电视。各个年龄段的孩子正越来越多地使用移动设备（智能手机、平板电脑）。

- ■　2011 年：2 岁以下孩子中 10% 的人使用过移动设备。
- ■　2013 年：2 岁以下孩子中 38% 的人使用过移动设备。①

对于目前 2 岁大小的这一代人，移动设备将是他们的主要媒体使用平台。为什么说这一点关系重大呢？移动平台的问题就在

> 对开始使用移动设备的幼儿来说，问题在于设备的移动性。

于它是移动的。很难将它从卧室和浴室中请出去，也很难在就餐时关掉它。如果去户外玩耍时不带平板电脑，2 岁大的孩子会很开心。相反，家长总是随身携带移动设备。拉维奥利先生的最终目的应是要有无媒体时间，要有更多现实聊天的机会和户外玩耍的时间。本章将帮助你在两者之间取得适当的平衡。

103

足够好的妈妈

对于在数字技术时代养育孩子的家长，矛盾心理似乎是游戏的别称。詹妮（Janie）是两个男孩的妈妈，他们一个 2 岁，一个 6 岁。她对我说："我 6 岁的儿子一边在 DS 游戏机上玩《马里奥派对 8》（*Mario Party 8*），一边在迷你苹果平板电脑上看《飞哥与小佛》（*Phineas and Ferb*）。我担心他会得多动症。但他擅长数字技术和数

---

① "Zero to Eight：Children's Media Use in America 2013", Common Sense Media Research Study, *https://www.commonsensemedia.org/research/zero-to-eight-childrens-media-use-in-america-2013*.

学，或许他会成为下一个乔布斯（Steve Jobs）?"

许多妈妈都和詹妮一样烦恼，不知道是否要限制数字技术的使用而代之以现实生活中的互动，或者是否该让孩子接触数字技术以便孩子更聪明、准备得更充分。然而，即便你适度使用数字技术，无论如何都可能会有一些坏处。

但更重要的是，一定要记住"足够好的妈妈"（good-enough mother）这一概念。这一概念由英国儿科医生和心理学家温尼科特（Donald Winnicott）于 1953 年提出。温尼科特认为母亲应提供一种能让婴儿具有安全感的包容性环境，这样的环境将逐渐扩展到更大范围的家庭和外部世界。他的理论彻底改变了当时的弗洛伊德心理学说。其理论的核心概念是，要培养独立的自我意识，婴儿需要的是一个能够满足孩子一般需求的普通母亲。

不要再苦恼于究竟何种程度的媒体接触才适合你的孩子，记得成为一个"足够好的妈妈"就行。要记住，这不仅适合本章的妈妈和孩子，任何妈妈和孩子都适用。

"足够好的妈妈"仍是一个有价值的标准。婴儿不需要"超级妈妈"，他们需要的是"足够好的妈妈"。虽然我们的文化喜欢将任何发生在孩子身上的不好的事情都怪罪于妈妈，但事实上，绝大部分父母都满足了孩子的基本需求。此后，最终的结果便取决于父母无法掌控的基因和环境方面的因素。要用"足够好的妈妈"这面盾牌来武装你自己，这样你才能容忍对媒体使用的建议与媒体使用的现实之间的脱节。

成长和依恋：0—2 岁的发展目标

希波克拉底誓言只要求医生做到"不伤害"，这条原则也适用于父母。你无法掌控孩子的命运（不管你如何努力），但你可以做到

"不伤害"。在生命的头两年，不要让数字技术妨碍婴儿与至少一名主要看护人之间形成安全型依恋。从出生到 2 岁期间的主要目标是形成安全型依恋并满足人类的基本需求。对一个正常发展的婴儿来说，他的其他一切方面，大自然自会照料。

鲍尔比（John Bowlby）在 20 世纪中期提出依恋理论，其基本假设是，婴儿必须与至少一名看护人建立关系，才可以在社会性、情绪和认知方面实现最大程度的发展。父母对婴儿的早期回应和互动，将塑造婴儿一生对世界的基本态度和期望。依恋风格形成于 7 个月到 2 岁之间。一个具有安全型依恋的婴儿在受到惊吓或感到痛苦时会把母亲当作支持，在离开母亲去玩耍时不会感到不适。

所以，真正的问题不是数字技术会不会令婴幼儿更聪明，而是数字技术能不能帮助家长让婴幼儿在生命的头两年形成安全型依恋。数字技术不一定会妨碍健全的依恋关系。

> 在你的生活中，需要留些空间给婴儿，也需要留些空间给手机，但不可能有同时留给婴儿和手机的空间。

事实上，一个能熟练使用数字技术的父亲可以腾出更多的时间同婴儿待在一起，建立身体上和情感上的联系。出差在外的妈妈可以利用《睡前故事》（*Story Before Bed*）应用程序给婴儿读故事以保持与婴儿的联系。妈妈也可以用这个应用程序改编故事使之适合自己的宝宝，并自己朗读和录制下来。婴儿需要通过语词和大量非言语手势进行有意义的人类互动。婴儿需要父母的关注和回应。不是任何时候都要关注和回应，甚至不是大部分时间。**只需要在一些时候如此**。婴儿视频永远无法替代真人互动对年幼孩子的价值。因此，家长面临的挑战是要寻找时间和地点来同婴儿进行有意义的真实互动。那些忙着发信息、发帖和上网的家长，即使就坐在婴儿旁边的地板上，也未能对婴儿予以关注。婴儿可能不得不大声尖叫、打坏更多东西来引起父母的注意。更糟糕的是，婴儿可能不得不作罢并放弃与看护人建立联系的

105

努力。数字技术常常被当作一种中止技术。苹果手机或 Kindle 阅读器可能会打扰你与你的宝宝相处的时间。

公开推荐给 2 岁以下孩子的媒体使用时间是多少？

美国儿科学会公开表明了它对 2 岁以下孩子媒体使用的态度。它强烈劝阻 2 岁前的媒体使用。2013 年 10 月，美国儿科学会更新了它对媒体使用的建议，其中反映了当前媒体使用的现实状况，也承认了媒体使用的诸多好处。[①] 但是，对于 2 岁以下的孩子，看不出有什么好处。一名儿科医生在美国儿科学会的网站上简明扼要地说："如果你的孩子一定要看电视才肯到饭桌上吃饭，这总比让他挨饿好吧？是的，看电视比挨饿好，但更好的是不看电视。"[②]

数字技术对婴儿的社会性发展和认知发展都没有什么帮助，我同意这一观点。但数字技术无处不在，绝大多数婴儿都处在一个数字技术的环境里。如果你是一名全职妈妈，有一个在家庭外只具有有限义务的孩子，还雇有一名全天工作的工人，那么你一定不用把所有时间都用在媒体上。如果你不是这样的全职家长，那么要留意媒体的选择，要适度使用媒体——足够好的父母是不会伤害孩子的父母。

我能将媒体用作临时保姆或者借助媒体来让孩子打发时间吗？

可以，但在这一点上要诚实面对自己。对于 3 岁以下的孩子，人类互动胜于一切，但如果确实需要借助媒体来临时照看孩子，请

[①] "Children, Adolescents, and the Media", policy statement, American Academy of Pediatrics, *Pediatrics*, 132, no.5（November 2013）: 958–961, *http：//pediatrics.aappublications.org/content/132/5/958.abstract?rss=1.*

[②] David L. Hill, "Why to Avoid TV before Age 2", HealthyChildren.org, American Academy of Pediatrics, May 11, 2013, *http：//www.healthychildren. org/english/family-life/media/pages/why-to-avoid-tv-before-age-2.aspx.*

注意：

- **不要为这个年龄段的孩子寻找"教育类"媒体**。0—2岁是希   106
  波克拉底誓言适用的阶段。不伤害或尽可能少伤害。研究发
  现，2岁以下孩子有限制地适当使用媒体既没好处也没坏处。[①]

- 如果是用视频哄孩子，那么只能看一个节目，然后就关掉。
  大多数70后、80后和90后的孩子都有被放在电视前以便
  让父母休息一下的时候。1984年的电视节目和2014年的电
  视节目有很大的不同。1984年，《芝麻街》一天只播出一次，   107
  大约30分钟就结束。20世纪八九十年代的电视都是间断性
  播放的，今天则不一样。今天的父母必须想清楚，孩子看多
  久电视节目或视频就应关掉电视。最大的风险是让电视或平
  板电脑一直开着不关。

- **设置计时器**。如果你不加注意，大多数2岁孩子都知道怎样
  拖延着继续看另一个节目。

- **计划好在这段时间里你要做什么**。利用这段时间在计算机上工
  作或与朋友交往。比起让孩子独自看电视，陪孩子一起看电视
  更有利于依恋的形成，因为这样一来，看电视就成为一种互动
  活动而不是一种独自进行的活动。不
  过，如果你有时间坐下来看《玩具小
  医生》（Doc McStuffins）或《天才阿迪》
  （Diego），那么你也有时间关掉电视陪
  孩子一起玩游戏或读一本书。

  > 如果你有时间陪孩子一
  > 起看视频，为什么不把
  > 它关掉，然后和孩子
  > 一起玩玩具或读一本
  > 书呢？

[①] Christopher J. Ferguson and M. Brent Donnellan, "Is the Association between Children's Baby Video Viewing and Poor Language Development Robust?: A Reanalysis of Zimmerman, Christakis, and Meltzoff（2007）", *Developmental Psychology*, July 15, 2013, *http://www.christopherjferguson.com/BabyVideos.pdf*.

交互的目的是参与，而不是教育

　　如何通过教育活动和有利于成长的活动来促进孩子的发展？家长经常为此烦恼。许多婴儿专家和婴儿网站都在谈论与孩子相处的创造性方法，这些是有帮助的。但我认为，美洲土著人的做法是最好的。母亲把孩子背在背上干活，一整天都在给孩子唱歌或说话。

　　我记得，在我的小儿子安德鲁7个月大时，我在家里带他。我真的很难做到不开电视。那时，我真的希望自己成为这样的妈妈：坐在地板上同还不会爬、不会精细动作技能的孩子一起玩创造性游戏和益智游戏。不知是我还是安德鲁先对躲猫猫感到厌倦。于是，我试图同他玩丢球的游戏。五分钟后失败。我很恼火，把他放在帮宝椅（Bumbo）（2008年十分流行的一种亮蓝色泡沫橡胶宝宝椅）里，开始大叫厨房食品柜里每一种盒装食品的名字。我一边整理厨房，一边喊"卡夫奶酪通心粉""坎贝尔汽车面条汤""蜂蜜坚果脆谷乐""本叔叔的胡萝卜鸡肉饭"。我还把这些食品的名字跑调地唱出来，针对这些盒装食品做出各种夸张的动作和鬼脸。安德鲁哈哈大笑，含糊不清地跟着我说。

　　这发生在我家的厨房里，完全没有明确的教育内容，但我们两人都参与其中。我们之间有眼神的接触。我抑扬顿挫地和他说话，其中还夹杂着许多非言语手势。那个时候我才意识到，视频只能用来临时照看一下婴儿，我可以关掉电视和他一起消磨时间。整理好罐装食品后，我打开《芝麻街》，给我的病人回电，查看电子邮件。这时我终于在照顾蹒跚学步的孩子与完成工作之间找到了平衡。

寻找优质婴儿视频指南

✓ 记得常备一些经典视频，《芝麻街》和《爱探险的朵拉》(*Dora the Explorer*) 都是百看不厌的。

✓ 尽可能对视频进行提前筛选或使用常识媒体 (Common Sense Media) 之类的网站 (参见资源)，这些网站均有针对适合不同年龄段孩子的视频的点评。

✓ 时刻谨记：2 岁前不是以系统教育为主要目的而看教育类视频。

✓ 接受音乐。音乐是美妙的，要挑选你和你的宝宝都喜欢的音乐。巴赫 (Bach) 并不会比邦乔维摇滚乐队 (Bon Jovi) 或麦当娜 (Madonna) 让你的宝宝更聪明。

✓ 尽可能将广告减到最低程度。

✓ 当心视频宣传广告，可在常识媒体之类的声誉较好的网站上查看对婴儿视频的评价。

婴儿怎样对视频作出反应？

108

- 1—2 岁刚学走路的婴儿会对熟悉和友好的角色作出反应。
- 从 18 个月开始到 2 岁，婴儿可以掌握颜色、数字和语言方面的知识。

有没有有助于婴儿发展的教育视频？

再说一次：没有。2 岁前没有。18 个月左右到 30 个月之间的孩子可以开始从视频中学习颜色和数字。到 3 岁时，孩子确实开始成长了，能从教育视频中学习了。但是，要对那些声称能增加孩子词汇量、教他们颜色或让他们更聪明的视频或节目保持警惕。

我承认，我曾被《小小爱因斯坦》(*Baby Einstein*)的热潮蛊惑。"小小爱因斯坦"是一家成立于 20 世纪 90 年代后期的公司。专为 1—6 岁孩子提供玩具、图书和视频。它们的产品可以引导孩子探索音乐、数学、语言和科学。迪士尼收购了这家公司，创作了一整套《小爱因斯坦》(*Little Einsteins*)的节目。多年来，它一直是迪士尼的招牌节目。这太棒了！想象一下这种情况：把你正在蹒跚学步的孩子放在电视前，然后——"噗"的一声——你的宝宝就变得更聪明了，或者就有音乐和艺术天赋了。许多公司纷纷效仿，推出《聪明宝贝》(*Brainy Baby*)、《古典宝贝》(*Classical Baby*)等产品，但没有一个能像《小小爱因斯坦》那样夺取市场主导地位。2007 年，布什(George W. Bush)总统在国情咨文中提到"小小爱因斯坦"的创始人艾格纳-克拉克(Julie Aigner-Clark)。2009 年，"小小爱因斯坦"公司的市值估计有 4 个亿。[1]2004 年，在我举办的婴儿洗礼会上，我收到了不止一打"小小爱因斯坦"系列的各种产品。

很遗憾，这些产品并不像宣传的那样神奇。如果你没有见过这些视频，那么很难对它们加以描述。它们有着优美的音乐，画面从熔岩灯转向气泡转向木偶再转向水面。

2004 年，我协办了一场在康奈尔(Corrnell)举办的为期一周的婴幼儿精神病学研讨会。参会者是一些世界著名的早教专家。我将《小小爱因斯坦》视频及其在宣传中声称的对幼儿的作用告诉了他们。康奈尔儿童精神病学前主席、儿童分析家和教育家夏皮罗(Ted Shapiro)博士问我，怎么能相信这些视频对我刚出生的孩子具有教育作用呢？我的儿子可以触摸到水吗？他能触摸或戳破气泡吗？那

---

① 我在维基百科上找到了最全面的研究和参考摘要。

些视频可以滚动五彩球或玩躲猫猫吗？视频中有一个真正的妈妈给他唱歌吗？当然不能。婴儿从母亲的抚触、声音和眼神交流中学习，而不是从二维的视频中学习。

最终，《小小爱因斯坦》的广告产生了适得其反的结果。2006年，无商业化童年运动（Campaign for Commercial-Free Childhood，CCFC）起诉了这家市值4亿美元的公司，称它的广告具有错误导向。最终，无商业化童年运动败诉了，但是"小小爱因斯坦"以及其他类似的美国公司也纷纷更改了他们的网站和广告词。迪士尼退款给了那些不满意的家长，于2009年发行了最后一部《小小爱因斯坦》视频。

艾格纳-克拉克原来的公司开始尝试提供思想性强的、与幼儿年龄相适应的节目。重要的是要明白，这些视频本身并没有问题，但它们并不能提高很小的孩子的语言水平或刺激孩子的大脑发展。因此，任何广告都需要从道德方面仔细衡量。要选择经过认真审查的视频。在购买前，利用常识媒体之类的网站了解那些视频。

哦，还有一点我在上面没有提到——要买那些能与孩子一起观看的视频。我一直认为《芝麻街》最棒的一点就在于，它会时不时穿插些成人才能看懂的微妙幽默，而且有几个为成人观众设定的特殊角色。我让我儿子单独看《小小爱因斯坦》，但我喜欢和他一起看《芝麻街》。

我该用电子阅读器给宝宝阅读吗？

还没有足够的研究能说明在电子阅读器上阅读和用书本阅读哪个更好。对于纸质书，人们有一种怀旧之情。我也尊崇纸质书，也有怀旧之情，但我不敢肯定的是，那些出生于21世纪的人是否还会读纸质书。

　　如果你为蹒跚学步的孩子选择了电子阅读器，那么要由你亲自读给他听。要关掉阅读器中专业人员的朗读，即使是由华盛顿（Denzel Washington）或斯特里普（Meryl Streep）朗读的，也要关掉。只有与真人一起阅读的整个过程才能让你的宝宝受益。共同阅读的经验对宝宝的成长作用巨大。当孩子年龄稍长，开始形成独立性和音素意识时（参见下一章），音频中录制的旁白才会非常有用。但现在不是。

　　我曾听一位早教专家极力推崇纸质书，认为手捧一本书、翻页、感觉书的存在是非常有价值的。确实，婴儿会通过肌肉运动知觉来学习。婴儿应该去握、触摸、吃、感觉各种事物。但我不确定这个东西就一定是书。无论是不是书，只要是能让人触摸和感觉的玩具、能发出声音和唱歌的玩具，我都喜欢。我个人喜欢给幼儿看翻翻书（lift-the-flap books），但是，我发现孩子也乐意进行击打。我将在下一章更详细地讨论如何用电子阅读器学习阅读。

怎样不让婴儿被哥哥姐姐使用的数字技术影响？

　　我发现，如果家里只有一个幼儿，家长一般能控制好数字技术。但如果有多个孩子，便要耗费许多精力。斯泰西（Stacey）是一个受过良好教育的母亲，有个 1 岁大的儿子斯潘塞（Spencer）。斯泰西给她的长子制订了一个媒体规划。他拥有自己的便携式 DVD 播放机，配有许多精心挑选的视频。他用妈妈的苹果平板电脑玩各种关于色彩、数字和音乐的教育游戏。在餐馆就餐时，斯泰西和丈夫偶尔也把苹果手机给他玩，但他们也随身携带蜡笔、橡皮泥（Play-Doh）和游戏棒（wiki sticks）。一切都按计划进行得很好，直到康纳（Connor）出生。

斯泰西走进我的办公室，非常焦虑，流着眼泪。她让两个儿子失望了。因为康纳需要更多照护，所以斯潘塞经常被放在电视前。她难以像当年对斯潘塞那样为康纳制订和实施媒体规划，因为生活实在是一团糟。斯潘塞正渐渐长大，已过了看教育节目和玩教育游戏的年龄。康纳3岁时看的电影、玩的游戏是她不会让斯潘塞在3岁时涉足的。她怎么会在她的孩子只有3岁和5岁时就失去对局面的控制了呢？

斯泰西努力与多个孩子带来的挑战抗争。其中有些挑战并不只与数字技术有关。每多一个孩子，要平衡和控制各种事情就更加困难。家长不得不重新思考先前的育儿目标，并理出各个育儿目标的优先顺序。我发现，第二个、第三个和第四个孩子的可变通性更强、更易于适应环境，因为他们已别无选择。

读者应记住的关键信息是，用你曾经用在大孩子身上的方法来控制小孩子的媒体环境是不可能的。

对多子女家庭使用数字技术的建议

√ 偶尔可以让大孩子自己看电视，这样你就可以腾出一些不涉及媒体的时间来陪伴婴儿或蹒跚学步的孩子。这样做没问题。

√ 鼓励大孩子以合作的方式与弟弟妹妹一起看电视或视频：

  √ 要求大孩子为弟弟妹妹讲解故事情节。

  √ 要求大孩子为弟弟妹妹唱歌。

  √ 向大孩子强调，他有责任让观看视频成为一种共享的活动，他也会由此得到更多尊重。

√ 鼓励大孩子看一些适合小孩子的节目。我相信，相比3岁的孩子，5岁的孩子会觉得《芝麻街》更有意思。5岁的孩子已可以学习数数和背诵字母。他已非常熟悉艾摩（Elmo）或大鸟姐姐

（Big Bird），看到他们也会十分兴奋。不要推着你的大孩子去看过于成熟的节目。

如果对配备多个移动设备存有质疑，那么要记住这样做的一个好处——既可以让大孩子在移动设备上看适合其年龄的内容，又不会让小孩子看到这些内容。

✓ 如果某个节目确实不适合较小的孩子看，那么就让大孩子在移动设备上看这些节目。配置多个移动设备是有好处的。

✓ 并不是所有的事情都要一模一样。在旅程中，你可以为大孩子带一台苹果平板电脑，而为 3 岁以下的孩子带上玩具汽车、恐龙和蜡笔。

✓ 根据大孩子的年龄，要他们找一些适合弟弟妹妹的应用程序，与弟弟妹妹一起玩游戏或为弟弟妹妹读故事。哥哥姐姐会很乐意承担为年幼的弟弟妹妹讲故事或唱歌的责任。

我和丈夫整天都在用数字技术设备，这会不会影响宝宝？

　　会的。数字技术对婴儿的影响这一问题备受关注。人们都在关心一个问题：是否该让婴幼儿看电视、玩苹果手机或应用程序？我发现这方面的讨论存在一些误导。在我看来，我们应讨论的是父母的媒体节制而不是婴幼儿对媒体的接触。研究已发现，那些精通数字技术的年轻父母会让他们年幼的孩子更多地接触媒体。这是情理之中的事。因为家长定下了基调，树立了行为榜样。拉维奥利先生非常忙，日程排得非常满，因为这就是奥利维亚在她生活的世界里看到的。

　　我用"母职星座"（motherhood constellation）模型来帮助新手父母完成父母身份的转换。斯特恩（Dan Stern）是一位分析师，他说在我们做了爸爸妈妈后，我们的身份就开始了转换。我相信，这种转换也包括我们的数字身份。父母需要留出不使用媒体的时间，要避免在无聊或紧张时掏出手机或刷脸书。我在第 1 章曾花大量笔墨请你追踪并弄清你自己和你家庭的媒体使用习惯。如果你还没有时间去做这件事，那么请你完成以下这个简单的测试：把手机和平板电脑放到一边，与你年幼的孩子一起共度30分钟。不要用这30分钟来和朋友聊天或洗衣服。只和你的孩子在一起坐30分钟。你能不能坐得住呢？能不能全身心地投入呢？你是不是觉得手机在召唤你或担心错过了信息？如果是，那么你需要花些时间来加强练习，使自己远离数字技术设备。参看下列方框内的内容。

　　家长经常谈论的一个话题是，他们是否喜爱"婴儿"阶段。对于不能与婴儿坐在一起打发时光，丈夫们常用的一个借口是他不是一个"婴儿型"的人。他真正想说的是，他无法同一个不能交互的

培养你的技术抵抗力

你特别渴望手机或脸书的时刻就是最佳锻炼时机。

- 早晨的第一件事就是不要去看手机：不要理会闹钟、天气预报或脸书更新。

- 刚在无纸邮件（Paperless Post）网上为自己的40岁生日发出一封邀请函。不要急着查看或偷看谁回复了你。

- 如果你喜爱的美国大学生篮球联赛（March Madness）或梦幻橄榄球赛的抽签公布了，等到明天再看（或者至少等到晚些时候再看）。

- 你与其他三个成人一道共进晚餐。其中一个成人拿出手机查看。按照数字礼仪，你现在也可以查看你的手机。其他两个成人也反射性地拿出手机查看，尽管他们的手机没有发出任何收到信息的铃声、蜂鸣或震动。此时，你还能坚持不看手机吗？

婴儿在一起。婴儿不会发起游戏，也不能完全地投入玩耍。同一个不能交互玩耍的婴儿坐在一起很没有成就感，也很无聊。一些家长就躲在数字技术后面。带着手机或平板电脑坐在地板上，这样就更容易忍受婴儿在旁边击打东西或玩耍。但这样做的问题在于，父母只是在身体上陪伴孩子，而不是情感上的陪伴。我呼吁家长努力离开自己的数字技术设备，多陪伴自己的孩子。重要的是在一起时的质量高低而不是在一起的时间多少。

高质量陪伴举例

- 给小孩讲 15 分钟故事。
- 10 分钟音乐会，由你唱你最喜爱的 20 世纪 80 年代的热门歌曲。
- 10 分钟厨房旅行，给孩子详细说明怎样做通心粉和奶酪——如果能让孩子触碰通心粉或帮忙倒水就更好。
- 花 5 分钟堆一个积木塔然后把它推倒。
- 花 5 分钟表演毛绒动物或木偶剧，告诉孩子你与他妈妈是如何相遇的，或者告诉孩子昨晚足球比赛的细节（要点：语调和互动比内容更重要）。
- 10 分钟洗澡时间，这时可以玩各种颜料和能发出"吱吱"声的玩具。

在进行所有这些活动时，要把数字技术设备仔细地藏在另一个房间。重要的是在一起时质量的高低——而不是时间的多少——是质量在起作用。

关键要点

✓ 言语的、现实的互动总是优于媒体接触。

✓ 头两年的情感和认知目标在于与看护人形成健全的依恋。

✓ 教育视频不会促进 2 岁以下孩子的认知和社会性发展。

✓ 音乐以及适度观看教育视频不会对 2 岁以下孩子造成伤害。

✓ 不管是用平板电脑还是纸质书，亲自给孩子读故事都是很棒的选择。

✓ 视频只在父母需要休息时才可被用来消磨孩子的时间，而不应被用来取代现实的互动。

✓ 要限制每天使用数字技术设备临时照看孩子的时间。

✓ 弟弟妹妹对媒体的接触可以多一些。但要尽可能确保他们的接触适当并具有交互性。在可能的情况下，要鼓励哥哥姐姐合作性地使用数字技术。

✓ 家长应努力保证每天有 20—30 分钟的无媒体时间。

✓ 家长应留心自己的技术节制方案和榜样行为。

6 数字幼童和技术小孩：
你应该知道的关于幼儿园里数字世界的
每一件事——3—5岁

　　珍妮弗（Jennifer）40岁，有三个孩子，她来我办公室是为她4岁女儿艾迪生（Addison）的数字技术使用问题。她说，媒体已成为女儿童年生活中的一个重要部分。她已看过《芝麻街》和《电力公司》（*The Electric Company*）。她爸爸是一个数字技术迷，是首批拥有美乐华游戏机（Magnavox game console）的人。1982年的美乐华游戏机有一个全键盘控制台，但这不是真正重要的数字技术，令她爸爸失望的是，雅达利公司和游戏控制杆技术突然流行开来取代了全键盘。珍妮弗还记得她爸爸为了给计算机编制程序或玩最初的那些冒险游戏而熬到深夜。珍妮弗在数字技术备受尊崇和迷恋的环境中长大，但她一直把数字技术当作她忙碌生活中不重要的那部分。与她相反，4岁的艾迪生似乎小小年纪就生活在一个由数字技术定义的世界里。自打大儿子哈里森出生以来，数字技术发生了太多变化。她该不该为艾迪生担忧呢？

　　哈里森出生于2004年，是一个数字土著。他在2岁生日时就得到了一台利普斯特游戏机和一台便携式DVD播放机。他在网上玩《巴布工程师》和《爱探险的朵拉》。这些游戏很慢，需用鼠标或方向键来控制，其中还有很多书面的游戏说明。在他玩这些游戏时，家长必须给予较多帮助，因为他还没有形成精细动作技能，还不能自如地独立操作。他非常喜欢这些游戏，他父母也愿意在他的指挥下陪他一起玩。哈里森也看了《小小爱因斯坦》和《芝麻街》等视频。他通过《晚安，月亮》(*Goodnight Moon*) 和《饼干狗狗》(*Biscuit Puppy*) 系列图书等一些涉及面很广的书籍学习阅读，直到一年级，他才开始在 YouTube 上看视频。他在上曼哈顿托儿所时，需要将出勤卡挂在门上，这种做法同珍妮弗 1974 年上托儿所时几乎一样。

116

　　4 年后的 2008 年，当珍妮弗最小的孩子艾迪生出生时，我们已迎来一个美好的新世界。全家不再带着便携式 DVD 播放机去旅行，因为艾迪生的父母把节目都下载到平板电脑里。他们给艾迪生买了塑料电子玩具，如利普斯特游戏机，但这些玩具都被丢在一边，苹果手机更受青睐，更有吸引力。2 岁时，艾迪生就能轻松地操控平板电脑，能在平板电脑上见识难以计数的神奇的应用程序。她用《书写能手》(*Writing Wizard*) 描摹字母，学会了书写字母。她刚会说话时就在数学应用程序上数苹果和猴子。《小小爱因斯坦》过时了（参见第 5 章），但电视还在。电视平台已发展更新。艾迪生不看尼克幼儿频道 (Nick Jr.) 的清晨节目，她挑选自己喜欢的节目，这些节目可以点播或下载到平板电脑和计算机里。艾迪生没有电视可以实时收看的概念。偶尔，她会去滑动固定安装的平板电视，对遥控器则毫无兴趣。珍妮弗和丈夫有时用电子阅读器，有时用纸质书给艾迪生读故事。艾迪生读的第一本书是在平板电脑上读的。5 岁时，她就可以解决与平板电脑的使用有关的问题。她知道怎样下载应用程序。她可以通过感觉和试误学会玩游戏。在她上托儿所的第一天，她就在斯玛特白板（smart board）上把自己的一张照片拖拽进了学校的动画影像中。在她3岁第一次担任托儿所的值日生时，她就用FaceTime向托儿所所长报告了缺勤小朋友的名字。

如果你还没有猜出来，那么告诉你吧，我就是珍妮弗（这是我的中间名），哈里森和艾迪生分别是我最大和最小的孩子。当哈里森开始使用数字技术时，我认为那已是革命性的变化，但是，随着苹果手机和苹果平板电脑带来的触摸屏和交互式技术的流行，一切都已与那时不同。艾迪生在数字世界与现实世界间穿梭自如。她认为在Kindle阅读器上阅读或在苹果平板电脑上玩《快艇骰子》（*Yahtzee*）游戏，都只不过是一种选择而已。有时我们用真骰子玩《快艇骰子》，有时在苹果平板电脑上玩。她拿起苹果平板电脑读一本书与拿起一本纸质书来阅读一样轻松。她在苹果手机上玩游戏，但可以很快关掉这些游戏去玩真的棋类游戏。她更喜欢玩真的棋类游戏、拼图和想象游戏，但她也乐意玩哥哥的某个新游戏或看另一集《新鲜节拍乐队》（*Fresh Beat Band*）。在她看来，数字技术就像架子上的一个棋类游戏——只是多种选择中的一种。虚拟世界和现实世界完美地结合成她自己的世界。

艾迪生是一个数字幼童——2007年苹果手机问世后出生的孩子。数字幼童没有关于苹果手机问世前（pre-iPhone）的记忆。他们是触摸屏革命的先锋。触摸屏革命改变了我们所有人的生活，但是对于蹒跚学步的幼童，它带来的变化才是真正革命性的。2007年以前，幼童需要用鼠标或键盘控制游戏或网络。要想尽兴地玩游戏或上网，数字技术素养是必备的条件。但现在的情况已不再是这样。

如果你家的幼童和艾迪生很像，或者差不多3—5岁大，那么他

可能还在看各种教育电视节目，可能还不能 ┃ 数字幼童是触摸屏革命
控制那些需要复杂的语言和键盘技能的游戏 ┃ 的先锋。
与应用程序，却能相当自如地滑动平板电脑。如果你的家庭沉迷于
数字媒体，如果你家还有更大的孩子，那么你家的数字幼童或许已
能熟练地使用各种数字技术。对这个年龄的孩子来说，这是一个完
全开放的新领域。这也为你提供了极好的机会来制订你的家庭规划，
而这个家庭规划在随后的若干年里将会对你有非常大的帮助。有关
幼童目前的数字技术使用情况，将在本章后面的内容中详细讨论。

飞跃和界限：幼童发展目标

　　幼童时期被认为是"奇妙的时期"。[①] 3 岁大的孩子开始有意识地
认识和关注事物，对一切事物都感到兴奋。他们相信魔力，同时又有
许多问题。他们就像块海绵，四处吸收信息。观察幼儿的改变，你每
一分钟都能感到好似他们婴儿时期积聚在心里的能量和语言全都爆发
出来了。3—5 岁孩子的身体、认知和情绪发展快得让人眼花缭乱。你
能完全掌控孩子生活所有方面的时代一去不复返，即使是那些毕业于
常春藤盟校的、受过良好教育的、身为专业人员的妈妈也是如此。

认知发展

118

　　"为什么"是幼儿的座右铭。幼儿的好奇心是无限的。他们通过
试误、重复和观察学会解决问题。随着注意持续时间的增加，以及
符号化思维能力和精细动作技能的提高，他们解决问题的能力也随

───────────────

[①] Selma Fraiberg, *The Magic Years*: *Understanding and Handling the Problems
of Early Childhood*（New York：Scribner，1996）. 该书是你用来理解幼童世
界的最佳读物。

之提升。如果他们不能区分虚幻与现实，如果他们用自我中心的方法来认识世界，那么他们的问题解决能力将受到阻碍。幼儿确实可以在平板电脑上解决问题。他们能识别游戏或视频的图标。他们可以通过试误法启动某个程序。他们知道怎样停止、开始和重启视频。他们知道怎样在一个绘画应用程序上改变颜色。但他们仍然相信艾摩是直接与他们说话，当他们关掉《芝麻街》时，艾摩就走了。不过，他们能运用基本的语言技能、模式识别和精细动作技能解决真实的问题，也开始操控数字世界。

尽管幼儿的认知发展涉及多个方面，但家长此时最关注的是语言。父母数着幼儿说话的天数和说的单词数，这是正常的。家长等了几年才能与幼儿进行某种有意义的、相互交流的对话。此外，语言是认知发展旅程中的第一步，良好的语言技能预示着幼儿将来有很好的学术能力。

幼儿的语言每天都在发展。尽管他们的想法仍比他们的词汇量多得多，但他们已能表达真实的想法，能理解自身以外的世界。如果你的孩子从托儿所回来后非常兴奋，这很正常。她可能精力充沛，从一项活动跳到另一项活动。她无法阐述这一天的所有细节，但她的精力和热情能让你感觉到她的兴奋。通常，幼儿都是话痨，他们模仿着周遭的世界。三四岁时，幼儿通过其行为来表达自己。他们很容易发脾气，原因多是他们无法"用自己的语言"来说明自己的意思。幼儿必须开始为有意义的自我表达使用语言，并进行自我调节。

身体发展

身体发展和动作技能是幼儿发展的重要组成部分。当然，你的孩子将学会走路——因此才把他们叫作"蹒跚学步儿"。在3—5岁时，你的孩子将学会掷球、下蹲、骑儿童三轮车。幼儿的动作技能有所发展，能使用勺子和杯子。你的孩子想要独立，会因不能实现自己的目标而受挫——幼儿会因此而发脾气。

以下是我们期待实现的身体发展的里程碑：

- 骑儿童三轮车。
- 掷球。
- 独立滑滑梯。
- 翻跟头。
- 倒走。
- 单脚跳。

保护幼儿免受数字技术消极影响的方法

- 不在卧室里放电视或数字设备。这会导致肥胖、代谢异常和睡眠障碍。
- 没人看电视就要把它关掉（即背景电视）。它会干扰人类互动，是不当的技术接触。
- 至少在就寝前30分钟关掉设备。不要让幼儿在上床前还拿着平板电脑。深夜使用数字技术和背景蓝光会干扰睡眠并导致身体、行为和情绪方面的问题。
- 限制垃圾食品广告。如果做不到，就和幼儿讨论这些广告，并提供其他健康食品给幼儿选择。
- 让幼儿有更多机会奔跑和运动。如果有其他选择，幼儿很少会选择久坐。鼓励健康的体育活动和游戏。
- 让幼儿有更多机会玩真实的想象力游戏。游戏能促进社会性发展和情绪发展。

　　虽然没有理由说数字技术阻碍身体发展，但在这个年龄，数字

120　技术也难以促进身体发展。要防止数字技术的使用对数字幼童的消

极影响，可参见上述方框内的内容。

社会性和情绪发展

　　幼儿的气质和人格开始蓬勃发展。气质反映了人格中某些先天
的方面，如内向性和外向性，主要表现在活动水平、适应性、强度
和初始反应风格等方面。人格是在气质基础上于后天生活中形成的。
人格由信念和情感组成，家庭经历和教育对人格的形成具有重要作
用。例如，你家幼儿的气质使她很容易被安抚和入睡，在面对周围
的陌生人时比较慢热，但她的人格高调而执着，因而使她比哥哥更
受关注。在孩子对数字技术的管理方面，气质和人格都起着重要作
用。如果她脾气随和，能轻松地从一种状态过渡到另一种状态，那
么关掉数字设备就不是问题。但如果她很容易过度兴奋，注意高度
集中，那么就有可能因此发生争执。

　　这一时期，幼儿开始撒谎，也开始感受到同伴压力。当幼儿试
图确定现实与一厢情愿的想法之间的差异时，撒谎是正常的，也是
预料之中的。虽然幼儿还是以自我为中心，但他们开始有同情心，
也开始关注周围的世界。他们将获得社会性反馈，这些反馈将影响
他们的行为。我的第二个孩子安德鲁有次和他托儿所的一个朋友一
起共度游戏日。他的朋友谈到了夜间放在梳妆台上的尿不湿。作为
一个普通的男孩子，安德鲁并不急于做到当晚就不尿湿裤子。但在
那个游戏日后，安德鲁立即开始进行如厕训练。我接待过一对夫妇，
他们为自己 3 岁的女儿贝拉（Bella）心烦意乱，因为贝拉在托儿所
总是把拇指含在嘴里。他们软硬兼施，但贝拉依然在托儿所里吮吸

自己的拇指。九月的一天，在一次想象游戏中，她的一个朋友和同学学她把拇指含在嘴里。贝拉回家什么都没说，也没哭，也没发生什么戏剧性事件，但贝拉再也不在学校里吸拇指了。她夜里还会吸，生病时或紧张时也会吸，但再也不在学校里吸。即使是在托儿所，同伴压力也是很强大的。

玩耍：十分重要且始终都在

121

　　我几乎没有一天不听到那些善意的朋友、同事、教育者或家长无限留恋地谈起"过去的好时光"。那时，在托儿所，你给孩子一个纸板箱、一辆自行车，他们就走了，到一年级第一天才返回。没有课程表，没有班级，没有幼儿园入园考试，**没有电子产品**。谁不为那些日程排得太满而没有时间玩耍的幼儿叹息呢？

　　在孩子这一时期的发展中，玩耍是一个关键词，也应是一个关键词。玩耍极其重要，几乎不会消亡。因此，那些对孩子生活中已没有玩耍表示出的哀痛，我有点厌倦了。

　　只要花一天时间仔细观察你的孩子，你就会看到孩子的各种玩耍方式。不要被幼儿大多数时候都在平行玩耍这一事实欺骗。他们喜欢数数和分类。他们注意观察相似和不同。他们喜欢想象游戏。观察幼儿的想象力真是一件奇妙的事。他们的想象力不受拘束，非线性，非常有趣。在你家幼儿的日常生活中，无论是有计划有指导的活动还是自发的玩耍，这些都显而易见。

　　让我们面对现实吧。如果玩耍已消亡，迪士尼就会陷入很大的困境。灰姑娘、艾尔莎（Elsa）（《冰雪奇缘》中的女主角——译者注）、圣诞老人又将会怎样呢？幻想能帮助幼儿理解周围的世界。他们为超级英雄和公主着迷，但他们也效仿和渴望那些模拟成人世界的玩具。记得 2007 年我给大儿子买过一个能照亮的假手机，2010 年给小儿子买过一个假的黑莓手机，却把我的真苹果手机给艾迪生玩（这一切都发生于短短的 4 年间）。

要培养孩子的创造性并鼓励平行玩耍。平行玩耍很快就会发展为交互玩耍，并为幼儿的社交世界奠定基础。你可以在家里和其他任何地方，借助数字设备和其他玩具，开展各种或活泼或安静的活动来实现这一目的——相信我，孩子的幼儿园、日托中心和体育教练都已准备就绪。

统计数据：幼儿真用了那么多数字技术吗？

我认为数字技术的使用有几个峰值。第一个使用激增的时期是 3—4 岁，8 岁是另一个爆发期，最后一个高峰期是 12—13 岁的初中时期。八九岁以前，孩子通常是在父母的监控下使用数字技术，所以数字技术的使用似乎比较安全。但是，数字技术使用量和数字技术使用类型每年都在变化。

在 2011—2013 年，使用过应用程序的 8 岁以下孩子的数量增加了 2 倍多——从 16% 增加到 50%。

花在数字技术上的时间、设备的数量，以及数字技术的用法，每年都在增加。2—4 岁的孩子每天大约在屏幕类媒体上花费 3 小时，到小学结束时，这个数字增加到惊人的 7 小时 45 分钟。在这个阶段，孩子使用的数字技术主要是电视。值得高兴的是，他们看的多是教育电视节目。遗憾的是，到二年级时，他们就很少看教育电视节目了。幼儿期最大的转变出现在上幼儿园前，这时，孩子将从被动地收看电视和视频转到玩各种游戏和应用程序。上幼儿园后，他们会使用智能手机、平板电脑和计算机里的各种应用程序和游戏。我的建议是，在幼儿开始玩游戏时，只要可能，尽量让幼儿在平板电脑而不是智能手机上玩游戏。平板电脑屏幕更大，更容易操控。我希望你在家里配备一个平板电脑或一台计算机，这样，当幼儿长到能玩教育游戏或读书的时候，他们就可以利用这些设备。在幼儿数字技术使用方面，最容易犯的错误是，在孩子的卧室里放置电视或计算机，或者让电视一直开着。**目前，在2—5岁的孩子中，超过三分之一的孩子的卧室里放有电视——其中10% 是 2 岁以下的孩子。**卧室里的电视和背景电视都会导致久坐行为增加，以及不适当的更多的数字技术接触。**该是关掉电视并把它置于起居室的时候了。**幼儿可能会发脾气，但是，与幼儿长成青少年后因不肯将数字技术搬出卧室而发怒比起来，幼儿的小脾气算不了什么。

　　以下饼图和条形图直观展示了 2—5 岁孩子花在各类数字媒体上的时间。

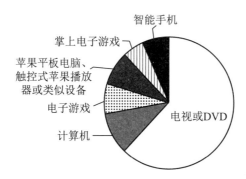

图 13　2—5 岁孩子花在各种屏幕类媒体上的时间（依据媒体类型）①

123

---

① Ellen Wartella, Victoria Rideout, Alexis R. Lauricella, and Sabrina L. Connell, *Parenting in the Age of Digital Technology*: *A National Survey*, Center on Media and Human Development, School of Communication, Northwestern University, June 2013, *http*: *//vjrconsulting.com/storage/ PARENTING_IN_THE_AGE_OF_DIGITAL_TECHNOLOGY.pdf*, p.24.

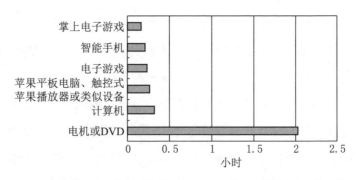

图 14 2—5 岁孩子花在各种屏幕类媒体上的时间（依据每天所花时间）[1]

幼儿花在数字技术上的时间应是多少？

> 8 岁以下孩子在使用数字技术时，家长基本上是予以监控的，因此关于幼儿数字媒体使用的统计数据实际上让我们了解到家长允许幼儿干什么。

要重点关注无屏幕时间（screen–free time），而不要担心总时间！当然，总时间取决于你家的媒体使用程度是轻度、中度还是重度（如果你还未弄清自己家庭的风格，可回看第 1 章并确定你家的媒体使用风格）。出生顺序对孩子的媒体接触时间也有影响。

124

美国儿科学会的建议是娱乐性媒体使用不应超过 2 小时。学会针对幼儿的建议还不明确。正如前几章提到的，学会建议 2 岁以下的孩子不使用媒体。学会关于儿童媒体使用时间应控制在 2 小时内的一般性建议对幼儿来说并不是一个特别有用的建议。通常情况下，幼儿每天花在媒体上的时间不超过 2 小时。美国儿科学会最近开始区分教育性媒体和娱乐性媒体。这种区分对较大的孩子更有益。8 岁以下孩子的媒体使用决定主要是由家长作出的。

[1] Ellen Wartella, Victoria Rideout, Alexis R. Lauricella, and Sabrina L. Connell, *Parenting in the Age of Digital Technology*: *A National Survey*, Center on Media and Human Development, School of Communication, Northwestern University, June 2013, *http*: *//vjrconsulting.com/storage/PARENTING_IN_THE_AGE_OF_DIGITAL_TECHNOLOGY.pdf*, p.24.

对于幼儿，我主要关注的是**无屏幕时间**而不是限制总时间。既然幼儿的媒体接触基本是由成人控制的，那么我希望家长规划好无媒体时间。在这段时间里，幼儿和家长都不使用任何媒体（包括手机）。

> 对于幼儿，更重要的是指定无屏幕时间，而不是限制对数字技术的接触。

确保无屏幕时间的方法

✓ 卧室里不放电视。

✓ 不让电视节目作为背景开着。

✓ 和孩子一起享受 20—30 分钟的休息时间，期间不用手机，也不把手机给孩子玩。

✓ 向孩子示范家长可以不用数字技术而完全投入地与孩子相处。

✓ 将数字技术使用时间限制在一次一个节目（大约 25 分钟）。

✓ 必要时，在看电视时插入无媒体时间。

✓ 不要让孩子一次看电视的时间超过 45 分钟。

平板电脑和智能手机（如苹果平板电脑和苹果手机）真的是适合幼儿的教育工具吗？

是的，是的，依然是的。《幼儿技术使用指南》（*Toddlers on Technology*）一书的作者萨默斯（Patti Wollman Summers）认为，苹果手机是**继粉笔和黑板诞生后最有效的教学工具**。萨默斯是一名早教专家，他认为，幼儿使用应用程序和交互技术的经验使他们在进托儿所时就已为正式学习作好了准备。

平板电脑随处可得、易于使用，是幼儿的理想学习工具：苹果平板电脑具有交互性、重复性和非评判性。平板电脑的教学方式适合幼儿的学习方式。

> 平板电脑的教学方式适合幼儿的学习方式。

125

它操作简单，幼儿只需依靠已有的技能即可操作。平板电脑和智能手机对读写能力的要求非常有限，很容易操作。1 岁左右的孩子已学会点、学会用食指和拇指拿东西——同时使用拇指和食指的能力。会用食指和拇指拿东西，就能抓麦圈，也能点划平板电脑屏幕。只要你会点、会用食指和拇指拿东西，你就能操控平板电脑。

> 一旦幼儿会点和挤压，他们就能操控平板电脑。

绝大多数应用程序和游戏都是交互式的。它们能给幼儿提示，能与幼儿对话。它们需要幼儿的参与，这将对幼儿的认知发展和社会性发展起促进作用。与所有机器一样，平板电脑是非评判性的。如果未能完成任务，你还可以再次尝试。几乎所有幼儿应用程序都大量使用笑脸，以此来鼓励幼儿重试。没有哪个爷爷奶奶和爸爸妈妈会要求 4 岁的孩子像朵拉那样用西班牙语数到 10，或者像艾摩那样把表示每一天的单词拼写出来。[①]

数字技术如何促进孩子的发展？

认知发展

对于这个年龄段的孩子，苹果平板电脑和苹果手机都是很棒的教育工具。互联网是一个探索"为什么"的理想之处。我的孩子永不厌倦地试图难倒我苹果手机上的智能语音助手 Siri。更加值得一提的是，艾迪生（现在 5 岁）和我曾在儿童国家地理网上给自己取名为"熊猫"，看了一个关于丁皇后神仙鱼的视频，还通过用梳子"摆动"水做了一个静电实验。和孩子一起玩虚拟寻宝游戏，探索动物、音乐、国家或任何你当时觉得有兴趣的事物，等等，都是很容易的事情。你的孩子是领航员，而你是驾驶员。你正在培养幼儿的好奇心，

---

① Patti Wollman Summers, Ann DeSollar-Hale, and Heather Ibrahim-Leathers, *Toddlers on Technology*（Bloomington, IN: AuthorHouse, 2013）, 12–18.

让他们投入开放的共同努力之中。

有很多幼儿可以独自操作的应用程序。他们通过点和划来操控整个游戏或教育性应用程序。在这个过程中，他们积累了经验，

> 让你的孩子玩虚拟寻宝游戏，由他来导航，你来驾驶。

提高了熟练水平，培养了独立性。教育电视节目和游戏可以促进这个年龄段孩子的语言发展。但数字技术不能取代现实的阅读和交谈。如果对数字技术的使用进行周详的考虑并适度使用，数字技术会是一个没有消极作用的附加部分。有些应用程序教孩子描摹字母，如《书写能手》；有些教孩子读字母，如儿童语音教学网站流星雨（Starfall）。《七巧板》（*My First Tangrams*）游戏利用五彩缤纷的拼图游戏来提升孩子的视觉—空间技能。《爱探险的朵拉》和《你好，凯兰》（*Ni Hao Kai-Lan*）等则让幼儿接触外国的语言和文化。

我永远不会忘记，曾有一个焦虑的父亲为了他聪明的3岁女儿卡西（Cassie）给我打来电话。他说卡西不认识颜色，这让他很震惊。他指着天空问卡西天空是什么颜色，卡西回答"一个动物园"（a zoo）。他又问了一遍，卡西还是说"一个动物园"。我问他卡西是不是看过《爱探险的朵拉》，他困惑地回答说那是她最喜欢的节目之一。我告诉他，卡西说的"a zoo"也许是"azul"，即西班牙语的"蓝色"。他非常尴尬，因为他只精通德语和荷兰语，但是他承认这似乎是一个合理的解释。看《爱探索的朵拉》能让你精通西班牙语吗？显然不会。但是，让孩子接触一些外语和新的音素（构成语言的最小语音单位，能让你分辨说母语的人和说话有口音的人）没什么不好。

社会性和情绪发展

这方面的问题是，数字技术怎样帮助幼儿成为一个社会人。在这个年纪，社会性发展基本是在玩耍中完成的，因此那些鼓励互动

和想象的应用程序能促进社会性发展。例如,《过家家》(*My Play Home*)这款交互式应用程序可以让幼儿创造出一个家庭,在家中居住和玩耍。《动物园躲猫猫》(*Peek a Zoo*)通过让幼儿分辨动物的感觉和行为掌握社交线索。我想说得更清楚些。我相信,对于各个年龄段的孩子,数字技术都是一个有利于玩耍和创造性的理想工具。我认为,数字技术工具在促进创造性和同一性发展方面的重要性,在较大儿童身上比在年幼儿童身上更明显,因为对较大儿童来说,数字世界是一个能让他们尝试各种新角色和人物的很棒的地方(对于这种形式的创造性,幼儿不需要通过数字技术玩换装游戏和创造音乐就能轻易实现)。幼儿不"需要"借助应用程序与数字技术来玩耍和实现社会性发展,但是恰当地选择那些能与家长和看护人一起使用的应用程序能提升和丰富幼儿的社会性和情绪发展。

可以把数字技术用作培养创造性和合作玩耍的多种工具之一。例如,我喜爱活泼欢快的电视音乐节目(如《新鲜节拍乐队》这个有很多歌曲和可笑故事的节目)。在《玩具小医生》中,麦克史杜芬斯(Dottie McStuffins)运用她的想象力来医治她的玩具动物和娃娃。这让我想起了《小熊维尼》(*Winnie the Pooh*)的想象世界。我也喜欢各种艺术和手工艺类的节目与应用程序。在外出野餐或旅行时,我会带上记号笔和纸张。如果忘带了,就打开苹果平板电脑的《涂鸦出版》(*Scribble Press*)或《尼克幼儿绘画》(*Nick Jr. Draw*)来玩。又迪生也很喜欢装饰甜甜圈、饼干和珠宝。她调和颜色,添加纹理。她还可以用艺术类应用程序来制作一个艺术作品集,并和居住在另一个城市的爷爷奶奶分享。不过,在线绘画不应取代幼儿用真正的蜡笔所进行的绘画,因为实际的绘画能促进精细动作技能的发展。只不过,当你将记号笔忘在车里或当幼儿想要尝试一些新东西的时候,虚拟蜡笔是一个极好的替代物。

数字技术的另一个作用是促进社会化与合作。当所有幼儿都对一个节目着迷时，他们也可以用电脑程序或应用程序来一起合作。数字技术可以成为幼儿与哥哥姐姐分享经验的工具（在本章和本书后面将更详细地讨论哥哥姐姐的话题）。家长多乐于一起玩游戏或共同航行在数字世界中。

我该不该担心暴力对幼儿发展的影响？

该，也不该。家长要努力回避所有暴力节目和游戏，查看有关节目和游戏中的暴力内容的评论。不过，我认为应将暴力电视和视频与幼儿玩耍中的正常合理的侵犯行为区分开来。实际上，当我的儿子们尚在幼儿期时，每次他们穿上蜘蛛侠（Spider-Man）或绝地武士（Jedi）的服装（costumes），我都觉得自己是个好妈妈。我甚至鼓励他们玩光剑（light-saber）大战，用 Nerf 枪（Nerf gun，软弹枪）进攻。

等待，但不要评判。我承认，不是每个人都同意我的观点，但我希望鼓励孩子的想象性游戏。我对我的病人和孩子进行观察，发现攻击确实是玩耍的一个组成部分。我不会允许暴力电子游戏或暴力电视节目。我不希望我的孩子从中得到这样的信息：伤害他人没什么不妥——在任何时候。我情愿他们在现实的想象性游戏中探索攻击行为，而不是在二维的计算机游戏中。在现实的想象性游戏中，如果彼此间真的出现了伤害，他们能获得实实在在的反馈，并能产生移情作用。我相信现实的游戏更适合用来表现幼儿期的进攻行为。此时在电视节目和游戏中出现暴力主题还为时过早。在安全地表达攻击性冲动方面，暴力电子游戏有一定作用，很快，你就不能完全回避暴力电子游戏了。但是现在，我尽力将攻击行为限制在

> 有形的、现实的攻击行为是幼儿玩耍中的正常组成部分。它让幼儿的能量得以释放，并形成移情。与其让幼儿独自久坐着玩暴力电子游戏，不如让幼儿玩光剑大战或牛仔游戏。

现实游戏而不是数字世界中。

我怎样决定幼儿该使用哪种技术？

幼儿使用媒体的发展进程从教育电视开始，逐渐推进到教育电视、教育游戏和教育性应用程序并用。然后，他们基本停止看教育电视，可能继续也可能停止玩教育游戏。到小学毕业时，他们有可能将数字技术应用于学校任务，但主要还是用于娱乐和社交。

129

 列出名称：哪些是真正适合幼儿看的节目？

- 拥抱经典，如《芝麻街》。
- 信任美国公共广播公司和尼克少儿频道的节目。
- 我一般比较信任迪士尼少儿频道（Disney Jr.），但要事先对节目进行筛选，因为其中有不少广告和推销。
- 卡通频道（Cartoon Network）和迪士尼不适合这个年纪的孩子。
- 儿童波普舞（Kidz Bop）专辑对主流歌曲的歌词进行改编，以适合这个年纪的孩子。
- 查看常识媒体网站，了解更多节目评论。

幼儿的大部分媒体时间都花在看电视和视频上。如前所述，思虑周详、与年龄相适应的节目和游戏有益于孩子的社会性、情绪和认知发展。媒体也具有教育和亲社会的价值。多年来，对《芝麻街》的研究发现，看过这个节目的孩子更具合作性、更宽容，面对情境更容易选择非攻击性反应。[1]美国公共广播公司、尼克少儿频

---

① Marjorie Hogan, "Prosocial Effects of Media", *Pediatric Clinics of North America*, 59, no.3（2012）: 635-645.

道，以及迪士尼少儿频道的一些针对 5 岁以下幼儿的节目有很大的教育价值。相对而言，较容易找到适合 5 岁以下幼儿的高质量教育节目。

如何为幼儿选择优质电视节目和 DVD？

✓ 节目注明的目标受众是 5 岁及以下的幼儿。

✓ 节目时长不超过 30 分钟。

✓ 选择将 30 分钟的内容拆成多个小片段的节目。

✓ 避免那些明确宣称能让幼儿更聪明的节目。

✓ 音乐要美妙，但不一定要古典音乐。

✓ 避免暴力。

✓ 避免色情。

130

✓ 选择你愿意和幼儿一起看的节目。

✓ 避免就教育节目的内容向幼儿提问，但要和幼儿谈论节目。

如何挑选优质的应用程序或游戏？

应用程序和游戏有点棘手。有很多应用程序并不具备教育价值，但仍可以利用。有很多游戏会弹出窗口，向幼儿兜售宝石、财宝，甚至虚拟的鱼。我的小儿子安德鲁曾在 4 岁时花 50 美元为他的虚拟水族馆下载了虚拟鱼。这次的高价购买行为才令我懂得应用程序商店应设置为每次购买都需要输入密码。暂且不谈虚拟水族馆的事，目前有无数很棒的以幼儿为目标对象的应用程序。下载之前可去常识媒体网站查看评论，也可查看 155 页方框中列出的我喜欢的应用程序（截至本书写作时）。除此之外，适合的应用程序还应具备某些特征和避免某些特征。

幼儿应用程序需要具备的特征

✓ 易于遵循的规则。

✓ 大量的重复（近乎让成人厌烦的游戏）。

✓ 幼儿熟悉的主题和经验（如家庭、动物）。

✓ 设计上要适合小手和尚无读写能力的心智。

✓ 交互性，无太多华而不实的功能。

✓ 聚焦于幼儿生活中的重大事件（如托儿所、如厕训练）。

✓ 重点置于计数或颜色。

✓ 重点置于字母和声音。

✓ 有大量音乐。

131

幼儿应用程序需要避免的特征

✓ 含应用内购买项目。

✓ 暴力。

✓ 色情。

✓ 广告。

✓ 过多华而不实的功能。

✓ 游戏中有很多文字。

✓ 要求使用键盘。

✓ 要求使用鼠标（若只是有限地使用鼠标则没问题）。

> 要确保应用程序商店的设置是每次购买都需要输入密码。

幼儿：让数字公民意识生根发芽

　　幼儿数字公民意识的重点在于，为正在形成的数字经验确立道德基础和移情理解基础。目前，自幼儿园课程开始，数字公民意识就已正式或非正式地成为课程的一部分。

托儿所如何利用数字技术？我是否该根据托儿所利用数字技术的方式来选择托儿所？

最重要的一点是，不管是在家里还是在学校里，数字技术只是一个**工具**。不要因为人人都在用平板电脑，所以你也用。幼儿应该利用平板电脑来学习数字或进行有趣的艺术创作。

当前，幼儿教育工作者利用数字技术的方式五花八门。我推测这种情况很快就会改变。人们越来越认识到，幼儿应学会把数字技术用作一种学习工具。在曼哈顿私立学校，给学生配发平板电脑的年级在逐年降低。2010 年，我的病人还在谈论他们要不要去一所普遍使用笔记本电脑的高中就读。而现在，家庭里辩论的问题是四五年级的孩子是否已准备好把平板电脑带回家。数字技术不应取代原有的学习工具，但数字技术是 21 世纪学习的一部分。

 我喜欢的幼儿应用程序 132

鉴于这是一本书而不是一篇博客，我很犹豫是否要在此列出那么多具体的游戏。在本书出版发行之前，它们很可能早已过时。无论如何，以下是我推荐的一些应用程序类型。

字母 / 声音以及前阅读期应用程序

我对教这个年纪的孩子阅读的应用程序不感兴趣。有些孩子喜爱阅读，有些孩子则不。我更感兴趣的是那些教孩子形成字母意识、引导孩子热爱阅读的参与性应用程序。

• 流星雨

• 故事大全（*One More Story*）

- 祖母的厨房（*Grandma's Kitchen*）
- 书写能手

数学和视觉 / 空间应用程序

- 猴子幼儿园（*Monkey Preschool*）
- 艾摩爱数字（*Elmo Loves 123s*）
- "Tozzle"拼图（*Tozzle*）
- 可爱的数字（*Little Digits*）
- 七巧板
- 格罗弗的数字特色菜（*Grover's Number Special*）

创造性

- 尼克幼儿绘画和游戏（*Nick Jr. Draw & Play*）
- 过家家
- 涂鸦出版
- 头像创作——高级版（*Faces iMake-Premium*）

综合类

- 大脑游戏［*Everybody Has a Brain*（在苹果系统和 Windows 系统运行）］
- 体感芝麻街互动电视［*Kinect Sesame Street TV*（在微软第 2 代家用游戏主机运行）］

音乐应用程序

- 宝宝爱音乐（*Baby's Musical Hands*）
- 绽放——平板电脑版（*Bloom HD*）

133　　　有的家庭选择让孩子入托儿所，有的家庭则不。在曼哈顿，孩子年满 2 岁便可在美国劳工节后的一天电话申请入托。如果你有一个交易所或有一个员工不停地给多个托儿所打电话申请，那么你或许能得到 10 个或 12 个托儿所的申请表。这并不表示你的孩子可以进入这些托儿所，但你获得参观这些托儿所的特权。如果你住在大城市，你可能必须先找出你感兴趣的各个托儿所，然后托儿所就会按出生日期或其他标准把你列入申请人名单。在其他地方，你的选择可能比较少，但竞争也比较小。无论是哪种情况，你都应了解清楚托儿所的数字技术使用情况。他们是否考虑数字公民意识的问题？他们在课堂里如何利用数字技术？他们如何看待幼儿与数字技术的关系？

儿童早期教育没有被数字技术接管。早教专家明白现实中的玩耍和探索对儿童发展的必要性。他们正在提出一些创新的方式，以便更好地把数字技术当作一种工具来利用。孩子可以玩虚拟七巧板排名榜，在平板电脑上移动各种形状来完成拼图。他们一起解决问题，创建谜题。他们可以同世界上其他地方的课堂里的小朋友进行视频聊天或打网络电话。

数字技术也是一种很棒的文献记录策略。幼儿可以在触控式苹果播放器上创建音频或视频来记录自己的作品。他们可以用数字技术来演示、开展小组项目和研究。艾迪生所在的由 4 岁小朋友组成的班级通过采访和报告完成了一个春季单元。他们在数字技术部门的帮助下，在教室里建立了一个电视工作室。艾迪生采访了幼儿园老师洛佩兹（Lopez）小姐，询问她最喜欢的冰激凌口味和运动项目是什么。采访通过平板电视（flat screen）在全校播出。年终时，家长受邀到校边吃爆米花边看这个节目。4 岁的孩子学会了怎样编辑文档，怎样为文档配乐。他们也是节目主持人和报告人。他们阐释了自己的发现，并制作了一个"纪录片"。

去年六月，我得到了一个 U 盘，里面是我女儿在托儿所里的全部艺术作品和作业，当然，还有那部"纪录片"。（这或许表明，我在托儿所花了很多钱，但这是一个非常好的托儿所。）我不能说我给艾迪生选择这个托儿所是因为它对数字技术的使用。我很幸运，因为我选择了一所非常注重培养数字公民意识的托儿所。我参观过的其他一些学校引以为豪的是他们拥有的电子白板和平板电脑的数量，却不谈如何教孩子以合乎伦理道德的方式使用它们，也不谈怎样用它们来丰富学术课程。这只是一种状态，没有实质性内容。还有一些学校则标榜自己是"传统派"学校。在初中前，它们的课堂里是不用数字技术的。这些学校解释说，在孩子小的时候，数字技术的使用应由家长掌控。重要的不是设备的数量，而是学校管理者对数字技术使用的认真思考。数字技术在托儿所应有一席之地，但对数字技术的使用必须经过周详的考虑，必须平衡，要在数字技术使用中渗透合作意识、创造性，以及数字公民意识。

幼儿该不该用数字技术学习阅读？

对于这个问题，还没有研究定论。数字幼童（2007 年以后出生的孩子）应能自如地在纸质书与电子书之间转换。不足为奇的是，家长更倾向与幼儿一起阅读印刷品，而幼儿却对结构简单的电子书表现出更高水平的投入和关注。结构简单的电子书和纸质书对理解水平的要求是相同的。但带有超链接、游戏和其他花哨功能的"加强版"电子书会干扰理解。家长不用害怕电子阅读器，但应选择简单的故事，不要选用那些评论家和公司大肆宣扬的"加强版"。[①]

——————

① Cynthia Chiong, Jinny Ree, Lori Takeuchi, and Ingrid Erickson, *Print Books vs. E-books*: *Comparing Parent-Child Co-reading on Print*, *Basic and Enhanced E-book Platforms*, report, the Joan Ganz Cooney Center, spring 2012, *http://www. joanganzcooneycenter.org/wp-content/uploads/2012/07/jgcc_ebooks_quickreport.pdf*.

　　我发现，当孩子已具备阅读能力时，用电子阅读器更加经济合算。在线五页图画书更便宜。我建议纸质书和在线阅读器两者都用。不过，拿起一本书、翻书等动作确实需要更高级的精细动作技能，因此，阅读纸质书有助于学前儿童发展这些技能，但我认为这并不是选择纸质书的真正原因。幼儿在其日常生活中也可以学会这些精细动作技能。不过，我确实喜欢具有真实触感的纸质书——软毛、砂纸或者翻翻书，任你自由选择。

　　许多优秀的阅读应用程序允许你选择朗读模式或阅读模式。我始终更愿意选择由真人为幼儿阅读。至于父母给幼儿读的是《故事大全》里的虚拟书还是巴恩斯和诺贝尔公司（Barnes and Noble）的纸质书，我认为这并没有什么关系。阅读本身就是你可以和幼儿一起进行的一件最重要的事。你让幼儿看到了阅读的乐趣。你们在一起度过了高质量的共处时间。

135

　　我奉劝父母不要给幼儿学习阅读施加压力。压力会导致焦虑，而不能培养幼儿对阅读和学习的喜爱。相反，我愿意阅读那些有精美插图和故事情节引人入胜的书。至于在何种媒介上阅读则随你方便。

哥哥姐姐是活跃的数字公民

　　哥哥姐姐既可能是福祉也可能是祸根，这取决于你问的是谁以及你问的时机。最近，我偶遇一位朋友，她问起这本书。她说她刚刚因 8 岁儿子马库斯（Marcus）和他 4 岁的弟弟亚当（Adam）一起玩而没收了他的数字技术设备。马库斯拍了亚当上厕所的照片。亚当的衣服是穿着的，他们用水装成小便的样子。马库斯用智能手机拍了一段视频，两人都玩得很开心。我的朋友对此感到很害怕。她的两个儿子并未把这段视频发布出去，但她担心的是，视频会很容易被发布和传播开来（我们将在第 9 章和第 10 章深入探讨这个问题）。我的朋友陷入了两难境地。她没收了马库斯的手机，打算两周内不让他使用数字技术。但 2 小时后，马库斯说他和亚当想学习一种彩虹织机（Rainbow Loom）的新织法，问能不能让他们看一段 YouTube 视频，这时我的朋友怎能说不？两个孩子早就计划要一起看视频，学习彩虹织机（这是我目前最喜欢的、适合 4—10 岁孩子的玩具）的一种具有挑战性的热门织法——"星星爆"（starbust）。

作为数字公民意识的一部分，我通常要求哥哥姐姐（如马库斯）为家庭数字技术规划作出应有的贡献。哥哥姐姐可以帮助父母挑选适当的应用程序和软件。幼儿能打开平板电脑和手机上的图标。但他们能打开一个应用程序并不代表这个应用程序就适合他们。我会要求哥哥姐姐帮助家长来决定哪些是适合的。他们可能比家长更了解那些应用程序的内容。让所有家庭成员都参与其中，你就是在促成一个真正的家庭数字技术规划。

下面这个例子展示了家长怎样让大孩子参与到家庭数字技术规划的讨论中来。

136

约　迪（Jodi）：哈里森，我想清理一下艾迪生的苹果平板电脑。你能帮我检查一下所有这些应用程序吗？你能为我演示一下怎样删除应用程序并新建一些新文件夹吗？

哈里森（9 岁半）：妈妈，这很简单，我来做给你看。

约　迪：你认为适合艾迪生（5 岁半）玩的游戏有哪些？

哈里森：她喜欢《芭比》游戏。

约　迪：你觉得《芭比》怎么样？她能从中学到东西吗？

哈里森：我觉得这些游戏很蠢，它们只会让你买衣服来打扮芭比。

约　迪：你认为艾迪生该给她的虚拟芭比购买虚拟的衣服吗？

哈里森：不，我看没什么意义。我们该查看游戏或教育类应用程序，是吗？

约　迪：有什么教育类的游戏吗？

哈里森：我认为《祖母的厨房》适合她。她认为这只是一个游戏，但她必须念出字母，读出单词。这会很有趣，因为你在玩烘焙游戏。她也会喜欢《猴子数学》（*Monkey Math*）。你答完问题后，可以为你的虚拟水族馆赢取鱼和美人鱼。这对她来说太容易了。

约　迪：你给艾迪生推荐哪些游戏或网站，或者你不主张她玩哪些游戏或浏览哪些网站？

哈里森：我认为你应该给她下载下一季的《玩具小医生》。她可以跟着唱并学会善待人们和她的玩具。我不知道如果没有你的陪伴，她该不该看 YouTube 视频。她喜欢小猫视频和字母歌，但你根本不知道她可能找到些什么。

约　迪：非常感谢你的建议。如果你发现任何适合她的游戏或网站，你愿意告诉我吗？

哈里森：当然会，妈妈。我去查看一下应用程序商店，然后来告诉你。

137

关键要点

√ 你不能与数字技术对抗。数字技术将开始成为幼儿生活的一部分。

√ 你该认真思考你的态度、行为示范和数字技术规划了。

√ 数字公民意识的培养在托儿所时就已开始。在这方面，幼儿的哥哥姐姐可以帮忙。

√ 在幼儿的数字技术使用时间中，绝大部分时间是在看电视或视频。

✓ 数字技术是一种学习工具而不是最终目标。

✓ 幼儿在看结构简单的电子书时比看纸质书和那些有很多花哨功能的"加强版"电子书更投入。

✓ 触摸屏和应用程序能让幼儿发展独立性和增加熟练度。

✓ 幼儿应用程序能促进早期学习。

✓ 幼儿电视或视频节目不应取代现实生活中的人类互动。

✓ 幼儿电视或视频节目可让幼儿接触一些学科内容。

✓ 要警惕那些宣称能让孩子更聪明的广告。

✓ 幼儿卧室里不应放置电视或联网的设备。

✓ 家长和孩子每天都需要无媒体时间。

✓ 幼儿期的重点在于保证无媒体时间以及把数字技术用作工具。

✓ 重点不是媒体使用的总时间。

7 数字魔力年代：
初中数字风暴前的平静——6—8岁

　　大约每周总有一次，一个 7 岁男孩紧紧地抓着苹果平板电脑走进我的办公室。他妈妈正拼命地哄骗他，想让他把平板电脑关掉并交给她。如果你的孩子不听，那么你就是一个"坏妈妈"，这是一条对于母亲的不成文的规定。这时，我问这个小男孩会用平板电脑做些什么。通常，他会说他正在游戏《我的世界》中建造东西。我顺势站起来走过去，挨着他坐在沙发上。我请他给我展示一下他在游戏中创造的世界。虽然他妈妈免不了会抱怨几句，他却欣喜地带我参观他的最新创作。这并不是孤立的事件。这就是《我的世界》。

　　《我的世界》在全球的用户已超 3 300 万。这是一个开放式的沙盒游戏，鼓励创造性、智谋和耐心。6—8 岁的孩子仍需要玩耍，同时也渴望独立和掌控感，这款游戏完美地契合了这个年龄段的孩子的发展目标。我也喜欢以这款游戏为例来说明 6—8 岁的孩子可以通过使用数字技术进行娱乐、教育，发展并形成独立性。

　　弗赖伯格（Selma Freiberg）所著的《魔力年代》（*Magic Years*）很好地诠释了 4—6 岁孩子眼中的生活。《魔力年代》用语言符号将年幼儿童对生活的敬畏感、惊奇感和恐惧感表达了出来。我相信小

139　　学低年级是"数字魔力年代"（digital magic years）。数字世界的大门开始向年幼的学龄儿童敞开。"控制战"还没有开始，有许多适合他们的高质量游戏、应用程序和网站。孩子开始能独立地使用数字技术探索世界。

6—8岁的孩子已具备一定的认知和运动水平，这使得他们急于玩一些更复杂、更精致的游戏和应用程序。得到发展的精细动作技能使他们能使用鼠标、敲击键盘。他们此时的认知水平能让他们自己阅读和遵从指示语。他们也非常努力地迈出独立的第一步。随着对数字技术的兴趣不断增长，他们开始努力排除局限性，第一轮不可避免的"控制战"悄然而至。

独立！独立！独立！ 6—8 岁孩子的发展目标

独立是学龄儿童的座右铭。小学是一个转换时期。你的孩子现在已入学，他们不再是蹒跚学步的幼儿。一二年级的孩子将在学校和家庭外活动中度过许多时间。他们将形成一种家庭以外的身份。与从前相比，他们对周围社会环境的意识更强。在家庭和同伴的共同影响下，他们对数字技术的态度开始形成。

认知发展大事记

在智力上，6—8岁的孩子已开始能解决问题。他们能考虑到一个问题的两个方面。他们能更多地"使用自己的语言"，但他们的互动还常常停留在身体方面。你的孩子正在接受正式学校教育，他的记忆力、注意持续时间、词汇量都在增长。他能思考未来，能制订简单的计划。但是，即时的满足感是他们的常态，要他们排队等候或等你回家后再打开新玩具都是很困难的。一二年级的孩子越来越能做到在课堂上举手发言，也能克制自己不在餐桌上乱敲东西。不过，他们还不能完全控制冲动。他们能玩动作类和射击类的电子游戏，但不如哥哥灵巧，因为他们的冲动控制和反应时间都更差。有一个老式游戏叫《西蒙说》(Simon Says)，它能证明我的观点。你7岁的孩子明白，他只能遵照以"西蒙说"开头的命令去做动作，然而一旦他兴奋起来，他就不能克制冲动，不能让自己按照指令去做，因而会被淘汰出局。

140

道德发展目标

人们一般认为，孩子从幼儿园毕业后就能遵守规则，也能和别人友好相处。一二年级的孩子弄清了家里的"常规"。如果一个7岁的孩子感到家里的电视整天都是开着的，或者晚餐时家里人在不停地发信息，那么他就会把这些行为标准化为可接受的行为。在这个年纪，规则是非常具体的。一年级孩子对是非对错的感觉非常强烈，但他们的是非观是非黑即白的，不存在灰色区域。他们的行为受行为结果和惩罚制约，而不受内化的道德认识制约。例如，你上二年级的儿子可以为了让哥哥专心写作业而关掉电视，但他这样做的原因可能是他不想惹麻烦，而不是因为对哥哥的关心或善解人意。我和我7岁的儿子安德鲁经常利用《星球大战》里的人物来谈论善与恶。"原力"(The Force)是善（绝地武士们穿白色衣服，因此你不会弄错），而"黑暗面"(Dark Side)是恶[达斯·维德(Darth Vader)等人穿黑色衣服]。我经常告诉安德鲁不要走向"黑暗面"。我提醒他，他体内有很强的"原力"。他的是非观正在形成，但他的思维还停留在非黑即白的状态，就像卢克·天行者(Luke Skywalker)与达斯·维德之间史诗般的对决。

社会性和情绪发展大事记

6—8 岁孩子的友谊正日益变得复杂。他们具有的这种不成熟的、僵化的是非观也影响了他们的友谊，你的孩子正在形成一种家庭以外的身份。你上一年级的女儿回家后可能详细地告诉你她之所以"恨"她最好的朋友，只是因为对方不小心把果汁泼到了她身上。每个孩子都是独特的个体，他们被那些与自己性情和兴趣相似的人吸引而与其结为朋友。有些孩子间会形成很深厚的友谊。在跟谁一起玩耍的问题上，绝大多数二年级孩子都有自己的主见，但家长仍在为他们制订社交计划。游戏日可以让孩子在校外建立稳固的个人联系。他们的校外社交活动基本仍由父母推动。

男孩和女孩仍在一起玩，但同性组成的群体正变得越来越普遍。孩子开始根据自己的兴趣或同伴来认同自己。一二年级的孩子表达情感的能力越来越强，他们能说明自己的看法以及自己适合的位置。他们喜欢在团队中玩耍，能容忍越来越激烈的竞争。孩子在家庭外度过的时间越来越多，开始形成明确的兴趣爱好，关心他人的能力也有所增强，友谊对他们而言越来越重要。

数字大事记

童年中期出现的这些重大事件是如何影响孩子与数字技术的关系的呢？在我们创建数字时代的路线图时，这个年龄段的哪些特点是最值得重视的呢？6—8 岁的孩子在以下四个方面都迈出了很大一步：

- 社交兴趣。
- 遵守规则。

■ 读写能力。

■ 独立性。

社交兴趣

对于小学期间的孩子，同伴是很重要的。孩子同时受到同伴"规范"和家庭文化的影响。有的孩子已看过特别辅导级（PG-13）[①]和限制级（R-rated）[②]电影。有的孩子跟着哥哥姐姐接触了提供给成年人的网络内容。有些孩子甚至有了自己的手机，可能还是智能手机。小学低年级的孩子喜欢结交与自己兴趣和性情相似的朋友。令人欣慰的是，他们开始体谅他人，开始形成自己在家庭之外的身份。你儿子的朋友可能开始玩《我的世界》、密切关注篮球比赛的统计数据或玩《梦幻足球》。你女儿的朋友可能对电子游戏、照片分享、YouTube 上的流行视频等感兴趣。不管你喜不喜欢，孩子的朋友会对他的数字兴趣爱好产生很大的影响，也会对他形成或好或坏的媒体使用习惯产生极大的影响。

142

遵守规则

童年中期的一个标志是孩子已能遵守和内化规则。现在正是开始思考数字技术规则的时候。在这个阶段，孩子开始懂得什么是"符合规范的"。此时，他们能内化这样的观点：经过思考的、友好的、有节制的媒体使用是常态而不是例外。在第 12 章，我们将正式制订一份家庭数字技术规划。鉴于这个年纪的孩子并没有在媒体使用方面与家长发生较多冲突，因此，此时是为媒体使用规则和指导方针打基础的最佳时期。许可和特权是孩子首先需要理解的规则。孩子若想看视频和使用设备，应请求许可。这不是理所当然的事。

---

① 指 13 岁以下儿童在家长指导下才能观看的电影。——译者注

② 指 17 岁以下青少年除有监护人或家长陪同外，不得观看的电影。——译者注

数字设备价格昂贵，使用数字设备是一种特权而不是基本权利。

读写能力

密码最终会被破解。在童年中期，发展正常的孩子都已开始学习阅读。读写能力不仅为孩子打开了书籍的大门，而且为他们打开了通向数字技术世界的大门。现在，他们能读懂网站的文字内容、应用程序的文字说明，以及游戏玩法说明。读写能力的提高使他们能毫不费力地玩更复杂的教育游戏，在这些游戏中探索科学世界和历史世界。孩子现在可以利用电视、计算机与网络去探索、创造和回答问题。

独立性

独立性是童年中期的座右铭，我们也要据此来理解这个年纪的孩子。孩子独立探索数字媒体、设备和互联网的能力越来越强。他能去 YouTube 上搜索视频。他可以不用你帮忙，独自操控企鹅俱乐部。他可以阅读对各种游戏的评论，阅读并理解游戏说明。社会性互动、规则遵从、读写能力以及独立性的增长，这一切都解释了为什么这个年龄段会成为一个数字化乐园（digital wonderland），为什么八九岁时的媒体使用量会猛增。

6—8 岁孩子的媒体消费

研究表明，这个年龄段的媒体使用明显增加。研究发现，在5—6 岁间，孩子的媒体使用时间增加了 1—2 个小时。这个年纪的媒体使用依然主要取决于家长的媒体使用（如表 1 所示）。虽然有学校和朋友的影响，但在小学低年级的媒体消费方面，家长和家庭文化是主要的影响因素（但这种情况不会持续很久）。

大多数家长不会担心 6 岁孩子的媒体使用，但如果此时不考虑这个问题，那么当孩子 8 岁时，他们就很可能会在"控制战"中败北。

移动设备的使用是近年来最大的变化。2010—2013 年，平板电脑的用户数量增加了 5 倍。2013 年，孩子花在移动设备上的平均时间是 2011 年的 3 倍。[1]

这也是"控制战"从此时开始的原因。因此，提前作好准备是明智之举——搞清楚你希望的家庭媒体使用水平，拟定一份家庭数字技术规划并确保其执行。

表1 基于媒体相关教养风格的家庭*特征[2]

媒体相关教养风格	媒体中心型	媒体适度型	媒体轻微型
在全部家长中占的比例	27%	47%	26%
家长每天使用媒体的时间	11 小时	4.75 小时	1.75 小时
孩子每天使用媒体的时间	4.5 小时	3 小时	1.5 小时
卧室中放置电视的比例	48%	33%	28%
不管有没有人看，电视都会一直开着的家长比例	54%	33%	19%

* 有 8 岁及 8 岁以下孩子的家庭

对于这个年龄段的技术管理我该知道什么？

144

利用数字技术来探查和发展孩子的兴趣。在数字魔力年代，应把数字技术用作培养兴趣和提升创造性的工具。孩子在认知和动作技能方面的重大发展、争取独立的努力、遵守规则的意愿等共同为他们打开了数字世界的大门。2007 年以前，孩子一年级时才开始使

[1][2] Ellen Wartella, Victoria Rideout, Alexis R. Lauricella, and Sabrina L. Connell, *Parenting in the Age of Digital Technology: A National Survey*, Center on Media and Human Development, School of Communication, Northwestern University, June 2013, *http://vjrconsulting.com/storage/PARENTING_IN_THE_AGE_OF_DIGITAL_TECHNOLOGY.pdf*, pp.7–8.

用数字技术。尽管触摸屏革命使孩子在很小的时候就开始使用数字技术，但 6 岁孩子在很多方面看起来仍像刚接触数字技术的人。6 岁孩子将在随后两年内逐渐建立与数字技术的关系，并在初中时最终成形并固定，但是这一关系现在就已开始。令人激动的是，作为家长，如果你予以关注和干预，你便可以对孩子与数字技术的关系产生较大影响。一年级的孩子容易服从规则和家庭的指导，因此，现在正是塑造孩子与数字技术的关系，以及建立数字技术规划以避免将来发生冲突的最佳时期。

> 你可以利用自己对孩子个性和性情的了解来帮助塑造孩子与数字技术的关系。

数字技术应是一种培养兴趣并帮助孩子形成稳固自我意识的工具。数字技术的作用应是帮助孩子探索和掌控周围的世界。孩子使用数字技术的方式与成人不同。数字世界能帮助你的孩子探索当前感兴趣的事物，并发现新的兴趣所在。你女儿是一个超级时尚迷还是立志要成为一名足球前锋？你儿子是一连几个小时玩乐高积木还是一连几个小时像个小毕加索（Picasso）一样地画画？我儿子的足球教练转发过一个 YouTube 视频链接，内容是世界著名职业足球运动员梅西（Lionel Messi）和他的队友一起进行足球训练的画面。如果你的孩子喜欢运动，那么你就给他下

> 关心孩子的数字化生活。理解孩子运用数字技术的方式。

载一些《儿童体育画报》（Sports Illustrated for Kids）之类的应用程序。如果你喜爱艺术和时尚，那么就让孩子在《涂鸦出版》上随意创作，或者带他们参观"美丽神话时尚活动"（Pretty Fabulous Fashion Activity），你也可以在那里玩耍、学习并形成自己的时尚风格。你帮助孩子寻找有价值的应用程序和游戏的兴趣越高，孩子就越有可能利用这些应用程序和互联网来培养他们的创造性和身份认同。

■ **培养有益的热情，同时制订指导原则和规则。**防洪闸一旦打 145
开就很难再关上。试图压制孩子的热情是不对的。如果这样做，就
会开启"控制战"，并在无意中将一种反数字技术的讯息传递给孩
子。应将数字技术视为一种特权，孩子若想看电视或使用平板电脑，
就需征得家长同意。不应让孩子认为这是由他们全权处理的事情。
在数字技术使用方面很难做得非常好，家长总是因自己向孩子让步，
同意他们在车内玩不用动脑子的游戏或在车内使用数字设备而"自
责"。数字技术的使用太"简单"方便了。
有些作家、教育者和家庭成员低估了制订数
字技术规则的难度，对于这些人，你不必理
睬。在第 12 章，我们将勾勒一份家庭数字
技术规划，目的是形成一种灵活而合理的方
法。谁都不该对你说这是一件容易的事情。

> 数字技术规则应灵活而
> 合理，不要自己骗自
> 己，也不要过于听信总
> 是说"不"的家人和朋
> 友——这不是件容易的
> 事情。

■ **把数字技术用作工具。**我一直提倡这种态度，但在这个年龄
段，特别重要的一点是，要让孩子认识到数字技术不是一种时尚配
饰也不是地位的象征，数字技术帮助他读书、学乘法口诀表或玩游
戏。孩子会想拥有最新最现代的数字技术，而这就是与数字技术热
情相伴而来的风险。我情愿让一二年级的孩子在家里的公共空间玩
平板电脑或计算机，他们不需要有可能被弄丢或可以被他们随身携
带（除非在一些特殊情况下）的智能手机。对于这个年纪的孩子，
我更关心他们使用数字技术的质量而不是数量。对于高质量的使
用，最好的选择是使用平板电脑或计算机，
这样成人可以和孩子一起玩或在一定距离外
监控。

> 6—8 岁的阶段，技术使
> 用质量仍比使用数量更
> 重要。

■ **重视质量而不是数量。**我 7 岁的儿子安德鲁放学回到家，带
回一份布置给二年级学生的典型作业：关于邻近街区的作业。我们

不得不去探寻纽约市的一个街区，采访该社区里的人。安德鲁对这份作业根本没什么兴趣，我们也一再推迟这次家庭作业的实地访问。当时哈里森（我 9 岁的儿子）正在用 Keynote（一个儿童友好的、具有特殊演示效果的幻灯片制作软件）制作介绍学校的演示文稿。安德鲁对这个软件精彩的切换效果感到十分兴奋，提议我们为他的社区项目做一个 Keynote 演示文稿。在征得教师同意后，我们动身前往布鲁克林区"飞象"街区（Brooklyn's Dumbo）的布鲁克林大桥（Brooklyn Bridge）和格里马尔迪比萨店（Grimaldi's Pizza）。在那里，我们用平板电脑拍了很多照片，我还用平板电脑作了些记录。安德鲁花了 2 个小时来为他的幻灯片整理文字内容和裁剪照片。每一张幻灯片都有特效，并配有音乐。我们用电子邮件将演示文稿发给了教师。平板电脑丝毫没有影响真实的体验。我们长途跋涉走过布鲁克林大桥，被挂满大桥的象征永恒爱情的挂锁吸引。我们走过雨水坑，从布鲁克林看自由之塔（Freedom Tower）。我们进行的不是一场前往布鲁克林的虚拟旅行，但我们用数字技术来进行记录。Keynote 应用程序丰富了传统的小学作业，为它增添了新的内容。

如何利用数字技术才能让我们的孩子更聪明？

从发展的观点看，数字技术非常有助于提升 6—8 岁孩子的认知和智力发展。芝麻街工作室（Sesame Workshop）对苹果 iTunes 应用程序商店和安卓谷歌市场（Andriond's Google Play）的应用程序软件进行了一次调查。调查发现，被归入"教育"分类的应用程序中有 80% 都是为儿童设计开发的，其中 72% 是针对学前和小学低年级的孩子。

一二年级的孩子还可以从电视中学到不少东西。关于教育技术的研究大多与电视有关。教育电视可以增加词汇量，提高读写能力和基本的数学技能，还可以培养移情性理解和亲社会行为。然而，一二年级孩子看教育电视的日子已屈指可数。到了三年级，他们收看电视几乎完全是为了娱乐而不是教育。当孩子完全具备读写能力时，电视的教育价值似乎就减弱了。虽然不能说三四年级的孩子无法从电视中学到任何东西，但10岁的孩子已具备基本的读写能力，他们喜爱的节目类型也发生了变化。针对小学高年级学生的电视节目，其主题多为冒险、科幻和肥皂剧等，很少有纪录片和教育类节目。

七八岁孩子的未来发展方向在于应用程序、游戏和网站。对这些数字技术形态的研究不如对电视的研究多，因此在进行市场推广时要谨慎。不过，我还是鼓励孩子玩教育游戏，鼓励他们同朋友、兄弟姐妹和父母一起玩教育游戏（具体建议见本章末）。游戏对认知和社会性发展具有多方面的促进作用，如：

- 语言发展。
- 读写能力（字母读音、看字读音、常用词）。
- 书写。
- 数学技能和数感（number sense）。
- 背景信息和虚拟"实地考察"。
- 视觉空间技能。
- 问题解决。
- 精细动作技能。
- 反应时间。
- 执行计划和组织。
- 创造性。

- 轮流。
- 礼仪、在线行为。

显然，读写能力是一二年级孩子学术能力发展的标志性里程碑。数学技能、讲故事能力和创造性同样很重要。对于这个年纪的孩子，联合媒体接触（joint media engagement）是让数字技术发挥最大功效的最佳途径。事实上，有关阅读与媒体关系的最佳研究都已表明联合媒体接触的价值。孩子在与父母、看护人和朋友一起阅读与玩耍的过程中获益最大。联合媒体接触中的讨论、提问以及随时出现的教育契机等都能让孩子学到很多东西。7岁的孩子已能与你分享自己阅读和玩游戏的体会。我希望你多花些时间和孩子一起使用数字技术。在此过程中，你可以向孩子展示自己与数字技术之间的健全关系，并创造大量的教育契机。

你的孩子可能第一次与朋友一起使用数字技术——这是另一种形式的联合媒体接触。幼儿的数字世界主要包括餐厅里的电话（显然还有马桶平板架）和家里受到家长监控的视频。进入小学后，与同伴一起联合接触媒体全面开始。如果你愿意，可以对合作游戏和数字技术进行限制。但我建议适当允许孩子一起玩游戏，但要明确区分交互式协作游戏和被动的单人游戏。例如，我允许我的孩子在游戏日用任天堂第5代家用游戏机Wii玩《马里奥派对》和《疯狂橄榄球》。现在，我的两个儿子正在教我快满6岁的女儿玩Wii平台的奥运会比赛游戏。他们相互谈论，跳来跳去，共同玩游戏。我不允许他们在游戏日玩《愤怒的小鸟》和《神庙逃亡》。这些都是单人动作平台游戏，不能促进交流、对话和身体活动。孩子（特别是男孩子）都会玩游戏，但你要帮助这个年纪的孩子将电子游戏与现实游戏结合起来，并明智地决定什么时候该玩电子游戏。

我该鼓励孩子读电子书和使用识字应用程序吗？

美国只有34%的四年级学生达到该年级应有的阅读水平。读写能力的提高已成为全国性的当务之急。[①] 必须把数字技术用作一种工具来帮助孩子提高读写能力。绝大多数教育性应用程序都与学会阅读有关。但是，对于大多数流行的应用程序和游戏的效能，并没有一个统一的标准，也只有数量有限的同行评议研究予以支持。

我们并非确切知道电子阅读与纸质阅读孰优孰劣，也并非确切知道这两种阅读的根本区别。正如我已指出的，我认为孩子既要进行电子阅读也要进行纸质阅读。他们应在这两种媒体间流畅地转换。数字技术不会让你爱上阅读。阅读数字化书籍的新鲜感会逐渐消失。喜爱阅读的孩子能在任何媒体上阅读。如果你的孩子对数字技术着迷，那么你当然可以用数字技术来激发他对阅读的热情。

但是，我不主张孩子在学习阅读时不断点击超链接。"加强型"电子书和超文本会分散孩子的注意。事实上，研究已发现，阅读超文本花费的时间更长，而且会导致理解降低。在阅读时浏览、略读和查看超链接的能力是21世纪的必备技能，但这种能力需要时间学习，并且应在掌握基本读写能力后再培养。

虽然电子书并不一定会让阅读变得更有趣，但识字游戏和识字应用程序可以。现在，阅读应用程序、游戏和网站比比皆是。我想在这里澄清一下。对于那些不包含过多超链接和游戏的基本型电子

149

---

① Lisa Guernsey, Michael Levine, Cynthia Chiong, and Maggie Severns, "Pioneering Literacy in the Digital Wild West: Empowering Parents and Educators", Joan Ganz Cooney Center, 2012, *http://www.joanganzcooneycenter. org/wp-content/uploads/2012/12/GLR_TechnologyGuide_final.pdf.*

书，研究持的是支持态度。那些教字母、发音以及同时教字母与发音的游戏和应用程序对孩子学习识字是一种有益的补充。芝麻街工作室的研究人员称应用程序商店中的教育类应用程序为"狂野西部"（Wild West）。它是一个始终处于变化和生长中的全新领域。要谨慎对待那些宣称能提高读写能力的应用程序和游戏。其中有些确实可以，但有些不能。作为一名医生，我向我的病人解释说，购买识字和教育应用程序就像开草药药方。其中很多都很好也很有效，但是，它的内容不受食品药品监督管理局（FDA）的管制。无论是草药公司还是应用程序设计者都必须提供同行评议的研究来证明其功效。我不能保证褪黑素和圣约翰草提取物（St. John's wort）不会随时间的流逝而发生变化。家长应成为训练有素的消费者，在为孩子挑选应用程序时需查看设计者的资质证明、用户评论，并向受人尊敬的朋友和教育者征询意见。

芝麻街工作室对苹果 iTunes 应用程序商店和安卓谷歌市场的教育应用程序、游戏和网站进行的调查，还发现了如下事实：

- 95% 的电子书和游戏都提供朗读选择。（可以关闭的朗读和字幕是很棒的。它们可以让 6—8 岁的孩子独立阅读，但若有成人为孩子诵读就可以将它们关闭。）

- 65% 的应用程序都内置游戏和活动。（有研究表明，对于这个年纪的孩子，简单的电子书——类似于纸质书——更有利于理解。）

- 只有一半的电子文本提供文本高亮显示。（数字化高亮显示对这一代人来说是一项重要的学术技能。在这个年龄段，高亮显示可以帮助孩子跟踪阅读内容。等他们长大些，他们就必须习惯高亮显示，这样他们才能在数字化课本和计算机化标准测试中使用高亮显示。）

■ 绝大多数阅读应用程序都同时具备字母、发音、看字读音、认单词等基本技能。（也许这就是为什么这类应用程序非常适合6—8岁孩子。一旦掌握了读写能力，他们就不再玩这类游戏了。）

■ 很少有阅读应用程序将重点放在理解和语法等高级读写技能上。（我希望这种情况会有所改变，但这正解释了为什么较大的孩子很难找到高质量的教育性应用程序和游戏。）

■ 很少有应用程序和游戏会对其研究或效果进行详细说明。（我们仍在"狂野西部"。）

■ 网站一般会广泛覆盖各种主题，提供不同年级的课程。网站一般会提供关于课程效果的研究。（网站一般要求付费订阅，但它提供的课程要比应用程序更高深。）

技术如何培养创造性并辅助玩耍？

《我的世界》是继乐高积木后的最伟大发明。我极少看到有父母因孩子连续数小时玩乐高积木而感到不安。家长比孩子更想玩乐高积木。如果你走进一个六七岁孩子的家里，你会看到每个房间都摆着用乐高积木搭建的作品。这种现象非常普遍。我曾见过有一家人餐厅的所有桌子上都摆满了星球大战乐高积木，房间里的所有架子上都摆着用乐高积木搭建的忍者（Ninjago）和奇马（Chima）。

《我的世界》甚至比乐高积木更好。它可以随你去任何地方，并且可以无限期保存。在玩游戏的过程中，你还可以学会有关古罗马、城市规划、艺术、英语和团队合作等方面的东西，而这仅仅是其中的一小部分。

电脑和视频游戏网站（CVG）的一名游戏管理员（gamemaster）总结了《我的世界》的出众之处，称它为"一个无限大的玩具箱"，认为它为每个单人游戏的玩家创造了一个独一无二的世界。它允许玩家逐步建造更复杂精致的建筑，但需要玩家挖掘寻找最合适的方块，而这些方块往往藏在箱子底部。游戏管理员说，在玩了大约 50 次游戏后，玩家将住进一个宝石镶嵌的大厦，兴致勃勃地用专门设计的陷阱来抵御蜘蛛和僵尸的进攻。①

《我的世界》还有多人创造游戏模式和多人生存游戏模式。在创造游戏模式中，玩家拥有无数的方块，既可以创造，也可以破坏，还可以自由飞翔而不必担心"会死"。生存游戏模式是《我的世界》的游戏模式。玩家必须收集资源，防止饥饿，与暴徒搏斗。我建议 6—8 岁的孩子玩创造模式。这一模式没有明确的指示，玩家通过试误进行学习，也向其他玩家和玩家创建的在线教程学习。（《我的世界》的教程在 YouTube 上排名很高，但不是全都适合二年级孩子。）《卫报》（The Guardian）的斯图亚特（Keith Stuart）写道："它具有绝对的延展性。与其说《我的世界》是个游戏，不如说它是一种工具。"在玩这个游戏时，孩子有一种掌控感和主人翁意识。曼哈顿私立学校的二年级教师莱文（Joel Levin）与芬兰的一位合作伙伴一起开创了《我的世界》的校园定制版"MinecraftEdu"。这是一个让《我的世界》进入校园的国际合作项目。《我的世界》的瑞典总公司——魔赞协同公司（Mojang）正在降低学校的授权许可，并为学校提供私人服务器。莱文先生给二年级学生上的第一堂课就是关于网络行为的。"在玩游戏时，他们必须像在课堂上那样，共同努力，

---

① "Minecraft: Construction and Destruction in Equal Measure", review, CVG website, January 14, 2012, *http://www.computerandvideogames.com/331531/reviews/minecraft-review/#future*.

相互尊重。"①

在我的孩子去参加游戏日活动时，我该如何管理数字技术？

对托儿所和小学孩子来说，游戏日（playdate）是生活的主要部分。但一年级时情况有所变化，游戏日逐渐减少。这让人喜忧参半。幼儿的父母和看护人花在游戏日的时间很多。当托儿所孩子的父母或看护人在进行互惠的互动时，孩子却常常在进行平行玩耍。4岁孩子的游戏日中，好的一面是你可以随时用家庭规则来约束他们。我一直都很清楚什么样的家长能容忍Nerf枪或Wii平台的奥运会游戏。随着游戏日的减少和借宿派对（sleepover）的到来，这些都会改变。你知道你的孩子在游戏日里都做些什么吗？你的孩子将受到朋友的影响。可以肯定的是，如果主持游戏日的家庭里有大孩子，那么你的孩子可能会接触到不适当的媒体内容。

在我家里，我们努力限制游戏日的媒体使用，但并不完全禁止。我不介意孩子用任天堂第5代家用游戏机Wii一起玩游戏，因为我了解那些游戏，那些游戏基本都是交互式的。不过，我鼓励孩子多进行不需要媒体的游戏，减少利用媒体玩耍的时间。在游戏日，除非有成人监督，否则孩子便不应上网。我会让孩子在YouTube上看《彩虹织机》视频，但是要有一个成人来限制他们不去看其他视频或是由成人与他们一起看其他视频。通常，我不会让孩子在游戏日被动地看电视。有时孩子玩累了，或者经历了打斗或激烈的情感表达，看电视可以让他们平静下来，逐渐放松。对孩子来说，游戏日应是一段出门闲逛、东奔西跑、交谈和尽情

> 你不能控制别人家的数字技术使用，但你可以把期望清楚地告知6—8岁的孩子。

152

---

① Keith Stuart, "Minecraft at 33 Million Users: A Personal Story", *The Guardian*, September 5, 2013.

玩耍的时间。

我不能控制别的家庭里发生的事情，你也不能。如果你与那些家庭有来往，你可以与他们就互联网、游戏和电视等的使用情况作些交流。一般而言，在这个年龄段，应让孩子清楚地明白你的规则。也许他们不能自始至终遵守这些规则，但有必要让他们清楚规则是什么。除非你已向其他家庭明确表示过，否则我不会对你7岁的女儿说她不能在游戏日使用任何数字技术，因为这是不现实的。我会采取一种更加灵活的方法，即下页方框中呈现的那些方法。对于这些方法，你可以根据自己的想法略作调整然后用在孩子身上。

在这个年龄段，我是否需要担心社交媒体？

要，也不要。 6—8岁孩子的家长不用担心社交媒体。此时，孩子绝大多数的互联网使用都在家长监控之下。对于这个年纪的孩子，最大的风险来自YouTube。YouTube上有许多精彩的内容可以看，但同时也只需简单点击一下即可找到许多非常流行但并不适合这个年纪的内容。这个年纪的孩子不应建立YouTube账号，也绝不能往YouTube上传视频。YouTube可以成为联合媒体接触的良机。孩子确实能从中获得乐趣，找到与他们的生活相关的视频。我的孩子第一次接触YouTube是为了听美国公共广播公司制作的电视动画系列片《我们一家都是狮》(*Beween the Lions*) 中的歌曲《两个元音去散步》(*When Two Vowels Go Walking*)，其副歌为"两个元音去散步，由第一个说话"（即两个元音相邻出现时，你只需发第一个元音的音）。这首元音歌的点击率已超过100万，它还能让联合媒体接触充满欢乐。

> YouTube提供了很棒的联合媒体接触机会，但孩子不应有YouTube账号，也绝不能往YouTube上传视频。

如何告诉6—8岁的孩子应怎样管理游戏日的技术使用

我家主持的游戏日不能使用数字技术，但别人家的规则可能不一样。

你已经是个大孩子了，当你去朋友家玩耍时，你必须作出正确的决定。

你可以和朋友说你更愿意玩真实的棋盘游戏和户外游戏，而不是游戏机或平板电脑上的游戏。

你可以告诉你的朋友你不可以看成人电视或电影，但可以看尼克频道、美国公共广播公司或迪士尼少儿频道的节目。

如果你想和朋友玩会儿电子游戏，那么你应提议先玩现实游戏，然后在游戏日快结束时玩平板电脑或游戏机上的游戏。

如果你的朋友坚持要玩电子游戏，那么在玩的时候你要尽力表现出支持和尊重。如果游戏难以控制或里面有许多难听的粗话，你可以告诉朋友这个游戏让你觉得不舒服，并提议换一个游戏或一起关掉游戏。

尽量选择那些能让你和你的朋友进行互动或一起玩的游戏（真实的和虚拟的都行）。例如，《舞会卡拉OK》（*Dance Party Karaoke*）、Wii或Xbox平台上的运动游戏等都是较好的电子游戏。

尽量选择能让你们轮流玩并能相互交谈的游戏。尽量不选那些只让你们并排坐着但彼此没有交谈的游戏。

我不希望你在朋友家里时上网或玩Instagram，除非有成人（不是哥哥或姐姐）在旁指导。

你不会因在游戏日使用数字技术而有麻烦，但我真的希望你能诚实地告诉我发生的一切。

154   家长还应知道多人游戏和儿童友好的社交网络论坛（SNFs）或
社交圈（social looping）网站。很多游戏都有单人模式和多人模式。
例如，我不会让六七岁的孩子玩《我的世界》多人模式。《我的世界》
单人模式是适合他们所处发展阶段的游戏。然而，你可能会允许你
的孩子玩那些与朋友（你认识他们）对抗的应用程序和游戏，但不
允许这个年纪的孩子与陌生人玩对抗游戏。

         有些社交网络网站是专门针对 6—12 岁孩子设计的。迪士尼的
企鹅俱乐部是一个面向小学生的流行大型虚拟世界。该网站每月都

提供数字产品评论的资源

- **常识媒体网站**：这是查找孩子想要的电影、视频、游戏或应用
  程序的最好地方。网站中的评论都与孩子的发展阶段相关，非
  常有帮助。

- **家长选择奖**（Parents' Choice Awards）：自 1978 年起，家长选
  择基金会（Parents' Choice Foundation）开始为儿童玩具和儿
  童媒体颁奖。我信任它们，愿意考虑获得家长选择奖的游戏、
  软件或应用程序。

- **优奇游戏**（Yogiplay）：这是一款儿童应用发现服务，为你推
  荐适合孩子年龄和性别的应用程序。

- **儿童技术评论**（Children's Technology Review）：这里可订阅关
  于交互性媒体产品的"消费者报告"。它没有广告，从 1993 年
  起就很活跃。

- **友好城**（Kindertown）：作为一个少儿应用商店，它提供评论
  和建议。应用程序开发者提交自己的游戏，而友好城只对那些
  他们认为具有教育性的游戏和应用程序进行评论。

有数百万的访问量。孩子为自己创造一个企鹅化身，在卡通环境下
与朋友一起聊天、玩耍。孩子还可以装饰自己的圆顶小冰屋，照料
自己的宠物帕夫（puffle）。付费会员可以有更多服装和装饰。孩子
可能会遇到一些丑恶行为，但是有大量家长监控，因此不用过分担
心。孩子可以赚取虚拟货币用于慈善，网站还有一份在线报纸来提
升良好公民意识。我推荐你和你的孩子一起最先使用这个网站，让
孩子在使用中掌握安全、礼仪和时间管理等方面的知识与技能。

155

关于社交媒体，你可以问孩子的一些问题

√ 你认为你花在企鹅俱乐部上的时间应为多少？

√ 能让我看看你在企鹅俱乐部里的化身、圆顶小冰屋或新造的建
筑吗？

√ 你能举例说明你在网站上看到的某个不友好的人吗？

√ 这个网站有规则吗？是什么规则？

√ 你能举例说明或告诉我某个不守规则的人吗？

√ 对于这个网站，你最喜欢的是什么？

√ 你在这个网站上被要求买过什么东西吗？是应用程序内需要买
的吗？

√ 你会不会向朋友推荐这个网站或游戏？为什么会？为什么不会？

我的孩子是否到了用翻盖手机或智能手机的年龄？

不，但有些情况例外。我们都知道，手机和手机是不一样的。
绝大多数初中生会区别对待翻盖手机（老式手机）和智能手机（能
联网的手机）。我找不出任何理由来证明应让一二年级的孩子用智能
手机，但可以让他们使用翻盖手机。是否给孩子配备一部手机是每
个家庭自己的选择和决定。通用的原则是，如果孩子经常独自出行

或旅行，那么就该给孩子买一部手机。我并未发现这个年纪的孩子对手机有很大的渴求，但是否该给孩子配备手机的讨论已渐渐产生。如果问你上二年级的孩子，他的班级里是否有人用手机，那么他很可能会告诉你那些有手机的同学的名字和手机型号。他可能还会告诉你谁想要一部手机作圣诞礼物或生日礼物。

156

给这个年龄的孩子配备翻盖手机的理由

✓ 父母离异，孩子希望能更好地与另一位家长沟通。

✓ 父母离异，孩子要往来于父母双方的家中。有手机进行沟通将有助于孩子在两个家庭间轻松往来。

✓ 孩子需长时间乘坐校车，出于某些原因需与家长保持联系。

✓ 孩子患有慢性病，需配备一部手机，以便在紧急情况下能及时联系家长。

✓ 孩子患有慢性病或精神方面的疾病，缺了很多课，手机可以让他随时与朋友保持联系。

除此之外，给孩子配备手机是没有任何充足理由的。在我儿子哈里森 7 岁时，我给过他一部翻盖手机。对他的发展来说，那真是一场灾难。

在一次运动会后，有车子把他送回家。但司机并没有等我们接到他就走了，他和朋友被放在了大街上。他们走到了朋友位于街角的公寓。他们不需要穿过马路，也不用和陌生人打交道，但我吓坏了。第二天，我就给他买了一部手机。他把手机放进背包里就再没看过一眼。可以想见，手机最后没电了，而且与纸、小熊软糖（Gummy Bear）、《宝可梦》（Pokémon）卡片等一起被塞在背包底部。我终于意识到，给他买手机是没用的，因为他根本不需要手机。我们去学校接他，送他去活动的地方。他几乎总是与成人在一起。我把那部手机给了我的助手，直到六个星期后，我儿子才意识到我收回了那部手机。我承认其他孩子对此的反应可能会有所不同。但我儿子并没有到想要手机的时候，我买那部手机也是出于担心和焦虑。当孩子越长越大，我们也会越来越多地讨论这个话题。

> 在要不要给孩子买手机这个问题上，需要父母深思熟虑后再作决定。

我该如何为孩子选择优秀的应用程序和游戏？

参考评论和推荐。尽量选择教育游戏和应用程序。让孩子协助你挑选他们希望你购买的游戏。第一次使用应用程序和游戏时，要和孩子一起玩，这样你就能清楚它们的利与弊。

157

≫≫≫≫≫≫≫≫≫≫≫≫≫≫≫≫≫≫≫≫≫≫≫≫≫≫≫≫≫≫≫≫≫≫≫

给 6—8 岁孩子的准则和建议

阅读和识字
在识字方面，网站比应用程序好。

在线阅读
- **一分钟阅读**（*One Minute Reader*）：重点关注阅读流畅性的分级阅读应用程序。孩子先大声跟读短文，然后自己朗读，以达到流畅和准确朗读的目的。
- **分级读物**（*Raz Reader*）：价格昂贵但令人称奇的归类电子书，有朗读开关，可以选择是否要朗读，还有一些简短的理解测试题。
- **分级学习读物**（*Laz Reader*）：可以在一家名为"分级学习"

（Learning A-Z）的公司的应用商店中购买此电子书。他们以低廉的价格提供基本的分级读物，其中也没有华而不实的功能。

- **睡前故事**（*Story Before Bed*）：它提供诵读录制功能，因此，如果你要外出，可事先为孩子录制好一个故事供他睡前听。
- **朗读网**（Speakaboo）：这是一个电子阅读网站，有许多经典名著的电子版。
- **海洋之家**（Oceanhouse Media）：
  ○ 网站和教育性应用程序出版商，其产品"积极向上，注重教育和启迪"。
  ○ 将经典儿童名著开发成电子书和游戏，如《贝贝熊》（*Berenstain Bears*）、《苏斯博士》（*Dr. Seuss*）。

阅读应用程序或游戏

- **流星雨**：一个学习字母和发音的最好应用程序。
- **美国公共广播公司学习准备**：
  ○ 美国公共广播公司的阅读教学项目。
  ○ 包括应用程序、游戏和动画片，如《好奇超人》（*Super Why*）。
- **《混沌的宇宙》**（*Cosmos Chaos*）：电子游戏风格的应用程序，目的在于增加孩子的词汇量。

158　数学

有价值的应用程序和网站。

- **美国数学在线学习网站**（IXL）：这是一个帮助孩子实现共同核心（Common Core）课程标准的网站。它提供适合学前至十二年级孩子的数学和语言艺术方面的练习与交互式游戏。价格比较贵，但课程内容丰富，还为家长提供有关孩子的进展报告。

- **趣味数学**（Splash Math）：这是一个提供可跨平台运行的多种数学应用程序的网站，适合的对象为幼儿园到五年级的孩子，致力于将平淡的学习转换为交互性游戏。

- **数学启蒙**（AB Math）：这是一个可以下载若干数学应用程序的网站。

- **嘉奖**（Brownie Points）：家长购买其销售的共同核心课程数学练习册，孩子完成一个模块后就可以获得游戏奖励，如《愤怒的小鸟》。

- **数学忍者**（*Math Ninja*）：这是一个免费的应用程序。玩家必须用自己的数学技能来保卫自己的树屋，抵御饥饿的西红柿及其机器人军队的进攻。

- **拯救寿司**（*Save the Sushi*）：邪恶的王后偷走了黄金寿司，玩家要用自己的乘法技能找回它。适合8岁以上的孩子。

创造性

要多玩培养创造性的游戏。

- 《我的世界》：参见本章首页的描述。

- **漫画制作**（*Toontastic*）：
  - 创建自己的漫画。
  - 记录自己的故事，将它们制作成动画片。

- **涂鸦记录**（*Doodlecast*）：
  - 在苹果平板电脑上进行创意展示。
  - 绘制图画或使用图片。
  - 记录自己的故事，信手绘制图像，创建自己的视频。

- **图说经历**（*Out-A-Bout*）：用照片来讲故事。

身体运动

要多玩需要身体运动和互动的电视游戏。

- Wii 派对 U（*Wii Party U*）：让孩子学会团队合作、增进家庭聚会的老式游戏。
- 新超级马里奥兄弟（*New Super Mario Bros*）：鼓励团队合作的传统平台游戏。
- 体感游戏（*Kinect*）：Xbox 游戏机的运动传感器让玩家通过身体运动与游戏交互。

初识社交网络

- 企鹅俱乐部：一款大型多人游戏，玩家以企鹅为化身，在游戏构造的虚拟世界中有圆顶冰屋、游戏和宠物帕夫等。
- iTwixie 网站（iTwixie）：
  ○ 专为 7—12 岁女孩开发的社交媒体网站。
  ○ 女孩可以在此创建自己的博客，投票评选最喜爱的书籍，或参加每周的单词挑战赛。
  ○ 可以与世界各地的女孩聊天，网站的管理人员（iTwixAdmin）会对所有对话进行监控。

注意事项

- 要警惕应用程序中的嵌入式购买链接。
- 最好下载那些没有广告和嵌入式购买链接的付费应用程序。
- 要警惕多人游戏。
  ○ 选择单人模式。
  ○ 如果选择多人模式则只能与父母认可的朋友一起玩。

关键要点

✓ 应把数字技术用作工具。

✓ 应用数字技术来培养孩子的兴趣。

✓ 这个年纪的孩子应开始社会性地使用数字技术。

✓ 应将数字技术用于促进掌控感和独立性。

✓ 应尊重数字技术，使用前应征得家长同意。

✓ 在这个年龄段，孩子与数字世界的关系将开始形成。

✓ 陪孩子一起上网（联合媒体接触）。

160

✓ 从发展的角度看，此时是制订规则的最佳时期。

✓ 若使用 YouTube 则需家长介入。

✓ 应用数字技术来提升读写能力，体会阅读的乐趣。

✓ 我喜欢《我的世界》（当然，要适度）。

✓ 在游戏日或借宿派对的次数减少前与孩子玩角色扮演游戏。

✓ 鼓励探索和诚实。

✓ 警惕广告和嵌入式购买链接。

✓ 适合这个年纪的教育电视节目不多。

✓ 适合这个年纪的教育游戏和应用程序很多。

✓ 孩子可能还不到需要手机的时候，但有些情况例外。

✓ 你可以选择是否让孩子使用社交媒体，但孩子很容易接触到社交
媒体。

8 欢迎来到常客俱乐部：手持数字登机牌准备起飞——8—10岁

我和丈夫与朋友夫妇共进晚餐，朋友家有两个儿子，一个5岁，一个10岁。他们谈起最近参观了一些幼儿园，打算将小儿子送进其中一所。他们参观了一所声誉很好的男子学校，那所学校对待数字技术的态度和方法让他们吃惊。那所学校认为，保护孩子是最重要的事情。因此，六年级以前都不能正式引入数字技术，低年级孩子不允许使用谷歌。这对夫妇自认为"很老派"，但也认为这所学校的做法太极端了。我朋友离开学校后就撤回了入学申请，并买了两台苹果平板电脑给两个儿子作圣诞礼物。她丈夫笑着说道："虽然我们买了苹果平板电脑，但我们没让他们用。我们已决定在一周的工作日内都不能使用数字技术。"

我感到很吃惊。尽管这对夫妇自称是"老派的"，但他们一直认为自己灵活变通、通情达理，不给孩子强加过多的硬性规定并引以为豪。对于这样一对夫妇，这样的决定似乎有些苛刻。朋友丈夫解释说，他们前一晚参加了四年级的鸡尾酒会。酒会上，家长都在议论一群男孩凌晨四点起床玩《部落战争》的事。朋友得知她那非常遵守规则的儿子也在其中。回家后，他们就询问谈吐温和的儿子是不是凌晨四点起床玩游戏。儿子听后非常震惊和生气。他说他肯定没有四点起床玩游戏。他们怎么能如此指责他?！他设置的闹钟是五点，然后起床玩《部落战争》。

162

这就已经开始了。你正在急速失去对家里的数字技术使用的控制权。在孩子还不到 8 岁的时候，家长一般不会担心孩子的数字技术使用问题。数字技术使用问题甚至不在家长关注事项的前 10 之内。① 但是，在孩子 8 岁左右和小学结束时，家长关注的重点发生了变化。孩子的数字技术使用量急剧攀升! 在 6—8 岁期间，孩子的日均数字技术使用时间为 2—4 小时，到他们 10 岁时，日均数字技术使用时间可能升至 6—8 小时。

虽然前一章的讨论中已包括 8 岁的孩子，但本章讨论的对象还是从 8 岁开始，因为 8 岁是一个飘忽不定的年龄。研究者的研究一般按照 8 岁及以下和 8—18 岁来分段进行。8 岁时，孩子与数字技术的关系开始形成。他们可能开始在学校里使用数字技术，他们的朋友也都有自己喜欢的东西，可能还拥有自己的平板电脑和智能手机。他们与数字技术的关系正在形成。显然，他们对数字媒体的使用依然受家长的监控和指导，但是，家长与孩子在数字技术使用方面的联系正在减弱。看完本章，你会发现，这方面的问题会越来越多、越来越复杂。现在，社交媒体已进入孩子的世界，数字技术将进一步影响他们的同一性的形成。你的孩子已有资格成为真正的数字公民——拥有更多自由、更多决策权和更多责任。

> 在数字技术使用方面，8 岁是一个飘忽不定的年龄。

---

① Victoria Rideout, Ulla G. Foehr, and Donald Roberts, *Generation M2: Media in the Lives of 8- to 18-Year-Olds*（Menlo Park, CA: Kaiser Family Foundation, 2010）. 这是针对 8—18 岁孩子的最详尽研究。它每 5 年更新一次，以便研究者追踪 1999 年以来的变化。

身份认同、数字公民和社会热点：
小学高年级的发展目标

下页方框中列出了 8—10 岁年龄段与数字技术使用相关的重大事件。

认知大事记

在学业上，这个年纪的孩子的学校学习任务加重了。孩子不再是学习阅读，而是在阅读中学习。孩子可能第一次体会到学业压力和挑战。他们将开始依据学校学业的成绩来塑造自己的身份。孩子开始阅读包含很多章节的书籍，开始写故事，数学的难度也有所增加。他们在谈吐举止和建立关系等方面更像个大人。你可能会发现他们开始进行抽象思维。不过，当他们感受到压力时，又会很快转回具体思维。三四年级孩子的注意持续时间更长，即将开始为进入初中作准备。

身体发展大事记

在身体上，三四年级的孩子开始出现青春期的征兆，特别是女孩。孩子进一步意识到男孩与女孩身体上的差异。如果肌肉发育良好，这个年纪的孩子能完成一些需要耐力的运动。精细动作技能的高度发展使他们在书写和复杂艺术创作方面都达到更高水平。孩子一般都能熟练地"操作键盘"，这一方面是因为精细动作技能的提高，另一方面是因为他们渴望独立使用电脑。

由于孩子此时的数字技术使用量急剧攀升，因此家长需要特别注意保障孩子的睡眠和运动。有些孩子可能更愿意坐着看电视而不太愿意多进行身体运动。孩子同样需要充足的睡眠来保证生长发育，保持身体健康，以及应对日益繁重的学习生活。孩子马上就要步入青春期，身体上的变化是他们生活中很重要的一部分。

社会性、情绪和道德发展

8—10岁是孩子道德规范形成的时期。他们的移情意识越来越强，开始理解他人的观点。他们的是非观正在扩展。我不能说他们的道德发展已完全成熟，但是比起小学低年级时关于《星球大战》中"原力"与"黑暗面"的非黑即白式思维，他们已迈出很重要的一步，已开始脱离非黑即白式思维。他们能识别善的行为，把敬重藏在心底。他们识别网络中的善意和欺凌行为的能力也越来越强。他们也越来越珍惜和爱护自己的设备。

与数字技术使用密切相关的发展大事　164

- 使用量急剧攀升！！！
- 移情作用有所发展。
- 性别角色和性别模式被内化。
- 移情作用和更精准的道德观使孩子能识别线上线下的无礼行为。
- 日益发展的抽象思维使孩子能玩更复杂的游戏，能以更复杂的方式使用电脑。
- 这个年纪的孩子能内化和理解安全的重要性。
- 孩子的责任感和认知能力日益增强，因此许多学校在四年级引入了平板电脑和计算机。

在情绪发展上，孩子正在形成强烈的认同感。他们的友谊更加复杂，也更多地限于同性朋友之间。9—10岁的孩子会极力否认对异性的兴趣，但挑逗和调情明显增加了。家长应对 SnapChat 之类的图片分享网站予以监督，因为在那里，孩子接触到不雅照片和评论的风险很高。媒体使用方面的性别模式开始出现。我们发现，男孩将更多地在一起玩电子游戏（video games），而女孩会选择退出电视游戏（console games）。女孩会继续在她们的便携设备上玩游戏，也会更多地通过照片和信息来沟通。同伴压力露出了它丑恶的面孔。孩子对同伴压力非常敏感，如果缺乏足够的自信，便很容易因同伴压力而受到伤害。

8—10 岁的孩子各方面的发展共同为他们打开了若干数字世界的新大门。孩子越来越多地将数字技术用于学校的学习。教师也认识到数字技术在发展抽象思维能力方面的作用。这个年纪的孩子能进行更复杂的思维，这意味着许多以娱乐为目的的游戏和应用程序也具有较高的教育价值。

孩子在社会性、情绪和道德发展方面取得的飞跃进步为他们创造了一个全新的数字王国：孩子将第一次通过社交网络、电子邮件和信息来与他人沟通。线上不良行为和网络欺凌的首要因素开始出现。性别角色的分化使孩子在电子游戏中接触到暴力（主要是男孩），和负面的身体意象与刻板行为（主要是女孩）。在这个阶段，要把家庭价值观和道德观植入孩子的数字技术环境中，这一点非常重要。你有很多机会可以将数字技术使用中的是与非、尊重和礼仪等教给孩子。在本章后面，我将给出一些应用程序和建议。

我还会详细阐述规则问题。规则一定要具体，这样你才能清楚地传达你的期望，但是你的教养方法和纪律也必须有所变化。这个年纪的孩子应理解自己错在哪里，理解为什么需要制订纪律和规则。他们应把家庭规则和价值观融进自己的世界。如果家长向他们解释清楚相关决定和限制的原因，他们会做得更好。

四年级的孩子已能为自己制订目标。他们能反思自己的兴趣爱好，寻求掌握新的技能。随着他们在各种媒体间的同一性的形成，孩子与数字技术的关系将变得越来越明朗。

小学高年级是从"小孩子"向初中少年过渡的时期。许多孩子迫切想要成为"大孩子"，去承担新的责任，扮演新的角色。在长成青少年之前，他们需要理解家庭规则和各种限制背后的道理，但是，如果他们发现规则不合理，他们就会拒绝执行。

熟练操控：小学高年级的数字技术使用

如上所述，8—10岁的孩子每天花在数字媒体上的时间为6—8个小时。这还不包括他们用手机做家庭作业或用手机通话和发信息的时间。在8—18岁期间，孩子使用各种平台的时间只会增加，只有电子游戏除外，电子游戏的使用时间会在15岁前达到顶峰。孩子有更多的数字技术使用时间，他们在各方面的发展也为使用新工具（如智能手机）作好了准备，这一切都使这个年纪的孩子迫切想要使用数字技术。在这个阶段，我们发现孩子的数字技术使用与父母的数字技术使用不那么合拍。既然孩子会一直使用数字媒体，那么家长就应把规则条文化，同时加强规则的执行。

恺撒家庭基金会（Kaiser Family Foundation）2010年的研究显示，看电视和媒体使用规则的制订与否对这个年纪的孩子的数字技术使用有很大影响。卧室里的电视、背景电视和媒体规则似乎是对数字技术使用影响最大的三个因素。如图15所示，卧室没有电视，没有背景电视，至少有些起码的规则，

> 以下三种情况下的数字技术使用量似乎最高：卧室里放有电视；电视一直作为背景开着；没有起作用的媒体规则。

都会令数字技术使用量显著降低。①

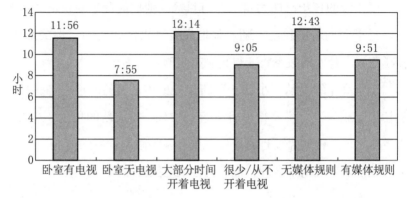

图 15   电视环境和媒体规则与 8—18 岁孩子的媒体接触之间的关系 ②

以下是需要注意的其他变化:

■ 8—10 岁的孩子中, 拥有手机的约占 31%。

■ 男孩每天的媒体接触时间比女孩多约 1 小时, 这 1 小时主要在玩电子游戏。

■ 8—10 岁的孩子中, 经常使用社交网络的约占 20%。

167 　　　这些数字反映了孩子在实际使用数字技术方面的显著变化。绝大多数 6—8 岁的孩子对手机的使用只是在与父母外出用餐时用父母的手机玩会儿游戏; 而 8—10 岁的孩子中, 几乎有三分之一的人都有自己的手机。对于 6—8 岁的孩子, 社交网络并不是他们日常活动的一部分, 除非沾哥哥姐姐的光看一看。但是现在, 五个 8—10 岁的孩子中就有一个是 Instagram 和其他社交平台的常客。

①② Victoria Rideout, Ulla G. Foehr, and Donald Roberts, *Generation M2: Media in the Lives of 8- to 18-Year-Olds*（Menlo Park, CA: Kaiser Family Foundation, 2010）. 这是针对 8—18 岁孩子的最详尽研究。它每 5 年更新一次, 以便研究者追踪 1999 年以来的变化。

穿越十字路口：关键发展期的数字技术

一旦孩子年满 8 岁，父母就需要考虑很多问题。下页方框中的内容可以提示你需要考虑和计划哪些问题。在这里，我将针对家长常问的四个方面的问题予以回答。

规则

我该对所有数字技术都加以限制吗？

"适度，适度"，这是教养游戏的名字。对于适度的教养，我将提出两个关于教养的类比。如果你参加过幼儿园孩子或一年级孩子的生日派对，你就会看到孩子对糖果的喜爱。派对上总有一个孩子在狼吞虎咽地吃着蛋糕、冰激凌和糖果。而这个孩子多半就是平时在家里被父母管着不能吃甜食的孩子。一旦到了父母无法干预的社交场合，他们就会直奔巧克力蛋糕。这样往前奔了 12 年，等到了青少年时期就会在半夜偷偷溜出去玩，等到了大学期间就会一年到头都喝得醉醺醺的。这些年轻人之所以出现这些极端行为，正是因为他们感到父母太严苛了。他们在家里未能学会如何合理管控饮食、喝酒或聚会。在数字世界里，你也可以看到这样的孩子。他们会奔向父母不让他们玩的平板电脑或

不要禁止数字技术，要学会明智地使用数字技术。

电子游戏。他们会热衷于欺骗父母。关键在于，孩子应学会如何管控数字技术，如何适应数字技术，而这意味着孩子应接触数字技术。

168

8—10 岁孩子的数字和发展大事记

1. **规则：孩子现在已能理解和内化家庭规则与社会规则**

   - 对数字技术的限制。

   - 需要家长监控。

   - 在借宿派对和野营时需要遵守家庭规则。

2. **同一性：孩子的身份认同和独特人格正在快速形成**

   - 数字公民意识和数字足迹。

   - 利用数字技术帮助同一性形成。

   - 线上线下的礼仪和尊重。

   - 欺凌和网络欺凌开始萌芽。

3. **独立性和独立友谊：孩子的社会化能力越来越强，不再需要你从中辅助**

   - 社交网络的世界。

   - Instagram。

   - 翻盖手机和智能手机。

4. **性征和身体意象：孩子开始在意社会期望及其身材**

   - 性别角色出现。

   - 身体意象。

我该制订怎样的规则?

- 尽可能将数字技术置于卧室外。

- 不要让孩子带着数字技术设备入睡。

- 告知孩子使用数字技术须先征得许可。

- 对工作日的数字技术使用作出限制（具体情况因家庭而异）。

- 由你来下载或购买游戏和应用程序，不要让孩子来做这   169
  件事。
- 监管对 YouTube 的使用。
- 尽可能将家里的电脑放置在公共空间。
- 告诉孩子，遇到不适宜的游戏、网站或社交网络时要向你
  报告。
- 禁止在吃饭时使用数字技术。
- 指定某个时段为全家人的无媒体时间。
- 将数字技术视为一种特权而不是基本权利。

从发展的角度看，你的孩子已能遵守规则，但他们更可能遵守和内化的是他们已完全理解的规则。我建议召开一次家庭会议，要求每个家庭成员都贡献一条规则。这样的家庭会议也是一次讨论会，能让孩子明白制订那些大家都认可的规则的理由。不要忘记制订一些针对你自己的规则，并且让孩子来帮助你执行。

我有一个非常受人尊敬的同事，她和我说过她家的"打屁股规则"。不要会错意。她和丈夫有三个漂亮的女儿，分别为 7 岁、9 岁和 11 岁，他们也不赞成打孩子屁股。不过，他们同意（以玩笑的方式），如果父母在不恰当的时候（如吃饭、开车或家庭欢聚时）使用手机，那么孩子可以"打"父母的屁股。我的朋友承认自己被手机、信息和电子邮件牢牢拴住，每时每刻都离不开。女儿们幽默的"打屁股"方式可以提醒她要控制自己的数字技术使用。

卧室里放平板电脑和便携式游戏机会怎样？

我儿子哈里森 8 岁的时候，第一次留 9 岁的朋友迪伦（Dylan）

数字技术设备不应成为你睡觉前使用的最后一件东西，也不应成为你醒来后想到的第一件东西。

在家过夜。迪伦是个可爱而有礼貌的孩子，但是存在入睡障碍。他让哈里森相信他得抱着平板电脑才能入睡，因此哈里森悄悄下楼帮他拿了平板电脑。第二天早晨当他们醒来时，我的二儿子安德鲁（当时 6 岁）说迪伦确实需要平板电脑，因为平板电脑对迪伦而言就像是安德鲁的"安抚物"（blankie），他每晚都得抱着它才能睡觉。孩子（以及大人）要和他们的数字设备睡在一起。迪伦是个重度媒体使用者，我真的相信，当他在一个陌生的地方睡觉时，只有抱着平板电脑才能踏踏实实地入睡。对许多人来说，数字技术已成为他们的附属器官或"电子安抚物"。

我强烈推荐你给孩子用闹钟。我劝你不要让孩子用计算机、平板电脑或手机当闹钟。因为那样会促成一种我们想要阻止或根本尚未形成的睡眠联结。大量研究表明，卧室里放置电视会导致运动量减少、肥胖、学习成绩差等问题。这些研究其实还不完整，因为它们没有对卧室里的计算机、平板电脑、手机和网络进行研究。我十分清楚，卧室里的计算机和网络连接会影响孩子的睡眠质量，会导致成问题的、失去监管的数字技术使用。

我敦促所有小学生在家庭的公共空间里做家庭作业。具有讽刺意味的是，这样反而可以减少分心。在孩子需要帮助的时候，他们也能更容易得到帮助。我发现，当孩子在自己的卧室外阅读和学习时，他们不太可能上网或睡着。这也适用于数字技术。虽然让大人自始至终对孩子的数字技术使用进行监控或自始至终陪着孩子一起使用数字技术是不现实的，但是，如果时不时会有一个大人从旁边经过并对孩子加以关注，就不太可能会有电子书变成《愤怒的小鸟》这类事情的发生。

家长监控、计时器、儿童专属平板电脑等有用吗？

当我第一次艰难地从我 9 岁儿子的手里拿走苹果平板电脑时，我 7 岁的儿子说："妈妈，你应该给他买一个'纳比 2'。"他指的是伏虎（Fuhu）公司专为儿童设计的内置计时器的纳比平板电脑系列。他说得对吗？我应只买带有计时器的设备吗？我应安装《网络保姆》（Net Nanny）或《妈妈熊》（MamaBear）这两个最流行的家长监控程序吗？我不喜欢用"独裁者"的方法来管理数字技术，因此这些问题都不容易回答。

从发展的角度看，执行功能是大脑最后发展的一个部分。执行规划能抑制你的冒险行为，让你三思而后行。它能让你想清楚后果并从长计议。处于这个发展阶段的孩子还需要家长为他们管理计划和后果。我认识的大多数成人（包括我自己）在管理自己的媒体使用时间上都有不少麻烦。计时器和明确的时间限制可以帮助孩子管理他们的时间。家长的监督和介入可以帮助孩子思考自己的网络行为的后果。

我确实信任设备上的计时器和时间限制。孩子应知道他们有多少时间可用，当时间到了，他们也应能离开设备。要不要买这些设备来替你做这些事完全是你个人的选择。我希望在将来，无论是为成人设计的设备还是为孩子设计的设备，都能内置关机计时器。《远程开关》（Off Remote）是一款能远程关闭计算机的应用程序。必要时，你可以关掉孩子正在玩的计算机。围绕怎样才能让孩子离开计算机这一问题，已形成一条完整的产业链。你可以在孩子使用的计算机上安装儿童停用软件（kidoff software）。然后，你就能通过家庭网络在另一台计算机上与孩子的计算机通话。你可以发送信息和语音提醒，必要时还可以关掉他们的计算机。这让我想到消防演习。

171

这样做是为了使他们将来能自行关掉设备。纳比平板、库里欧平板、金读之光平板（Kindle Fire）都把针对儿童的内置计时器作为卖点，但我选择用老式的厨房计时器来帮助我家设定时间限制。

这些控制软件提供的家长监控稍有不同。一般而言，我不推荐你使用它们，因为我们的目标是制订最终能被每个家庭成员内化和遵守的家庭规则与限制。这么做的根本目的是信任孩子并定期检查。诸如《网络保姆》和《网页监视器》（WebWatcher）的家长监控软件都是很复杂的过滤系统，可以拦截和跟踪孩子。它们可以为家长提供孩子发送的电子邮件和信息的内容，可以 24 小时监视孩子在脸书上的活动。有的软件甚至能做到只要孩子在 Instagram 上发帖子就立刻通知你。至于《妈妈熊》之类的应用程序，家长可以下载到手机上给全家使用。孩子安装并登录《妈妈熊》，可以用表情符号签到，可以发送"过来帮我"之类的求助信息。家长可以监控孩子的位置、驱动器和社交媒体组件的使用情况。绝大多数 8—10 岁的孩子还不需要《妈妈熊》，但他们的确需要你帮助他们设定计时器和限制，的确需要安全地使用数字设备。

172
我该如何管理孩子参加借宿派对时的数字设备使用？

在前一章，我曾详细讨论孩子参加游戏日时的数字技术使用问题，你可以从中找到一些建议，并以此为起点来探讨有关借宿派对的问题。在参加游戏日或借宿派对时，孩子很自由，他们此时的数字技术使用不太可能受到监控。对于三四年级的孩子，建议家长告诉借宿家庭孩子带了哪些设备，如苹果手机、DS 游戏机或 Wii 游戏机。借宿家庭可以帮助你的孩子照看这些昂贵的设备以免丢失。更重要的是，告诉他们这些信息便开启了关于这一问题的简短讨论。

　　你的孩子将会明白数字技术会不会成为借宿派对上的重要组成部分。处于这个年龄段的孩子都想与其他人保持一致，包括谁有什么设备、谁玩游戏，或者谁总是玩 Instagram、谁不玩 Instagram，等等。当然，如果朋友还有哥哥姐姐，那么朋友家就很可能有更多的设备，以及分级更高的游戏和电影。在你送孩子去别人家参加借宿派对时，你没有办法控制，只有别的孩子来你家过借宿派对时，你才能很好地控制。当你的孩子组织借宿派对时，你可以向孩子示范良好的数字技术行为。以下就是一段示范性对话。

如何在你家组织的借宿派对上与孩子交谈

妈　　妈：欢迎光临。你们今晚打算做些什么？

你的孩子：我们想先玩会儿《马里奥派对》，然后我想和迈克尔（Michael）一起在 YouTube 上看那个很滑稽的小猫视频，接下来我们再去看纽约尼克斯队（Knicks）和俄克拉荷马雷霆队（Thunder）的比赛。

妈　　妈：迈克尔，你想做什么？你妈妈让你玩游戏机和 YouTube 吗？

迈克尔：我妈妈说我可以玩游戏机，但她不希望我上网。实际上我对篮球并不是特别感兴趣。

妈　　妈：儿子，你们先玩半小时游戏，然后我再帮你们俩找一个棋类游戏玩好不好？我们尽量找一些迈克尔感兴趣的运动游戏和他父母同意他看的电影。

　　我发现，说起游戏日，很容易自然而然地联想到平板电脑和电视游戏。在借宿派对前，或许你应该和孩子一起进行头脑风暴，想想有哪些选择可以替代对媒体的使用。对你而言，这将十分费事，却可以让借宿派对更加平衡，有更多互动。

173

同一性发展

我该不该关心孩子的数字足迹？

如第 1 章所述，从你公布孩子的第一张洗澡照片起，你或许就该关注孩子的数字足迹。被称为"网络橡皮擦"法案的"加利福尼亚州第 568 号法案"已于 2013 年颁布并于 2015 年生效。该法案允许未成年人删除已发布的帖子和照片。这是一条善法，但谁都不会真的相信网上的东西能被彻底"擦除"。国家安全局能储存和恢复我们的电子邮件，因此我相信所有东西都是可以恢复的。

在小学毕业前，孩子的所有数字足迹几乎都在家长的控制中。因此，对于这个年纪的孩子，我建议家长更多关注他们的数字公民意识而不是数字足迹，努力为孩子的数字生活打下一个安全、友善、道德的基础。从发展的角度看，你的孩子此时已能理解数字足迹这一概念。但他们还不能充分理解"永远"的意思，也不能完全理解高中时的酗酒照片对大学入学的不利后果。我们并不想吓唬孩子，但希望他们能理解数字足迹是他们的真实自我和数字化自我的反映。我们希望他们上传自己的艺术作品、诗歌和个人观点。我们希望他们成为优秀的数字公民。

常识媒体网站有一个很棒的课程计划——"超级数字公民"。它旨在培养数字公民。该课程以蜘蛛侠的座右铭"能力越大，责任越大"为开场白。它要求孩子给数字公民下定义，创造一个超级数字英雄，以及这个超级数字英雄"拯救世界"的连环漫画。[1] 这个超级

---

① "Super Digital Citizen（3—5）", lesson plan, Common Sense Media, *http://www.commonsensemedia.org/educators/lesson/super-digital-citizen-3-5*. 常识媒体网站的范围和顺序课程有可下载的课程计划，包括数字足迹、隐私、关系、自我形象、识字、网络欺凌和创造性版权等主题。

数字英雄可以打击网络谣言，禁止粗俗话语，防止密码泄露。一个数字公民不仅仅是一个使用互联网的人。数字公民是可靠的、负责任的、有礼貌的人。

技术如何促进同一性发展？

如果你是从头开始读这本书的，那么你已看到我就数字技术是一种工具这一事实所发表的长篇大论。这里我将再次重申这一点。8岁的孩子正在形成独特的人格和兴趣。数字技术可以帮助他们探索和拥抱线上线下的兴趣。我孩子的学校用首字母缩略词"ACE"来阐述它们利用数字技术的方法。"ACE"分别代表应用（apply）、创造（create）和探索（explore）。

哈里森9岁时开始独立使用数字技术。他开始在学校接触数字技术，他的朋友们也以各种方式使用数字技术。他一开始玩的是《梦幻足球》。他按照《梦幻足球》应用程序的说明组建了一支球队。每当他想交换球员，他就发电子邮件通知他的朋友（和他们的爸爸）。他9岁的堂兄还给他介绍了一款叫《数学嘉奖》（*Math Brownie Points*）的应用程序。这款应用程序需要你先付费购买一个数学模块，孩子在完成某个模块的过程中取得进步就会得到"嘉奖"，完成一个模块就会"赢得"一次选择游戏的机会。哈里森"赢得"了《愤怒的小鸟——星球大战版》。

学校给他们用Keynote，这是一款儿童版演示文稿软件。当我在外地开完一个医学会议回到家，迎接我的是他用Keynote软件制作的"欢迎回家"幻灯片，其中还加入了绚烂的烟花和特效（我特别喜欢这款应用程序）。

哈里森还开始学习数码音乐创作软件《车库乐队》（*Garage Band*）。事实上，他真的在创作音乐。他编写歌词，对着苹果平板电脑"咆哮"出他写的歌词（他认为真正的摇滚歌手都在"咆哮"），将自己的声音与音乐混合，他还为弟弟妹妹制作了一首舞会的混音。

哈里森的朋友佐伊（Zoe）用数字技术来装饰蛋糕，设计新指甲造型，完成西班牙语作业。哈里森班里的两个女孩用谷歌文档合写一本书。当我在办公室或生活中碰到孩子时，我经常问他们喜欢在网上做什么。最后，我就能充分了解他们认为自己是谁，以及他们想成为什么样的人。我总会把我了解到的病人的线上兴趣告诉他们的父母。对于我通过深入了解孩子的线上兴趣就能充分了解孩子，这些孩子的父母感到十分惊讶。

要真正关心孩子的数字兴趣。如果可能，试着和你9岁的儿子一起玩游戏。看看你能不能打破他在《飞扬的小鸟》排行榜上的记录，或者你和他谁在玩《堆积王国》（Stack the States）时记住的州府更多。让孩子带你参观他在《我的世界》中的杰作或者他在企鹅俱乐部里的圆顶小冰屋。对孩子的线上兴趣表现出真正的兴趣和关心会形成一种开放的氛围。你可以监控孩子的在线行为是否安全和恰当，但你也希望与孩子进行坦诚的对话。如果你希望让孩子感觉到你对他所做的事情感兴趣，那么你应与孩子分享而不是暗中监视。

我该不该担心网络欺凌问题？

使用社交网络、电子邮件或文本信息的所有儿童和青少年都面临网络欺凌的危险。不过，对于三四年级的孩子，最主要的目标是教会他们负责任地使用数字技术。我孩子所在的学校将数字技术与德育课程结合起来一起教。小学和初中的德育课程是围绕自我、他人和环境（SOS）来设计的。学校教育孩子要在意自己、朋友和网络社群。学校为四年级学生提供苹果平板电脑，但学生不能把它带回家。学校这样做是希望孩子到10岁时就能负责任地、有礼貌地使用数字技术，并具备足够的认知技能以独立、充分地利用数字技术。学校还希望，在孩子上五年级被允许独立上网前，能学会体谅同学和其他群体。

要学会网络礼仪和网络友好行为并不简单。我主张家长在孩子第一次发送信息、发帖、上传照片时给予帮助。学会如何负责任地上传照片是需要经验的。我要求 9—10 岁的孩子在发帖前想一想，并就以下几个简单问题问问自己：

> 如果其他人发布了一张类似的我的照片，我愿意吗？
> 我愿意我的爷爷奶奶看到这张照片或这条信息吗？
> 这条帖子或这张照片看起来会不会有些尴尬或怪异？
> 这条帖子或这张照片是否会伤害谁的感情？

我接待过一个 10 岁的病人，他上传了一张朋友挖鼻孔的照片。另一个朋友评论说发布这张照片是不对的，他应该撤回这张照片。我的病人极为伤心，在我的办公室大哭。他压根不想伤害谁的感情。这张照片不是他拍的。他只是转发这张照片，因为他觉得这张照片很滑稽。一开始，想让他明白为什么上传这张照片不恰当还真不容易。

176

8—10 岁的孩子开始理解移情作用，但他们这方面的能力尚未得到充分发展。我的病人虽然明白"挖鼻孔"是件不雅观的事情，但没有意识到自己上传这张照片会令朋友难堪。这件事只比 9 岁男孩喜欢的滑稽事件和恶作剧多迈了一步。这个例子的性质不严重却很真实。要使孩子掌握有礼貌的、善意的网络行为，唯一的方法就是持续地围绕这一问题展开对话并允许孩子上传、犯错，然后在改正错误的过程中成长。

社交网络和独立性

即使孩子之前没有接触过社交网络，到了三四年级，他们也将开始自己的第一次在线社会交往。电子邮件、信息、多人游戏、Instagram 等都是社交网络的先导。有的孩子已具备承受社交网络压力的能力，有的还没有。曼哈顿一所小学的数字技术负责人告诉我，她经常听四五年级的学生谈起信息带给他们的压力。有些孩子不再发送信息，因为接二连三地接收和查看信息非常麻烦和累人。其中有误解，也有太多的责任。

由于 9—10 岁的孩子刚开始独立使用媒体，所以我们应让他们掌握安全规则。他们只应给认识的人发电子邮件和信息。如果收到恶意的信息，应立即告知父母或教师。这对家长来说是个好机会。9—10 岁的孩子遇到与网络有关的问题仍愿意向家长求助。但是，家长只有一次机会，若不善加利用，沟通之门就会关闭。如果家长的反应是不主观武断、不生气、不盲目批评，那么孩子会带着更多问题来向家长求助。理想情况下，家长可以帮助孩子对网上经历的恶意行为作出回应或进行干预。只要可能，家长就应鼓励孩子做一个"正直的"公民。对不适宜的信息作出回应，指出那些信息或照片的恶劣性，发布者应将它们撤回或删除。要与孩子一起探讨某些照片和信息为什么会令人不适，因为对 8—10 岁的孩子来说，分辨它们并不那么容易。

适合儿童的社交媒体

尽管 Instagram、SnapChat 和问答服务等网站在小学高年级孩子和少年中越来越受欢迎，但仍有另一些儿童友好型社交媒体网站。儿童友好型社交网络平台提供家长控制、言语限制，专为年纪较小的儿童设计。除了企鹅俱乐部，这些网站往往只流行一段时间便门庭冷落，但当前仍有一些比较受欢迎的儿童或少年友好型网站。

- 格罗姆社会（Grom Social）：这是由一个 11 岁孩子创办的社交媒体网站。孩子可以在这里聊天，分享视频，得到家庭作业方面的帮助。网站实行全天候监督，家长可以收到孩子的网络活动报告单。

- 你的圈子（YourSphere）：孩子可以在这里制作网页、玩游戏，还可以组建被称为"圈子"（spheres）的团队来展示自己的兴趣爱好。

- 儿童世界（Kidzworld）：这是面向 9—16 岁孩子的社交网络。孩子可以在有版主管理的聊天室和论坛上互动。他们可以组建团队、写博客，但个人信息不会被公开。网站还对欺凌行为进行监控。

- 企鹅俱乐部和 iTwixie 网站：第 7 章已指出，这是两个适合较小孩子的网站，但对 8—10 岁的孩子来说，它们同样是很棒的网站。

9 岁的孩子能不能注册 Instagram 的账号？

严格地说，孩子必须年满 13 岁才能使用 Instagram、脸书以及其他（不是全部）社交媒体网站。这依据的是《儿童在线隐私保护法案》。该法案主要针对网络运营商在线收集和使用 13 岁以下儿童个人信息的行为。尽管有关于年龄限制的规定，Instagram 还是成了非常受欢迎的社交媒体入口。Instagram 是一个照片编辑和分享应用程序，用户可以将照片分享至推特和脸书。2012 年，Instagram 被脸书收购，每月有超过 1 亿 5 千万的用户使用它。在默认情况下，Instagram 的设置状态为公开，但可以改为不公开。Instagram 正在迅

178

速占领青少年社交网络市场，在美国的年轻人中有超过脸书的势头。

10 岁以下儿童 Instagram 使用指南

✓ 由父母申请账号，不允许孩子申请账号。

✓ 将隐私设置设定为不公开。

✓ 要求孩子在上传照片前先征得父母同意。

✓ 鼓励孩子发布与自己兴趣相关的照片而不要一味发布自拍照（个人照片）。

✓ 不允许透露个人信息。

✓ 密切关注孩子在 Instagram 上的言行。

✓ 针对一些不适宜的帖子与孩子讨论。

✓ 与孩子讨论版权和信用等问题。

如果你允许小学生使用 Instagram，那么就要将它作为一种学习锻炼。

Instagram 可以充当孩子学习履行信用和版权等问题的地方。当我们在学校读书的时候，我们要学习如何研究，如何查找信息。现在，你的孩子有不计其数的百科全书可以利用。要想理解和使用数字技术，真实性、剽窃、信用、版权等都是不可忽视的大问题。你可以从 Instagram 入手，与孩子讨论使用他人的艺术作品和照片的问题。8—10 岁的孩子已可以理解将别人的作品和照片据为己有这一问题。Instagram 为你提供了一个机会，可以就这些问题与孩子进行讨论。到了初中，学校也应针对这些问题进行讨论。

可以问孩子如下问题：

这是你拍的照片或创作的图像吗？

如果不是你，那么是谁？

发布照片前，你得到朋友的许可了吗？

你信赖你上传到 Instagram 上的照片的拍摄者吗？　　　　179

如果别人把你的艺术作品或照片发布到网上，并冒充说是他的作品，你有什么感受？

孩子是不是该有翻盖手机或智能手机了？

显然，从此刻开始，对于各个年龄段的孩子，我们都会讨论这个问题。你的孩子最终会有一部手机，或许还是一部智能手机。真正的问题是何时该有手机，而不是该不该有手机。如果你的孩子有健康问题，或者生活在离异家庭，那么我强烈建议你给孩子买部手机。还有，如果你的孩子独自旅行，你担心孩子的安全，也可以考虑给孩子买部手机。焦虑症孩子的父母一般会给这个年纪的孩子配备手机，这会让家长感到更安全。在第 11 章，我会详细阐述有关焦虑症孩子与数字技术的问题。焦虑症孩子常常将手机视为一种安全保障，以此来应对分离、陌生人以及任何让他们感到焦虑的情境。在我的工作实践中，我经常帮助焦虑症孩子利用数字设备来管控他们的恐惧。我要求他们留意自己越来越强的依赖性。对于有焦虑症的三四年级孩子，我更希望他们在使用手机前，能先调整自己的应对策略。一般而言，尽量迟一点给孩子买手机。在绝大多数社会中，初中是孩子开始使用手机的时期。

如果你打算给这个年龄的孩子买手机，请注意以下建议

✓ 不要开通手机上网功能。

✓ 联系人中只能加入亲密的朋友和家人。

✓ 只许孩子与联系人列表中的人通话，要监控孩子的通话记录。

✓ 如果孩子使用短信功能，要监控信息的内容。

✓　提醒孩子将手机放进背包，走在路上时不要把手机握在手里。

180　✓　不允许孩子在学校里使用手机（据我所知，没有一所小学允许孩子在学校里使用手机）。孩子入学时间越久，这个问题就越棘手。

性征和身体意象：修图软件 Photoshop 的幻象

> 我女儿 9 岁，她觉得自己很胖，网络和社交媒体会不会让事情变得更糟？

如前所述，在 8—10 岁期间，数字技术使用中的性别差异开始出现。具体而言，男孩每天使用数字技术的时间比女孩多约 1 小时，这 1 小时基本都花在电子游戏上。男孩在手机、平板电脑、手持设备、游戏机等各种平台上玩游戏。手持设备的使用高峰就出现在这个年纪。女孩则较少玩游戏，也较少在手持设备和游戏机上玩游戏。

我最关心的不是男孩每天多用 1 小时设备的问题。我关心的是数字技术会加剧孩子身体意象（body image）和期望的扭曲。尽管饮食失调症（eating disorder）在小学很少见，但身体意象扭曲的种子已播下。我担心的是数字技术会令这种意象进一步扭曲。在后面几章，我将讨论如何利用自拍照来促进积极的身体意象，以及如何理解和管理色情短信。当孩子步入初中和高中，他们在脸书和 Instagram 中的个人信息（profile）就是对他们的界定。其中的头像照片都是经过 Photoshop 处理后才被用作男人、女人、男孩、女孩的化身。

年轻姑娘都喜欢各种能让她们自由装扮和自由控制化身头像的应用程序与游戏。在化身身上，用户可以尝试蓝色头发和黄色指甲。我喜欢那些鼓励孩子自由扮装的游戏。不过，你应向孩子指出，这些照片和形象是与现实不符的。如今，照片并不能代表现实。它们往往与现实毫无相似之处。必须让孩子明白，对照片进行处理是多么容易，经过处理的照片又如何导致不切实际的期望和身体意象。

一图胜千言。和孩子一起上网，向他演示照片是多么容易被篡改。有一个发生于 2013 年秋天的故事可以用来向孩子阐明这一点。（你可以在 TheStir 网站的数字技术部分找到这个故事。）一位五年级的教师拍了一张自己举着一张便签的照片，说她的班级正在做一个有关网络安全的研究，询问读者能不能为这张照片"点赞"。这张照片就像病毒似的被疯传开来，红迪网（Reddit）的用户率先修改了这张照片并继续转发。经过盗版者的无数次修改，照片中的教师最终变成熟睡的摩根·弗里曼（Morgan Freeman）。教师最初的解说性语句也被修改成各种各样有趣但不适宜的内容。发布的照片可以被轻而易举地修改，这个故事给我们上了生动的一课。①

关于幻象和修图软件 Photoshop 的建议

✓ 与孩子（男孩和女孩）谈论"性感"和"完美"的形象。

✓ 问问孩子那些名人（男女名人）的照片看起来像不像真人。

✓ 如果照片看起来不像真人，你是怎么知道的？

✓ 帮助孩子区分"完美"和"真实"。

✓ 问孩子"真实"是否美丽，在生活中找一些例子。

✓ 亲自给孩子演示照片或图片如何被改变（可以用上文中那位五年级教师的例子或修改你自己的照片）。

✓ 家庭要聚焦于健康的身体意象。

　✓ 身材适中胜于瘦弱。

---

① Lisa Fogarty, "Teacher's Photo Goes Viral in Brilliant Lesson on the Dangers of Posting Online", *The Stir*（blog）, November 27, 2013, *http://thestir.cafemom. com/technology/164774/teachers_photo_goes_viral_in.*

✓ 健康胜于性感。

✓ 体育活动胜于久坐不动。

✓ "真实"胜于"完美"。

关于性和性征的问题从三四年级开始出现。从小学高年级到初中，孩子的谈话中充斥着性别角色、苗条、性感等话题。绝大多数9岁、10岁的孩子都不会对异性过分感兴趣，也不会过分关注异性。但是，他们会相互戏弄，彼此喜欢，对亲密关系和性的意识越来越强。数字技术将"性"带到了小学阶段，因为青春期前的孩子轻易就能在互联网上搜索并找到相关信息。许多孩子在上初中前就开始了解性别决定机制方面的事情（尤其是那些有哥哥姐姐的孩子）。在有关两性关系的基本常识方面，家长应走在网络前面，这样才不致措手不及。

两性关系的基本常识：小学高年级的性问题

10岁的雷切尔（Rachel）在生日举办了一场睡衣派对。她的妈妈林恩（Lynn）正在厨房为孩子们准备披萨，无意中听到女孩子们在咯咯地傻笑，还尖叫着"不……!"当她叫雷切尔来厨房帮忙把盘子和餐巾纸拿到派对上去时，雷切尔似乎在克制着什么，于是林恩问她有什么不对。雷切尔飞快地说没事，她说话的语气表示她不想继续这个话题，于是林恩就没再多说，继续留在厨房里。然后她隐约听到，外面的女孩了们正在听其中一个女孩讲她意外碰到姐姐和男朋友发生性行为的事情。第二天，林恩就买了一本专门针对青春期前女孩讲述性知识的颇受好评的书给雷切尔，并告诉她，无论什么时候她想读这本书，妈妈都可以为她解答任何问题。

毫不奇怪的是，雷切尔对此书只字未提，但几周后，当林恩习惯性地检查计算机的浏览记录时，发现雷切尔曾搜索"性"。比起她买的那本书，雷切尔浏览的这些网站更成人化，但这些网站都是具有教育性的，甚至有些临床诊疗的性质。让林恩烦扰不安的并不是这些网站，而是女儿有问题竟然没来向她请教。作为一个单亲妈妈，她非常重视与女儿的亲密关系。女儿连这样重要的话题都不和自己沟通，这令她感到十分难过和受挫。因此，她再次告诉雷切尔，她可以回答她的任何问题，然后就让事情自然发展。雷切尔并没有违背妈妈的数字技术使用规则。当她对性感到好奇时，她不过是自行去寻找答案而已。

显然，有关两性关系的基本常识的讨论在雅达利公司和固定电话（landlines）上仍在继续。我们的目的是要创设一个能持续对话的环境。与从前在书店偷看成人书籍、偷窥爸爸的《花花公子》杂志相比，孩子获取信息（也有色情作品）的方式已有变化。绝大多数孩子是在初中阶段开始讨论这个话题的，下一章我们还要再次探讨这一问题。不过，如果孩子问你这些问题或对它们表现出兴趣，那么有关这个话题的讨论现在就已开始。对于雷切尔上网查找有关问题的答案而不是直接去问妈妈这件事，我肯定你不会感到吃惊。孩子一般都上网查找有关自己的身体和健康的信息，这是数字技术的好处之一。但是，你必须让10岁的孩子明白，网络上关于性的信息有不少是错误的。我主张家长购买一些有关性和身体的纸质书籍。我会告诉年幼的孩子不要上网搜索有关性的信息，除非是和家长一起搜索。说了那么多，目的无非是要与孩子保持开放的沟通。林恩觉得，如果因雷切尔上网查找有关性方面的内容而训斥她，那么会导致她们之间的对话彻底关闭。当然，如果雷切尔登录了一些非常不合适的网站，那么林恩就必须正面处理这个问题。

183

关键要点

✓ 孩子已开始独立地使用数字技术。

✓ 孩子已能内化有关数字技术的规则。

✓ 孩子应为家庭数字技术规划的制订出力。

✓ 孩子的道德发展水平已使他能理解数字公民意识。

✓ 家长关注的重点应放在让孩子明确数字公民身份和提升孩子的数字公民意识。

✓ 鼓励孩子一定在收到令人烦扰或恶意的短信和照片时让你知道。

✓ 帮助孩子识别友善的和恶意的网络行为。

✓ 儿童友好型社交网络或许是社交媒体的良好先导。

✓ 孩子将开始通过数字世界进行沟通和社会化。

✓ 孩子将通过同伴了解互联网、社交媒体和游戏。

184

✓ 在这个年龄段，禁止使用数字技术既毫无用处也不明智。

✓ 孩子在使用设备和网络前应征得家长许可。

✓ 孩子在购买、下载或加入游戏和网站前须征得家长许可。

✓ 孩子必须在得到家长许可后才能上传照片或加某人为好友或关注某人。

✓ 你可以给孩子买部手机，但他不一定需要。

✓ 家长应鼓励孩子将数字媒体用于教育和创新。

✓ 孩子应明白照片可以被轻易地修改和歪曲。

✓ 孩子应学会警惕在线信息和照片的真实性。

✓ 孩子将通过网络或从网上的朋友那里了解性。

✓ 鼓励孩子和你一起讨论有关性的问题，因为网络上有太多错误信息。

✓ "两性关系的基本常识"是一场关于性、身体意象和网络的持续对话。

9 少年期和短信革命：
数字媒体使用高峰期——11—14 岁

布鲁克（Brooke）今年 11 岁，8 月份她过生日时，我们给了她一部苹果手机作生日礼物。对于一个早已对数字设备着迷的少年期女孩……她肯定在输入游戏秘籍指令"mother lode"——自此，我们便手忙脚乱地试图搞清该如何管束她。

我们制订过一些基本规则——当然，这些基本规则很难被监管。工作日的下午四点到七点，她应关掉手机。这样的规定使她在放学后可以玩半个小时——发 300 条短信。做完家庭作业后和吃过晚饭后，我们也允许她玩一会儿。晚上九点，她应关掉数字设备并上床，这样她可以阅读或放松，然后九点半关灯。

这一切听起来很不错，但事实上，她的家庭作业一般公布在学校博客上，因此她要用笔记本电脑来完成家庭作业。当她看起来很专注的时候，我们怎么能知道她是不是在回复没完没了的短信和电子邮件，或者是不是在上网呢？

还有，如果早早完成了家庭作业，她想做的第一件事就是在晚上七点前打开她的手机。但这只会助长她匆匆忙忙地赶作业……

我们还发现，她不再对电视感兴趣。我们真怀念当初她迫不及待地等着看《美国偶像》（*American Idol*）的日子！

　　现在，她感兴趣的只有发短信、Instagram，以及无数无须动脑的应用程序。

　　虽然我可以坐在这里没完没了地抱怨我女儿，但她仍是个遵守规则的人。到目前为止，她并没有打破我们制订的规则——当然，她难免有些不乐意和反抗，但她最终听从了。我把她的短信同步到我的手机上，结果发现，她和她的朋友都对手机短信上瘾。事实上，她还不是这些人中最糟糕的——她有很多朋友整晚都在发短信，一直要到晚上十一点，甚至工作日的晚上也如此。周末，她们好像除了发短信就再也没有别的事情可做。如果布鲁克一个小时不看手机，就会有75—150条未读短信等着她。当然，她们的短信并没有什么实质性内容……她们往往都是群发短信。

　　我和布鲁克所有朋友的父母关系都很好，我知道他们根本不了解自己孩子的这种情况。当然，如果出卖他们的孩子，我会感到很不舒服，而且布鲁克也永远不会原谅我。

　　对于手机，我能想到的一件有用的事情就是，它让我们有了一种很好的控制手段。每当布鲁克表现不好，我们都有一种极好的惩罚措施——没收她的手机。她几乎马上就改正了。这样做有些可悲，但是很管用。

　　从积极的方面说，她也确实经常以富有成效的方式使用手机。例如，当她在法语课上遇到困难时，她会想到利用法语学习网站和应用程序来帮助她学习。她发现了很多有用的网站，没有和我说就开始使用这些网站。还有，她和她的朋友正在用谷歌文档合作写一个"剧本"，我觉得这非常酷。

　　这个故事听起来熟悉吗？如果你觉得熟悉，那么你现在可能正

养育着一个处于少年期的孩子，即一个 11—14 岁的男孩或女孩。以
上故事是我收到的一封电子邮件，当然，为了保护该家庭的隐私，
我更改了一些细节，不过坦白说，这样的事情可能发生于任何一个
有这么大孩子的家庭。在 11—14 岁期间，数字技术的使用飙升，电
子游戏的使用达到高峰。恺撒家庭基金会的研究表明，11—14 岁的
孩子的媒体使用总量每天增加了 3 小时。如果将多任务也算在内，
那么从小学到少年期，他们每天的媒体接触总量增加了 4 小时。这
个年纪的孩子，每天的媒体使用时间合计达 8 小时 40 分钟，他们的
媒体接触总时间为 12 小时——长达半天！

数字技术使用中的其他重要数据

187

- 拥有手机的人数比 8—10 岁时增加了一倍，达到 70%。
- 电子游戏的使用在这个年纪达到高峰，每天约为 1.5 小时。
- 男孩花的时间仍比女孩多，每天多几乎 1 小时。
- 11 岁以下的孩子几乎不发短信，然而一旦到了少年期，他们每天花在发短
  信上的时间超过 1 小时。[①]

此处我们虽然稍微超前了一点，涉及 15—18 岁孩子的情况（下
一章的内容），但如果你认真看看图 16 和图 17，你就会形象地看
到，除了用数字技术听音乐这一项，11—14 岁确实是孩子使用数字
媒体的高峰期。

告别童年：11—14 岁的发展大事记

11—14 岁年龄段的发展目标重在帮助孩子顺利跨进更加独立的

[①] Victoria Rideout, Ulla G. Foehr, and Donald Roberts, *Generation M2: Media in the Lives of 8- to 18-Year-Olds*（Menlo Park, CA: Kaiser Family Foundation, 2010）.

188　　青少年期。孩子一旦到了 11 岁，就会让家长觉得厌烦不安。对绝大多数家长而言，孩子在进入初中前，他们的各种可爱之处都是直接而单一的。我喜欢用"少年期"（tween）这一术语，因为它很好地阐明了这个年龄段的特点，即它处于童年期与青少年期"之间"。处于少年期的孩子已对你越来越不感兴趣，他们更关注自己的同伴群体。他们想要独立却又比以往任何时候都需要你。处于少年期的孩子可能第一次在意自己的外貌。他们可能很在意自己的穿着和体重。少年期孩子的自信心常常起伏不定。也许某一天他们觉得自己非常棒，但第二天又觉得自己很差劲。一些微不足道的小事或失败就能让他们彻底崩溃，这让人想起他们刚上小学时，但远没有那时可爱。

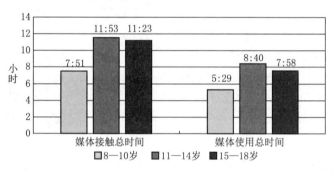

图 16　不同年龄的媒体使用 ①

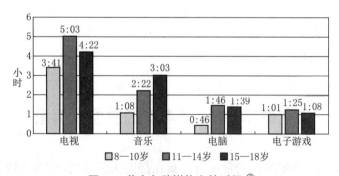

图 17　花在各种媒体上的时间 ②

①② Victoria Rideout, Ulla G. Foehr, and Donald Roberts, *Generation M2: Media in the Lives of 8- to 18-Year-Olds*（Menlo Park, CA: Kaiser Family Foundation, 2010）.

或许用不着我来告诉你少年在身体发育上的重大变化，他们开始进入青春期，越来越注重第二性征和外貌。对于这个年龄段的社会性和情绪发展方面的变化，你可能也已十分熟悉。处于少年期的孩子可能变得喜怒无常，不轻易对父母表露情感。他们越来越清楚地认识到自己身体的变化，这让他们害怕被拒绝。他们对同伴认可的需求越来越强，从最坏的方面说，这可能使这个年纪的孩子更容易遭受网络欺凌。这是一段曲折复杂的旅程，是一段急遽波动又严苛无情的走向独立的旅程。数字技术既可以促进也可以阻碍这个年龄段孩子的发展。

> 初中生喜欢将人分类：你是运动型？艺术型？聪明的？受欢迎的？

189

在学业上，学校的学业越来越难。孩子可能第一次真正被分级和评估。他可能感受到初中学业的压力。他的自信心可能受他的学业表现的影响。少年期孩子的复杂思维能力和是非观更强。他们喜怒无常，但也能更连贯和"含蓄"地表达自己的情感。情绪上的喜怒无常大多与孩子步入初中和青春期到来有关，但有时是抑郁和焦虑的警示信号。

随着认知能力和理解能力的增强，少年分辨是非的能力也更强，这便使他们更有能力成为一名优秀的数字公民。尽管对同伴认可的强烈需求使一些孩子更容易遭受网络欺凌，但也正是在这个年龄段，孩子在识别网络欺凌和维护他人利益、辨别真伪、理性数字消费、尊重他人的网络作品权益等方面的能力越来越强。

> 在这个年龄段，饮食失调症、扭曲的身体意象、饮食紊乱等会首次出现。

你该怎样帮助少年？

8—10岁时，你的孩子只是刚刚把脚伸进独立这条"河流"试了试水。现在，他认为自己可以跳入水中了——他可能已试着跳入了水中——但是，正如前文所述，他比以往任何时候都需要你，你要当好他的救生圈。这就是为什么我强调需要建立一个连贯一致但又足够灵活的家庭数字规划，因为只有这样才能充分应对日益成熟和独立的孩子的需要（第 12 章将对此作更深入的讨论）。毫不奇怪，随着孩子逐渐远离家长（和其他成人）看管的视线，规则也会变得宽松。对于 8—10 岁的孩子，大约有一半的家庭会控制他们看电视的时间；到了 11—14 岁，这个数字会减少一半；到 15—18 岁时，会再减少一半。管控电视内容的规则同样变得宽松。这有一定道理。随着孩子的发展，他们的判断力有了较大的提高，知道该把时间花在什么地方，而家长对孩子会接触到不当内容这一问题的关注也越来越少。对于电视媒体，孩子此时往往能作出明智的决定，但对于其他数字媒体，他们仍需家长的帮助。

190

当然，你需要持续发挥的作用并不仅仅限于规则的制订。帮助孩子形成一个积极的数字身份，成为一名优秀的数字公民，这些都是最终促使他们步入健全青春期和成年期所必需的。

你需要为少年期孩子提供的帮助

√ 帮助他们管理线上线下的时间。

√ 保证孩子的学习时间。

√ 保证孩子的睡眠时间。

√ 教导孩子如何在网上作出正确的判断。

√ 帮助孩子处理在网上遇到的棘手情形和令人不快的情形。

√ 帮助孩子理解你的家庭在友谊、数字技术、性等方面的价值观。

√ 制订清晰的线上线下规则和行为界限。

✓ 家长要树立良好的数字榜样。

✓ 帮助孩子寻找线上线下的其他好榜样。

学校和时间管理

数字技术将在少年的各个发展方面发挥一定的作用。今天，我们面对的最大问题是"怎样不让数字技术妨碍发展"。到了初中，孩子将把计算机和平板电脑用于学校的功课，这样一来，为学业而使用媒体与为娱乐而使用媒体之间的界限就模糊了。有一个五年级孩子的妈妈，她做事很有条理。她告诉我，她不允许孩子在工作日使用数字技术。我发现那些做事很有条理、受过良好教育的妈妈往往　　191都奉行"工作日无数字技术"。这种专制性的方法在初中之前都很有效。这位妈妈收到一张女儿教师手写的（不是电子邮件）便条，说她女儿需要用计算机来完成学校作业。由此，数字技术才溜回了工作日。少年需要学习管理自己的时间，这样他们才能管理学校生活、数字技术，以及生活的其他部分。

心无旁骛地完成家庭作业

过渡期孩子该怎样管理技术和家庭作业？

过去没有 Instagram 和 YouTube，我们也总能找到各种方法来拖延家庭作业。今天，分心是一件更容易的事，例如，你列举动词的词形变化或解读元素周期表时，响起了收到短信的振动声，而你很难忽略它。因此，孩子在做家庭作业时必须将手机收起来。

有一点也许比从前任何时候都重要——要让孩子在家里的公共空间做家庭作业，这样既可以减少分心，也更容易在孩子需要帮助时及时为他们提供帮助。我发现，如果孩子不在卧室里阅读和学习，他们就不大可能上网闲逛，也不大可能睡着。想要时刻监控青春期前的孩子，或一直陪着他们，和他们一起使用数字技术是不现实的。但是，如果时不时有大人从旁经过或随时处于大人的注意之下，孩子就不太可能会在完成数学作业时玩 Instagram。

关于家庭作业的建议

✓ 把可能的干扰因素降至最低。

　　✓ 将手机放在另一个房间。

　　✓ 在做完作业前，由成人保管手机或平板电脑。

　　✓ 让孩子在公共空间做家庭作业。

　　✓ 将计算机放置在公共空间（至少在做作业期间）。

192　✓ 把诱惑降至最低。

　　✓ 先做不需要使用计算机或网络的家庭作业。

　　✓ 如果上一条不可行，那么就先做不需要使用网络的家庭作业（例如，阅读电子书或在平板电脑上做数学题）。

　　✓ 最后做需要使用网络的作业（将最有可能导致分心的作业留到最后）。

✓ 提高计划性。

　　✓ 在开始做家庭作业前，让孩子上网查找一个家庭作业计划表并确认家庭作业。

　　✓ 在开始做家庭作业前，让孩子（必要时提供帮助）制订一份家庭作业计划，预估每科作业所用时间。

　　✓ 在开始做每晚家庭作业前，让孩子（最好和你一起，至少在这个年龄段的头一两年你要和他一起）先查看每周或每月的日程表。

让数字技术成为计划工具和效率工具

我工作、生活在曼哈顿，这里的一些学校因给学生的压力较大，也因作为常春藤盟校的生源地，而拥有好坏参半的声誉。经常有人向我求助，希望我帮助他们的孩子准备应对高中的学业要求。我越来越清楚地认识到，那些在班级里拔尖的孩子的智商不一定是最高的，也不一定得到过最好的辅导。通常，他们是最有计划和效率的人。在我们的成人生活中，很少有人使用拉丁语、莎士比亚或高等数学知识，但我们每天都离不开组织能力和时间管理技能。这包括避开某些干扰以及管理那些无法避免的干扰。少年期的孩子必须学会这两方面的技能，也必须学会如何在校内外高效地使用数字技术。

在如何最有效地将数字技术用于家庭作业这一问题上，学校目前正处于过渡阶段。有的教师在网上布置家庭作业，有的教师则不这么做。有的学校有向家长开放的家庭作业网站，而有的学校只对学生开放家庭作业网站。在何时将作业传到网上、是使用电子邮件交作业还是当面交作业等问题上，情况也各不相同。有的学校设置了有组织的数字技术部门和数字技术课程，而有的学校还没有。学校都在努力帮助孩子利用数字技术来提高效率。我想随着时间的推移，学校最终会处理好这些问题，但现在，需要帮助孩子将学校的线上和线下期望有机结合起来。

193

数字技术设备有助于提高效率吗？

效率和长期规划是学业成功的基石。数字技术在这两个方面都能提供帮助。如"关于家庭作业的建议"列表所言，我鼓励少年期孩子放学后先到网上确认作业，然后制订一份家庭作业计划，在其中列出当晚的作业以及打算花在每科作业上的时间。我让少年期孩子自己选择从最容易还是最难的学科开始。只要他们开始就行，你应清楚哪种方式更适合自己的孩子。

对于初中生，我要求他们做作业的时候使用计时器，这样他们就能真切地知道自己做作业花了多少时间，以及什么时候因为什么原因遇到了困难。《学习小助理》（My Homework）是一个可以在线与学校无缝衔接的应用程序。每门课以不同的颜色标示，有短期任务和长期任务。只要教师也有账号，就可以直接与教师联系。有一个叫《优先矩阵》（Priority Matrix）的应用程序，它将任务分为四个象限：长期/困难、长期/容易、短期/困难、短期/容易。对初中生来说，它稍显复杂，却很好地说明了数字技术如何帮助学生安排任务的优先次序和制订计划。

实际上，我很喜欢让初中生使用谷歌日历（Google calendar）。我鼓励七年级和八年级学生将他们的社交计划和作业都写在谷歌日历中。家长可以很容易地在上面添加事件、查看日程。我喜欢大图片画面和海报风格的纸质日历，但十三四岁的孩子通常更喜欢浏览电子屏幕。当我暗示智能手机可以让他们随时查看日程表时，他们都很合作。

大卫（David）12岁，上六年级。他成绩优秀，朋友很多。他是个完美主义者，喜欢让学校学习和自己的生活都受到掌控。当需要做很多作业时，他常常感到很焦虑和不知所措。他的父母坐在旁边陪着他，但是他心烦意乱，要很长时间才能完成作业。在整晚为家庭作业而担忧并拖延完成作业后，他总是睡不好。六年级时，他找到了一种创新的方式来使用数字技术以帮助自己完成家庭作业。他找到一位同学作为自己虚拟的家庭作业伙伴。在做作业期间，他会和这个朋友进行视频聊天。他们大部分时间都

194

不说话，但是能看见对方，需要时可以向对方提问。他去厨房吃点东西或去卧室稍事休息时，都会带着笔记本电脑与朋友保持联系。他们在 5 分钟的休息时间中会聊聊学校和运动方面的事情。大卫和他的朋友都是意志坚定的学生，他们都想为学校学习作好准备。他们彼此让对方坚持继续完成任务。

在初中阶段，与朋友一起学习往往并不现实，或者效率并不高。学习伙伴虽不是一项新发明，但它至少让大卫感到不那么焦虑和孤独，做家庭作业变得更有趣，而且可以从朋友处获得实时的支持。起初，大卫的父母担心这样做会让他过多地使用数字设备，会有更多的干扰。但是，当大卫以视频聊天的方式做作业时，他的抱怨少了，也很少拖延了。他的睡眠变好了，完成作业的时间提前了。数字技术让他更有支持感、更高效。

身份认同和独立性

少年正在形成他们的身份认同，他们的身份认同深受同伴和流行文化的影响。在本书前面，我曾要求你审视自己与数字技术的关系。现在到了让孩子做这件事的时候。常识媒体网站开发了一个叫"数字生活 101"（Digital Life 101）的创造性课程计划，可用来帮助少年期孩子反思自己的媒体生活。[1] 他们鼓励教师制作一个包括四个主题的概念图。这四个主题是：（媒体的）类型、行为（数字媒体使用方式）、你（对媒体）的感受和你父母的感受。要求孩子根据这四个主题厘清自己媒体生活中的各种联系。概念图完成后，还要让孩

---

[1] "Digital Life 101", lesson plan, Common Sense Media, *https://www.commonsensemedia. org/educators/lesson/digital-life-101-6-8.*

子用比喻或歌曲的形式完成下面的句子："我的数字生活像……
""数字生活 101"是为教师设计的课程计划，但我希望你也能把它
用在你的孩子身上。这样你就有机会与孩子讨论你关于数字媒体的
感受和经验。我们希望，你的孩子在受到 Lady Gaga、鸭子王朝
（Duck Dynasty）以及学校里"受欢迎的"女孩的价值观影响的同时，
也能内化你的价值观和你最看重的事项。

在少年期，你希望你的
孩子能内化你的规则和
价值观，能独自作出关
于数字技术的明智决策。

在对自己数字生活的组成部分进行审视
后，少年期孩子接下来就该对自己的数字
生活作出评估。找出你在本书前面用过的日
志，要求你的孩子也写一份，记录自己在数
字生活的各个方面花了多少时间——看电视、发短信、上网、看视
频、玩游戏。他可能会感到震惊，并决定要更加留意自己的选择。
作为家长，你正努力减少监管并鼓励孩子自己作出明智的决策，以
此来促进他们独立性的发展。

195

孩子作好拥有手机的准备了吗？

这是我会对此问题回答"是"的第一个年龄段。初中代表着青
春期开始。孩子的独立性和期望值都有所提高。孩子常常独自上
学，花更多时间与朋友相处，家长监管也更少。**正是智能手机和
随之而来的短信预示着孩子与数字技术之间独立关系的开始。**到
了初中，手机的拥有率比前一个年龄段增长了一倍多，超过 70%，
发的信息更是多不胜数。你的孩子很可能在初中毕业前就拥有了
手机，而且可能是一部智能手机。话虽如此，但也不用急着给孩
子配备手机。每个孩子和家庭的情况都不相同。如果你的孩子不
需要，也没有问你要手机，我认为就不用急着给他买。不过，要
注意的是，孩子的社交生活可能与手机联系紧密。手机有利有

弊，关于手机的讨论将成为本书后面几章的重要主题。同伴关系在这个年纪的孩子的生活中极其重要，手机将很快融入孩子的社交生活。

智能手机使用指南

✓ 联系人中只能加入亲密的朋友和家人。

✓ 家长必须知道所有密码。

✓ 一开始就要将信息同步到家长的设备上。

✓ 我们喜欢让孩子使用苹果云服务（Apple's iCloud），因为这样，所有内容都会在你的设备上显示出来。

✓ 提醒孩子，智能手机是一种昂贵的设备。

✓ 告诉孩子，如果手机显示"妈妈"或"爸爸"打来电话，一定要接。

✓ 确保孩子将手机放在背包或手提包中。

✓ 不允许孩子边走边打电话或边走边发短信。

✓ 在校期间不允许孩子使用电话。

✓ 在孩子做家庭作业时替他保管手机。

✓ 在孩子睡觉时替他保管手机。

✓ 鼓励孩子与互发信息的人面对面交谈。

✓ 劝告孩子适度自拍（下一章将详细探讨这个问题）。

196

我要说的最后一条指南来自霍夫曼（Janell Burkey Hofmann）的博客。圣诞节时，她给13岁的儿子格雷戈里（Gregory）买了一部苹果手机，并制订了18条规则，这是其中最后一条："如果你破坏了这些规则，我会没收你的手机。然后我们坐下来好好谈谈。我们将重新开始。你和我，我们都在不断学习。我们是队友。我们要并肩作战。"①

关于短信

我曾见过初中生整天玩游戏、发短信，把他们鞋子的照片发到 Instagram 然后在网上评论说它们有多酷——做这一切时，他们就坐在相隔一米不到的地方。在某种程度上，这是一种并无害处的娱乐——只不过是这一代人玩的新玩具而已。但此处情况并非如此。②

短信改变了孩子的沟通方式。孩子之间的联系既增强了也减弱了。谷登堡时代的早期印刷机只是将 15 世纪 50 年代的主要沟通方式——口头沟通的内容记载下来。口头沟通没有正式的标点符号，因此，许多早期的书籍都是连写句，没有逗号和句号。过了很长一段时间，口头内容才转换成书面内容。③今天，我们发短信或推特时，看到了相反的转换。我们使用首字母缩略词、模因和图片。我们的沟通风格变得越来越精简和图像化。人们花了数百年的时间才从写信转为发电子邮件，但从发电子邮件到发短信和推特只花了十年。

197　　　短信是少年与朋友沟通的主要方式。有趣的是，当孩子被问及

① Janell Burley Hofmann, "Gregory's iPhone Contract", July 8, 2013, *http://www.janellburleyhofmann.com/postjournal/gregorys-iphone-contract/#.U0m57MeHkXx.*

② Ann Brenoff, "How I Spy on My Kids", *Huffington Post*, March 22, 2013, *http://huffingtonpost.com/ann-brenoff/spying-on-kids-online_b_2839081.html.*

③ Nicholas Carr, *The Shallows: What the Internet Is Doing to Our Brains* (New York: Norton, 2010).

此事，他们都说自己更喜欢面对面的接触，但发现短信更方便。最近，我给一位家长说起他女儿没有回复我约她见面的短信。他问我有没有给他女儿打过电话。我结结巴巴地（我极少这样）说我没想到要给她打电话。那个时候，我意识到我已不再给我的那些处于少年期或青少年前期的患者打电话了。我给他们发短信确认和修改约定的时间。通常，他们肯定会回复我的短信，但从不回我的电话讯息。我意识到绝大多数孩子都不会查看他们的语音信箱，如果他们查看到讯息会用短信回复。孩子常常相互发短信约定打电话的时间。一些孩子已不再使用传统的通话方式，而代之以视频聊天、Skype或 FaceTime。通话已成为一种更亲密的沟通方式。发短信和帖子更方便，也足以满足绝大多数沟通的需要。亲密的通话方式则留给最好的朋友和男朋友。

这种情况有什么不妥吗？那要视情况而定。

发多少短信算多？

一些孩子非常热衷于发短信，做任何事情都会被短信（特别是群发短信）干扰，以至于他们似乎不能将精力集中到更重要的事情上，如家庭作业、听父母教诲！毫无疑问，短信已成了病毒。

- 青少年（13—17 岁）每月普遍发送 3 339 条短信。[1]
- 13—17 岁的女孩每月发送 4 050 条短信。[2]

---

[1] Ben Parr, "The Average Teenager Sends 3,339 Texts per Month", *Mashable*, October 14, 2010, *http://mashable.com/2010/10/14/nielsen-texting-stats*.

[2] "U.S. Teen Mobile Report: Calling Yesterday, Texting Today and Using Apps Tomorrow", Nielsen website, October 10, 2014, *http://www.nielsen.com/us/en/newswire/2010/u-s-teen-mobile-report-calling-yesterday-texting-today-using-apps-tomorrow.html*.

■ 有些孩子每天发送的短信多达 10 000 条。①

有一种现象叫**短信狂**，它与高危行为密切相关。人们将短信狂界定为每天至少发送 120 条短信——这就意味着，如果每月按 30 天计，短信狂每月至少要发送 3 600 条短信，这也意味着普通的十几岁女孩都是短信狂。一项以丹佛（Denver）4 000 名高中生为对象的研究发现，那些超量发送短信、每天在社交媒体网站上逗留超过 3 小时的孩子出现抽烟、危险性行为、抑郁、饮食失调、吸毒、酗酒、逃学等行为的风险极大。该研究的负责人解释说，这些数字技术让孩子掉入努力去适应的陷阱。如果他们如此努力地去适应网络，那么他们也可能同样努力地去适应酗酒或过度性行为。丹佛研究的对象是高中生，但是短信狂和社交媒体过度使用等现象在初中快毕业时就已开始。② 家长很难清楚地指出多少短信算"太多"。家长应使用损伤模型（impairment model）。如果短信已干扰孩子的正常生活或孩子已过度痴迷短信，导致苦恼和烦躁易怒，那么答案就显而易见了。

开车和短信：妈妈和爸爸会在开车时发短信吗？

还有分散注意的因素：少年期孩子还没有驾照，然而一旦到了 14 岁，他们就会迫不及待地去考学车执照。现在该讨论开车时使用手机的问题了。开车时发短信肯定要禁止。然而，竟有 48% 的青少年报告他们在乘坐家长驾驶的车时，家长会边开车边发短信。这是

---

① Shawn Marie Edgington, *The Parent's Guide to Texting, Facebook, and Social Media: Understanding the Benefits and Dangers of Parenting in a Digital World* (Dallas, TX: Brown Books, 2011), 20.

② Scott Frank, Laura Santurri, and Kristina Knight, *Hyper-Texting and Hyper-Networking: A New Health Risk Category for Teens*? School of Medicine, Case Western Reserve University, 2010, *http://www.jjie.org/wp-content/uploads/2010/11/Hyper-Texting-Study.pdf.*

最糟糕的榜样。现在——在你家的少年还不到开车年龄之前——该树立正确的榜样了：开车时将手机放到一边去。发短信导致的车祸的报道和统计数据不胜枚举（参见下一章）。

我该不该监控孩子的短信和其他数字活动？这似乎是对隐私的侵犯。

最近，我帮忙照料一对恩爱的老夫妇，他们在自己的第一段婚姻中各自有一个30岁的儿子。他们婚后又生了一个儿子，现在12岁，他们对小儿子的媒体使用表现出很大的关切。自从他们给了小儿子一部苹果手机作生日礼物，他就变得郁郁寡欢、讳莫如深。我问他们看没看过小儿子的短信。他们惊讶地看着我。母亲说，她已经养大了一个儿子，总是以自己尊重儿子的隐私而自豪。她从没看过大儿子的日记，也没偷听过他的对话。当然，他已30岁，在他成人前，既没有智能手机、短信，也没有脸书。我解释说，过去15—20年来，隐私的概念已有所变化。美国国家安全局和谷歌公司肯定能看到他儿子的短信。大学招生办可以访问脸书。雇主在雇用员工前也会使用谷歌调查未来员工的情况。这已是公认的事实。在你的孩子成年前，许多人都能接触他的数字足迹，如果你能这样想问题，那么你的孩子会更加安全。

199

> 在20世纪，除了好管闲事的家庭成员或管家，没人拥有上锁日记本的钥匙。今天，几乎所有人都拥有他人数字足迹的钥匙。

查看12岁孩子的短信不算侵犯隐私，这是一种保护性和教育性的行为。通过查看少年期孩子的短信：

- 你可以了解他如何描述自己，了解他是友好的还是恃强凌弱的。
- 你可以进行干预并帮助他应对那些恶意短信，哪怕这些短信并不是直接针对他。

■ 你可以帮助他管理如雪片般纷至沓来的短信，这是一个重大的责任。

■ 当有人发送涉性的不雅短信时，你可以向孩子指出。

■ 你可以确保他删除并且不会转发收到的不雅图片。

■ 你可以向孩子指出如何在网上展现自己，并确保展现在网上的自我与他的理想自我一致。

关于监控少年期孩子数字生活的一些建议

✓ 在孩子开始接触短信后，将他的短信同步到你的设备上。

✓ 随着孩子逐渐长大，你可以定期监控他的短信。

✓ 在脸书上加孩子为好友，在 Instagram 上关注他。

✓ 别忘定期查看孩子的社交媒体网站。

✓ 未得到孩子允许，不要评论他在社交媒体上发的帖子。

200

✓ 如果你发现这个账号的活动比平时少，可以推测这是一个假的账号。

✓ 要知道孩子的所有密码。

✓ 孩子加入任何新的社交媒体网站都需要得到你的许可。

✓ 孩子购买任何新的应用程序和游戏都需要得到你的许可。

✓ 孩子应严格遵守游戏评级体系。

✓ 查看孩子使用的计算机上的浏览记录。

✓ 查看孩子手机和平板电脑上的通信记录和应用程序。

事实真相是，在数字空间内，绝大多数孩子都能以计谋来瞒骗父母。我曾接待过一个非常聪明的 11 岁男孩，他黑了自己的平板电脑和安卓系统，令他的父母无法删除不合宜的游戏和应用程序。技术作家布伦诺夫（Ann Brenoff）曾写过，她在上初中的儿子接触网上的陌生人时感到多么无助。她在工作中是一名"技术专家"，可她却保护不了自己的儿子。她感叹自己不得不采取间谍手段。她不停地"与各种应用程序作战"。孩子用《信息蒸发》（*sendvapor.com*）来让短信消失，用 SnapChat 来让照片消失。他们还使用一款声称"不留任何痕迹"的应用程序——《定时销毁》（*Wickr*）。

家长可以借助以下应用程序予以反击：

- **文本监听**（*Txtwatcher.com*）：适用于安装安卓系统的设备。当孩子发短信时，它的映射功能会提醒你。它会对与网络欺凌、色情短信、吸毒、酗酒相关的讯息进行标注。它还能检测孩子是否在开车时发短信。
- **手机间谍**（*Mobile Spy*）：它的监控内容十分广泛，包括短信、通话、GPS 定位、网站访问、照片，等等。

一般情况下，我不建议使用这些监控程序，除非你怀疑有什么不好的事情发生在孩子身上。如果你有理由相信你的孩子有事瞒着你，那么你可能需要使用这些盯梢程序或间谍程序。初中生需要适度的独立。不要错误 ┃ 目的是合作而不是独裁。 地认为你可以或必须给孩子完全自由。现在还不到让他们完全自由的时候。但是，作为家长，你在给他们完全自由之前要教导他们，当好他们的师父。

201

社会压力和网络欺凌

迈耶（Megan Meier）是一个普通的 13 岁女孩，她和一个名叫"乔希"（Josh）的男孩成了网友。在她对乔希产生信任后，乔希告诉她学校里人人都不喜欢她。其他同学也卷入了这场骂人的口角。她向妈妈求助，她妈妈很同情她，却也十分沮丧。在和妈妈进行了一场激烈争吵后，她跑进卧室上吊自缢。①实际上，"乔希"是迈耶一位朋友的妈妈，47岁。迈耶对她女儿说过刻薄的话，她对此很生气。

2013年9月，12岁的塞德威克（Rebecca Sedwick）因遭受网络欺凌，在一座水泥厂跳楼身亡。肖（Guadalupe Shaw）是一个14岁的女孩，也是欺负塞德威克的人之一。她曾在网上发帖说："赛德威克应该吃漂白剂，应该去死。"赛德威克自杀后，她又发帖说："是的，我承认我欺负过赛德威克，她自杀了，但是我才不在乎，管它呢。"

网络欺凌即使用电子沟通的方式欺负他人。通常情况下，网络欺凌的内容具有威胁性或恐吓性。网络欺凌包括恶意短信、恶意电子邮件或社交媒体网站上的恶意帖子。欺凌者可能发布一些令人难堪的照片和视频。欺凌者可能伪造个人信息并伪装成可信赖的朋友。欺凌者还可能引诱孩子相信他们，然后再制造可怕的恶作剧或辱骂孩子。

下面是一些令人担忧的关于欺凌和网络欺凌的统计数据：

■ 25%—40%的青少年遭受过网络欺凌。初步研究表明，这个数字还在增长。②

---

① Shawn Marie Edgington, *The Parent's Guide to Texting, Facebook, and Social Media: Understanding the Benefits and Dangers of Parenting in a Digital World* (Dallas, TX: Brown Books, 2011), xiii-xviii. 该书讨论了迈耶的自杀事件，以及埃金顿的解决网络欺凌运动。

② A. Lenhart, "Cyberbullying and Online Teens", Pew Internet & American Life Project, June 27, 2007, *http://www.pewinternet.org*. 2007年的研究发现，不同年龄和性别的网络欺凌发生率在22%—41%。

- ■ 大约 15% 的青少年承认自己曾在网络上欺负别人。[1]
- ■ 每天有 5% 的高中生因担心自己的安全而缺课。[2]
- ■ 70% 的青少年承认他们曾在网上看到欺凌现象。
- ■ 在社交媒体上看见欺凌现象的孩子中有 90% 都袖手旁观。
- ■ 遭受欺凌的孩子中只有 10% 会告诉父母自己被欺负了。
- ■ 女孩在网上被欺凌的概率是男孩的 2 倍。
- ■ 欺凌往往会触发自杀念头。[3]

202

网络欺凌为何不同于校园欺凌和奚落？

你不必成为一名精神科医生也能明白欺凌具有的破坏性和创伤性。网络欺凌的后果可能比校园欺凌更严重，因为面对网络欺凌，你无处可逃。孩子若在学校遭受欺凌，回家便可得到缓解。他们经常为了避免受欺负而不愿去上学。网络欺凌则每天 24 小时，每周 7 天，时时刻刻困扰着他们。短信和帖子可以被快速匿名扩散。匿名可以造成一种虚假的信任感，就像迈耶的事情。网络欺凌可以扩散到很大的范围，而且往往难以追踪。

很难查出谁才是真正的网络欺凌者。一些孩子之所以成为网络欺凌者，只是因为他们感到沮丧、愤怒、无聊或好奇。还有一些网

---

[1] 网络欺凌研究中心（Cyberbullying Research Center）回顾了有关网络欺凌的研究，发现网络欺凌的流行率约为 25%。*http://cyberbullying.us/research/facts/*. 见 "Cyberbullying Trends and Recent Data"。

[2] 有关欺凌导致的缺勤的数据并不明确。最常被引用的统计数字是，每天有 16 万孩子因欺凌而缺勤。虽然被广泛使用，但这是一个 20 世纪 90 年代的数据，在今天看来，可能并不准确。

[3] Eleanor Barkhorn, "160,000 Kids Stay Home Each Day to Avoid Being Bullied", *Atlantic*, October 3, 2013, *http://www.theatlantic.com/education/archive/2013/10/160-000-kids-stay-home-from-school-each-day-to-avoid-being-bullied/280201.*

络欺凌者是为了巩固自己的社会地位。很难对网络欺凌造成的伤害进行控制。你可以删除最初发布恶意帖子或照片的设备上的内容，但是内容只要已被散布出去就很难彻底删除。尽管我们主张坦诚沟通和对话，但孩子往往不会向父母倾诉。他们担心会让父母失望。家长从一开始就对他们的网络行为比较挑剔，因此，他们担心自己向家长求助反而会受到家长的惩罚。

网络欺凌可能很不明显，但仍然具有伤害性。

雷切尔（Rachel）是一个 11 岁的女孩，上五年级，在学校里受到欺负。学校和我都担心她正在遭受网络欺凌。她认为学校里有三个欺负她的人和一群跟从者。其中一些跟从者以前还是她的朋友。她认为她们是因为太害怕而不敢与"坏女孩"对抗。根据目前对网络欺凌的定义，她并没有真正受到欺凌。但是，当她试图进行在线交流时，班上没有一个人理她。由于这种欺凌，她缺了很多课。她给老同学发电子邮件问作业，但没有人理会她。也许是因为她已被列为班里的"受害者"，其他孩子因害怕与她列为一类而与她保持距离。随着时间的推移，流了无数眼泪后，她学会了对付传统形式的欺凌，但每一封没有回复的电子邮件和每一条没有回复的短信都让她深受伤害。

家长应努力识别网络欺凌，因为网络欺凌会造成严重的后果。这些可能的后果包括焦虑、抑郁、成绩低下、缺乏自信，有时甚至可能是自杀。

当然，网络欺凌也会有一些预警信号。但是，媒体夸大了这些"危险信号"的显在性和我们察觉这些"危险信号"的容易程度。我想提醒你的是，这些征兆往往各种各样且不太明确。不过，家长、家庭和朋友始终应留神提防各种征兆，如：

- 学习成绩下滑。
- 社交孤独感和不合群。
- 情绪变化。
- 身体不适。
- 噩梦。
- 逃学。

这些预警信号非常广泛，但它们并不是网络欺凌独有的。如果你发现孩子的行为有异，那么你应进一步调查。如果你发现孩子与数字技术的关系突然发生了改变，那么我会怀疑是与网络欺凌有关。如果你的孩子在上网时变得焦虑不安或烦躁易怒，我认为你就应当留心关注。如果你一走进房间孩子就关掉屏幕或孩子一上网就神经质地紧张不安，那么我会感到很担心。这可能就是危险信号。此时，你应与孩子一道探询他对自己的数字生活的感受。如果你感到担忧，那么你该查看孩子的短信和社交媒体账号。

一旦发现孩子的正常生活出现任何变化，你就该采取行动。记住，一定要时刻监测欺凌和网络欺凌现象。对于每一个走进我办公室的少年和青少年，我都会询问他们在学校和网上遭受的不公正对待。我不用欺凌这个词，因为这个词会给他们造成一种事情很严重的暗示。我努力与每一个前来就诊的孩子一起分析他们的数字生活。我问他们：

> 在学校有没有人对你不怀好意？
>
> 在网上有没有人对你不怀好意？
>
> 在学校或网上是否有很多社会问题剧（social drama）？
>
> 你一般怎样与朋友沟通？视频聊天？短信？脸书还是

推特？

你是某个联系紧密的社交群体或小团体的一员吗？

这个小团体有任何形式的压力或要求吗？

对于你目前的社交生活，你有什么想要改变的吗？

我是一个临床医生，以上是我对大多数少年都会问的基本问题。家长要把握好分寸，慢慢来，不然孩子会嫌你唠叨。要经常了解少年期孩子的社交生活，要了解其中的细节并尽量用这些细节拼合还原出孩子社交生活的真实图景。

网络排斥：你真的需要知道自己是否被邀请了吗？

网络欺凌是个大问题，但我认为网络排斥（cyberexclusion）是每天都在发生的更具潜在威胁的问题。社会互动的公共性为嫉妒和排斥提供了一个新平台。在你 12 岁的时候，如果你没有被邀请参加睡衣派对或篮球比赛，你会很沮丧、很失望，但有时你甚至都不知道有这么个派对或比赛，或者在几个月后你才知道这件事。而今天，你的女儿会在 Instagram 上看到派对的照片，在推特上看到实况转播。她会知道朋友们在某处聚会，而她被无意或故意排斥在外。

一个 14 岁的女孩告诉我，一个周六的晚上，她和父母在某个餐馆就餐。她在查看 Instagram 时发现朋友们相约在外玩耍，而她没有被邀请。他们一张又一张地上传照片。她坐在餐馆里，紧盯着手机，看着照片一张张冒出来。她变得焦虑而易怒。冲动之下，她删除了自己的 Instagram 账号。她说她明天会恢复 Instagram 的账号，但现在看着这些照片一张张地出现太痛苦了。有些家长对我说："这就是生活。孩子应明白，不是每个派对都会邀请他参加。"虽然事实如此，但我不能确定是不是必须让孩子知道这一真相。

我突然发现，能让孩子感到自己被排斥的情况多不胜数。一个 12 岁的孩子会因自己没有在上传到 Instagram 的照片中被标注出来而感到受伤害和被排斥。照片上会标注出人物的名字以便所有粉丝查看。所有粉丝都可以看到照片中谁被标注了名字而谁没有。成人一般会将照片中所有人的名字都进行标注。但年幼的少年会上传他们新结识的朋友的照片，然后有选择地标注出自己最好朋友的名字。虽然人有最好的朋友是很正常的，但是在那些想成为上传照片的女孩的密友或自认为是该女孩密友的人眼里，这就是一种公开排斥。

群聊：有你还是没你？

在网上，很多不明显的方式都可以让孩子感到受伤害和被孤立（现实生活中也是如此）。我发现，群聊就是一个能滋生不实内容和欺凌行为的危险地方。大多数少年期孩子对社交媒体的使用尚有限，但他们可以加入群聊。你不能退出某个已加入的群组，除非每个群组成员都将你从联系人中彻底删除。群聊的积极面在于，孩子之间可以保持联系，可以一起制订计划。他们可以随时问问题，快速获取作业。如果你参与了群聊，那么群聊中提到的任何事情你都有可能参与其中。群聊的消极面在于它的数量、内容和相对匿名性。有家长说孩子在做作业时，有 2 个小时没有使用媒体，其间收到了 100 条信息，其中绝大多数都是群聊信息。家长读了这些信息，发现它们基本都是无用的，没有实质性内容。少年期孩子常常因需要回复的信息数量太多而感到不堪重负。群聊中存在一种大众心态（mass mentality），群聊中确实存在这样一种风险：孩子在无意中被卷入不良行为。在群聊中，孩子快速地轮番发送消息。他们冲动地发消息，而且发送的消息量巨大。因此，他们很容易说一些不友好的话，其他人也容易不加思考地轻率表示赞同或帮腔。

206 网络善意是什么样的?

数字公民意识是善意。数字技术为家长提供了一个框架来教导孩子学会勇敢和善良。数字公民意识意味着善良和勇敢。请看以下方框中的内容。请随意复制其中的行为准则，拿给孩子，以便随时

 保持网络善意的行为准则

应该做的

- 如果你需要或想要作出批判性的评论，请当面一对一地口头交流。
- 删除接收到的恶意或侮辱性照片或帖子。
- 要回复向你求助的短信或电子邮件。
- 只发送善意短信。
- 在朋友受到攻击时施以援手。
- 退出不友好的群组（如果能的话）。
- 如果对数字化现实有疑惑，要中止上传（参见下框）。

不应该做的

- 在有些朋友未受邀参加聚会时上传聚会的照片。
- 除非人人都受邀参加聚会，否则不要将聚会的邀请函或公告上传到社交媒体网站。
- 在线或用短信对他人作批判性评论。
- 在 SnapChat 中截图。
- 转发收到的恶意或侮辱性照片或短信。
- 过量发送短信。
- 为令人尴尬的照片"点赞"或转发这些照片。
- 在线对他人发表批判性评论。
- 要求别人给你发送色情或不雅照片。
- 相信不认识的网友。
- 在网上假扮他人，即使是在开玩笑。

中止数字化现实

在现实世界中你会这样说或这样做吗？

有人会因此受伤害或觉得被排斥吗？

你愿意让奶奶看见你上传的东西吗？

如果以上问题的答案是"不"，那么就不要上传！

207

提醒他们，或者你可以针对这些行为准则组织一次全家公开讨论。在讨论中，你们可就以下问题展开头脑风暴：当你很难执行那些该做的事或很难避免那些不该做的事时，应该怎么办？

关于性

我撞见儿子在看一个色情网站，我该怎么办？

我们在第 8 章就已开始接触性和性征的问题。今天，关于两性关系的基本常识的对话似乎已与以往有所不同。父母在卧室里试图向你解释性是怎么一回事，这样令人尴尬的谈话今天已不大会出现。围绕两性关系的基本常识的对话是持续进行的。无论你认为你的孩子对性和性行为知道多少，他们知道的东西肯定比你认为的多。这并不是说你应赶在他们前面，提前告诉他们一些还不适合他们这个年龄的信息。从发展的角度看，你的孩子充满好奇，而其他孩子又在谈论有关性的话题。不过，孩子（以及成人）经历这一过程的速度是不一样的。正如我在上一章所说，如果你的孩子表现出对这方面问题的兴趣，那么一开始，你应购买相关书籍让他在线下阅读。从理论上说，这样做可以保证孩子在用谷歌进行网络搜索前先行阅读、提问并与家长进行口头沟通。

　　每当我开始对一个孩子进行药物治疗，我都会同他的父母进行一次"关于谷歌的对话"。我要求他们不要用谷歌去搜索，因为他们会被搜到的内容惊吓，并且会得到很多错误的信息。我承认，在此之前他们可能已用谷歌搜索过了，或者他们不会听从我的劝告。在这种情况下，我便试图告诉他们我预计他们会用谷歌查找到什么——有好的也有坏的。我要求他们不要根据谷歌的搜索结果作任何决定，我要他们来找我，我会努力排解他们的担忧。作为一名医生，这一身份令我非常坦诚。过去，一个思虑周详的医生有时可能不会提及药物治疗中罕见的或不确定的副作用，因为这有可能吓跑那些迫切需要接受这种药物治疗的病人。今天不能这样做！老实说，我无法确保这种轻率的开诚布公总会符合每个病人的最大利益，但是在今天，这是行医实践中唯一的方法。初中生的"两性关系的基本常识"问题同样如此。你可以有选择地忽略一些东西，但孩子将在网上看到一切。在他们自己从网上找到这一切之前，由你来告诉他们会更好。

208

　　　　　　　　　　　　　　　　少年期孩子会在网络上问很多问题。他
开始进行性和性行为问　们在网上查找关于月经、梦遗、同性恋等方
题对话的年纪趋于低幼　面的内容。他们进行这些搜索的目的是想要
化，但这不一定是坏事。更好地了解自己的身体和性征。

谷歌三次点击现象

　　谷歌三次点击现象本身就是一个问题。第一次点击会得到一些关于性问题的临床知识。第二次点击就会更进一步，你也许会看见裸体照片或男女发生性行为的视频。第三次点击就会惹来大麻烦。在与一对父母的交谈中，他们对自己 13 岁女儿的"色情成瘾"（porn addiction）表示出深深的担忧。正是第三次点击让他们 13 岁的女儿进入了色情网站，里面充斥着恋童癖、性暴力以及各种泯灭人性的图片。初中生处于一个非常特殊的阶段，他们开始理解和探索性问题，要根据他们所处的发展阶段与他们进行交流。

关于如何与孩子谈论网络色情的建议

✓ 第一次发现他们浏览不当网站时，不要惩罚他们。

✓ 不要羞辱他们或令他们难堪。这样做只会永远关闭对话的大门。

✓ 鼓励孩子先发表看法。在开始有关色情的对话前，尝试理解他们对性的认识和看法。

✓ 鼓励孩子发表对网络性知识和色情网站的看法。你可以不同意他们的观点，但你应该开启对话，为他们提供有价值的见解和教育。

✓ 承认要进入这些网站非常容易。

209

✓ 给孩子解释幻想与现实的差别。色情是虚幻的。

✓ 给孩子解释两相情愿的性行为与强奸的差别。解释色情网站上的一些人并不是自愿的。

✓ 给孩子解释色情网站和主流媒体中出现的性暴力的危险性。

✓ 与孩子谈论色情是如何物化女性的。

✓ 如果孩子访问了同性恋网站，要告诉他们有关同性恋和同性恋恐惧症方面的知识。

✓ 在可能的情况下，尽量将计算机和设备放置在公共空间。

✓ 提醒孩子，他们还不到访问成人网站的年龄，你会对他们进行监控。

✓ 努力维持关于性问题的持续性对话。

　　少年期孩子的性认同和性幻想还没有完全形成。虽然与父母谈论这方面的话题会让他们觉得尴尬，但他们有太多问题想要了解。不要让谈论涉及个人。不要试图告诉他们不能与同性发生性行为，也不要试图告诉他们你不赞成人们既做主动方又做被动方（people who do X and Y）。青春期孩子的目的在于，弄清楚父母身份和价值观的哪一部分是自己想要内化的，以及哪一部分是自己想要改变的。这是一个渐进的过程。他们需要了解你的想法和意见。他们也需要知道你对他们的看法持开放的态度。网络性行为和网络色情始终存在。这只是开场白，要让对话持续进行。

关键要点

✓ 这个年龄段平均每天的媒体使用总时间为 8 小时 40 分钟。

✓ 孩子很可能得到了一部手机，或许还是智能手机。

✓ 使用量上升的同时规则渐趋宽松。

✓ 孩子与数字技术间的关系开始形成。

✓ 孩子需要适度的独立性。

210 ✓ 孩子应理解家长的意见和价值观。

✓ 应让少年期孩子参与规则的制订。

✓ 少年期孩子应学会将数字技术作为效率工具使用。

✓ 做作业时，孩子必须将手机和不必要的设备放在一边。

✓ 少年期孩子需要审视自己对数字技术的感觉和习惯。

✓ 少年期孩子在应付棘手的网络情形时需要家长的帮助。

✓ 孩子应发送善意的、有益的短信。

✓ 家长应监控孩子的短信、网络和社交媒体使用情况。

✓ 家长应正视孩子在网上的不当行为。

✓ 家长必须努力与孩子就欺凌和性等方面的问题进行坦诚的对话。

✓ 孩子会看到色情网站。即使使用了过滤软件，这些网站还是有可能被访问。

✓ 与孩子谈论网络色情的问题。

✓ 帮助孩子控制好自己的数字身份。

10 完全数字化：改写有关独立、约会、朋友和学校的规则——15—18 岁

杰克（Jake）16 岁，在女朋友佐伊（Zoe）与他分手后，他觉得自己要崩溃了，因此被介绍到我这里来。他们分手后，杰克把自己关在卧室里，哭了一整晚，第二天也不去上学。

2012 年，我见到杰克时，他穿着时髦，留着长长的棕色卷发。他态度友好，看起来并不沮丧。但是他说，他已经睡得够多，不想吃东西。他是个好学生，梦想成为一名作家或导演，希望进入电影学院学习。他告诉我，他很爱佐伊，无法想象未来没有佐伊会怎样。他们不在同一所学校上学，但佐伊是他应对学业压力的重要精神力量。他们每天交谈，佐伊知道他所有的事情。考试前他非常焦虑，但只要看见她或跟她说几句话，他的焦虑就会减轻。他说他们两人都很忙，因此不能像希望的那样常在一起。有时他也嫉妒，但他信任她。

我问杰克他们为什么分手。他说他们为一些"愚蠢的小事"发生了小小的争吵，然后佐伊说她需要更多空间。她说她感到窒息，她认为自己应把精力集中在学习上，努力考入大学。她说他们应该分开一下。他听后感到惊慌失措，开始大哭，还找到了一瓶妈妈用的药。他把药放在床下，没有吃。第二天他没

有去上学，让父母十分担忧。然而，那天晚上，佐伊向他道歉了，并问他们是否能重新在一起。他立刻就放心了，并认为父母一定要他来找我好像有些反应过度（4天后）。

212

我告诉杰克，我关心的事是一次分手竟能引发如此强烈的情感。我开始进一步剖析他们的关系。我问他们是怎么认识的，他说是"通过共同的朋友"。我问他们有没有发生过性关系。他停住了，红着脸看着我。然后他说："嗯，有点儿。"我困惑地看着他。他继续解释：

"戈尔德大夫，我们非常亲密，相互吸引。但严格说来，我们还没有发生身体上的性关系。"

我再次感到困惑。

"我们是在网上认识的。我们还没有当面接触过。但我希望不久她就能来看我。"

作为一名四五十岁的家长，看完这个案例，你也许会认为杰克是一个问题少年。事实并非如此。杰克住在纽约郊区，佐伊住在瑞典。他们通过共同的朋友结识，每天交谈并见面。他们用 Skype 通话、视频聊天、发短信、打网络电话。杰克的学习成绩大约为 B^+ 或 A^- 的水平。他参演戏剧，而且做得还不错。他在学校里有很多朋友。他曾有过一个"真的"女朋友，九年级结束时分手。那次分手让他很受伤，他承认与佐伊的虚拟关系让他觉得更安全。杰克的父母和佐伊的父母也通过电话。在他们闹分手前，杰克的父母一直都支持他们之间的关系。杰克生活得很快乐，在学校的表现也很好。他和佐伊住在不同的时区，相互鼓励参与社交并"有自己的生活"。

杰克对我说了30分钟，完全没有觉得他们之间的关系是虚拟的。通过 Skype 和视频聊天，他确实"看见"了佐伊。通过短信、脸书和网络电话，他确实"听见"了佐伊。佐伊对他而言是一个强有力的支持。他觉得佐伊懂他。他们进行了成人所谓的"电话性爱"（phone sex）。

杰克不是你想象的那种躲在自己房间的哥特隐士（Goth recluse）。他既不乱发脾气也不孤僻，与父母的关系比一般青少年都好，而且根本没有"网瘾"。经过一段时间的探讨，我和杰克发现，他或许是用自己与佐伊的关系来避免与现实生活中的女孩产生关系。他开始探究自己在佐伊与他分手时感到焦虑的原因。佐伊和杰克一直"在一起"，直到大学才分开（杰克获得了一所名牌大学的奖学金）。杰克和妈妈去瑞典拜访了佐伊的家人。他们不再"约会"，但他们仍是好朋友，保持着正常的联系。

身份认同、独立性和关系：青春期后期的发展目标

青春期后期的孩子已有能力形成各种关系和亲密关系。青少年的感情往往轰轰烈烈又多变。青少年喜欢"尝试"各种身份，探讨各种不同的观点。他们形成了较为稳定的性认同，对性的兴趣日益增加。

虽然青少年有时会因急于独立而给自己带来麻烦，但不可否认，独立是他们的最终目标。让我们感到遗憾的是，青少年开始将父母视作有缺点的实实在在的人。在有关父母的问题上，他们总是发出一些矛盾的信息。每天，我都能听见青少年说他们不再需要父母了。但同时，他们又会因妈妈没有留出时间与他们相处而生气。

在认知方面，他们的执行能力有所提高，但还不完善。他们能设定目标，养成学习习惯。制订长期规划对他们来说仍是一个挑战。

一个来我这里就诊的非常有条理的 17 岁孩子告诉我，她的朋友们因她使用苹果手机上的日程表而取笑她。提前做计划并按计划执行并不是一件"酷"的事情。

青少年仍容易做出鲁莽的事情。他们想要体验性、毒品和自由。他们总是不考虑行为的后果。每个季度都会有一个青少

> 根据我的临床经验，在青春期后期，闹剧并未消失，但确实得到发展。

年因给教师发了不该发的令人愤怒的电子邮件而来我这里。每周都有青少年因其鲁莽的在线行为而招惹麻烦或引发一些戏剧性的事件。尽管他们看起来更成熟了，但这个年纪的孩子仍会转发不雅照片，仍会在群聊时公开批评朋友，仍会花很多时间看自己未被邀请的聚会的照片。他们觉得熬过初中就解脱了。他们说拉帮结派的闹剧在初中后就平息了。与初中时相比，青少年对自己更有好感。

伴随着独立性的发展，一些重要的发展目标也同时在发展，如形成了更稳固的身份认同、更复杂的认知技能等。以下是 15—18 岁有可能达到的里程碑。

214

- **独立性**：孩子已明显是个小大人，虽然有时还会寻求你的建议和帮助，但他们的自主性越来越强。
  - □ 对独立的渴望越来越强。
  - □ 认识到父母并不完美。
  - □ 可能会指出父母的错误。
  - □ 从向父母寻求情感支持转为向同伴群体寻求情感支持。
  - □ 渴望形成自己的价值体系、定义自己。
- **身份认同**：在这个年纪，你会惊讶地看到，孩子正在成为一个完全独立的人。

- ☐ 认同感更强。
- ☐ 探索内心体验的能力更强。
- ☐ 自我表达能力更强。
- ☐ 性认同更完善。
- ☐ 对性的兴趣增强。
- ☐ 与他人形成亲密关系的能力更强。
- ☐ 频繁改变关系。
- ■ **认知**：大脑的整套执行功能要到 20 岁才发育完善，但在 15—18 岁期间，孩子在思维发展方面已取得重大进步。
- ☐ 学习习惯更明确。
- ☐ 抽象思维能力更强。
- ☐ 执行功能更完善。
- ☐ 制订目标的能力更强。
- ☐ 能更好地思考个人在生活中的角色。

青少年的数字技术使用情况

由于青少年对各种数字媒体的使用越来越熟练，拥有的自由度更大，他们的数字技术使用量自然会增长。

215

- ■ 15—18 岁孩子每天花在数字技术上的时间为 8 小时。
- ■ 如果将多任务活动计算在内，那么 15—18 岁孩子每天在数字技术上花费的时间为 11 小时 30 分钟。
- ■ 95% 的青少年都上网。
- ■ 三分之一的青少年承认，他们在做作业时经常使用与完成作业无关的数字技术媒体。

■ 80% 的青少年上网时会使用社交媒体网站。[1]

大多数青少年认为, 社交媒体网站的后果是积极的而不是消极的。[2] 有趣的是, 他们不一定想与人分享他们在网上做些什么——80% 的青少年说有时或大多数时候他们在社交媒体上的个人资料都设置为 "私密"。在你读完本章后, 你会发现, 不是所有家长都认为有必要知道已长大的青少年的网络活动——只有 40% 的家长会追踪孩子在社交媒体网站上的行为——在孩子即将进入大学的时候, 大多数家长都放宽了数字技术使用规则以及其他方面的限制。

身份认同、独立性、关系和学业是青少年发展的重要组成部分。接下来, 我将阐述家长该怎样帮助青少年, 使他们将数字技术用作一种自我表达的工具和增进关系、独立性与学业成绩的工具。

数字足迹: 代沟

如果你出生于 1985 年以前, 那么尽管你有数字足迹, 但你的数字足迹不会与你的身份认同、关系或生活中的成功具有密切联系。成长于今天这个时代的孩子, 在某种程度上是由他的数字足迹来定义的, 而且这种影响是终身的。上了年纪的人不会太在意自己的线

---

[1] Victoria Rideout, Ulla G. Foehr, and Donald Roberts, *Generation M2: Media in the Lives of 8-to 18-Year-Olds* (Menlo Park, CA: Kaiser Family Foundation, 2010).

[2] Amanda Lenhart, Mary Madden, Aaron Smith, Kristin Purcell, Kathryn Zickuhr, and Lee Rainie, "Teens, Kindness and Cruelty on Social Network Sites: How American Teens Navigate the New World of Digital Citizenship", Pew Research Center, Internet and American Life Project, November 9, 2011, *http://www.pewinternet.org/2011/11/09/teens-kindness-and-cruelty-on-social-network-sites*.

上形象，但青少年会无缝地同时建立自己的线上线下形象。这已成为青春期孩子的必备技能，并将伴随他们一生。

216 **关于孩子的数字足迹，我能提供什么帮助?**

我确信，你的孩子已厌倦听你谈论他的数字足迹。你应像看档案、简历或名片那样看待他的数字足迹。孩子的数字足迹应能展示他的创造性，反映他的兴趣和观点。积极的数字足迹具有的力量令我非常吃惊。

23 岁的凯特琳（Caitlin）来找我，让我帮助她处理成长过程中的焦虑。最近，她告诉我她正在面试一份新工作，她被要求去采访一家设在亚洲以外的国际创业公司。我大吃一惊，因为我有很多受过良好教育的 20 多岁的患者都难以找到一份哪怕是很普通的工作。我不明白这家公司是如何找到凯特琳的，为什么会面试她，因为她的经验非常有限（她 6 个月前才刚刚毕业）。显然，他们是在领英网找到她的。她解释说，她的网络形象很好，也懂得建立线上工作关系。他们就找到她了!!!

领英网（LinkedIn）是一个面向职场人士的求职社交媒体网站，它的成人用户已超过 2 亿 3 千万，其于 2013 年 8 月推出了"大学页面"，向青少年敞开了大门。青少年可以浏览大约 200 所学校的就业中心的档案信息，如学校的杰出校友名单或校友就业单位的资料。① 用数字技术来制作正面简历，领英网就是一个例子。随着青少年逐

---

① Emily Cohn, "LinkedIn Opens Floodgates to Teens with Launch of University Pages", *Huffington Post*, August 19, 2013, *http://www.huffingtonpost.com/2013/08/19/linkedin-teenagers-university-pages_n_3776504.html*.

渐长大，他们更有可能意识到大学和未来雇主都会留意他们的数字足迹。

家长需要检查孩子的线上形象。他们应知道如果用谷歌搜索自己的孩子会弹出什么样的内容。知道了这些信息后，家长应帮助孩子创造和培育一个多维的线上档案或数字足迹。

我的孩子怎样才能将数字技术用于善行和社会变革？

有良好的线上学术履历和社交简历很重要。但将数字技术和网络用于积极的自我表达、善行和社会变革更为重要。赫芬顿邮报网（*HuffPost*）青少年版的博主莫特（Patrick Mott）曾在帖子中说："社交网络可以讲述我们的故事，如果你和我一样，那么你要确保你在推特或脸书上的故事是一个好故事。"① 以下是一些很好的例子。 217

■ 在一位首席执行官发表了一份只针对"酷小孩"的声明后，奥基夫（Benjamin O'Keefe）在公益请愿网站 change.org 上发起了一场反阿贝克隆比 & 费奇公司（Abercrombie & Fitch）的运动。他发起的这场运动得到了 74 000 人的签名支持，阿贝克隆比 & 费奇公司的行政主管不得不找他商讨公司可以作哪些改变。

■ 2013 年 5 月，密苏里高中的一名学生参加了一个鼓励问题青少年学习电动车设计的非营利组织"Minddrive"的活动。这一事件受到了全美国的关注。他们成功地将一辆 1967 年的古董大众汽车改装成了一部电动汽车。他们用一个微控制

---

① "Teens and Social Media： Young People Who Used the Internet To Do Major Good"，*HuffPost Teen*，June 26，2013，*http://www.huffingtonpost. com/2013/06/26/teens-using-social-media_n_3505564.html.*

器给这辆车编程，使它能对推特的关注或脸书的"点赞"等社交媒体网站上的输入进行检测并将其化作电力。它成了一辆社交媒体驱动车。这辆车最后抵达了华盛顿，以此来引发人们对创新教育的意识。①

■ 癌症患者索别克（Zach Sobiech）因病离开人世前，在YouTube 上上传了一首名为"云"的歌曲与家人和朋友告别。数千人观看了这个视频，并最终促成扎克·索别克骨肉瘤基金（Zach Sobiech Osteosarcoma Fund）的设立。

■ 斯特雷奇（Mary Streech）上七年级时，因饮食失调症而住院接受治疗。出院后，她创建了一个非营利网站，致力于推进健康的身体意象。

■ 17 岁的斯蒂达哈（Emma Stydahar）是个纽约人，她发起了一场请愿，要求少女时尚杂志 "Teen Vogue" 在其杂志中多使用真实的少女照片。

■ 还有一些人加入了 "SPARK"。这是一个鼓励女孩畅所欲言的联盟。② 自 2011 年以来，"SPARK" 采取行动反对性暴力和不现实的青少年性感照片，还加入了联合国女童问题法庭。

> 青少年不必做出什么英雄壮举来改变社会。他们只需做到在线上和现实生活中都"宁求善良"。

218　　　青少年不必用数字技术来改变世界。他们可以用数字技术来帮助朋友或引起人们对某个问题的关注。互联网已彻底改变全世界，

---

① Krystie Yandoli, "High School Students Build Car Fueled by Twitter, Facebook and Other Social Media", *Huffington Post*, May 24, 2013, *http://www.huffingtonpost.com/2013/05/24/high-school-students-buil_1_n_3333068.html*.

② Emma Penrod, "Teen Activists Combat Body Image Negativity with Online Tools", *Deseret News*, July 4, 2013（national edition）.

它要求青少年成为更加积极主动的数字公民。

数字镜像：自拍照的兴起

> **我女儿不断地自拍，这有问题吗？**

自拍照是"自己给自己拍的照片，通常使用智能手机或网络摄像头拍摄，然后上传到社交媒体网站"。[①]2013年，"自拍照"这一术语的使用量增加了170倍，因此毋庸置疑地于同年被收录进《牛津英语词典》。

青少年时时刻刻都在自拍。自拍照已成为青少年的一种沟通方式，这种方式不需使用语词，只要记录下某一时刻或表情即可。从发展的角度看，青少年正在形成身份认同，正在寻找自我表达的方式。自拍照能使青少年掌控自己的线上形象。

> 2013年度词汇：自拍照。

尽管如此，家长和媒体仍经常抱怨自拍照和社交媒体对青少年的害处。在我的工作实践和个人生活中，我常常听到家长对孩子无休止地自拍表示担忧："我的孩子正错过一些重要时刻。""他们太自恋了！"具有讽刺意味的是，就像你已知道的，自拍照在成人中的流行程度并不亚于在青少年中的流行程度。

我同意自拍（与其他任何事物一样）要适度。但也要记住，自拍可以以一种积极的方式来定义这一代人。自拍是一种对身体意象的研究。搜普（Dove Soap）为2014年圣丹斯电影节（Sundance Film Festival）制作了一段7分钟的视频，名为"自拍"。我希望你和你的孩子（特别是女儿）一起看看这段视频。它讲述的是一位摄影师前往马萨诸塞州的一所高中，教学校里的女孩和她们的妈妈拍

---

① 在线《牛津英语词典》：*http：//blog.oxforddictionaries.com/2013/11/word-of-the-year-2013-winner.*

自拍照。摄影师对女孩们说:"你们有力量改变和重新定义美。这力量就在你们手里,因为从现在起,它就在你的指尖上。我们可以拍自拍照。"[1] 在视频中,少女们谈论自己自拍的方法——她们担心会给别人留下什么样的印象,对自己的某些特征评头论足。妈妈们则通过自拍练习对女儿和自己有了进一步的了解,并最终接受了这样的观点:自拍将控制权还给了青少年,让青少年可以重新定义美并展现自己独特的美。

我女儿没完没了地自拍,但从不发送或上传,这正常吗?

我不担心青少年自拍,我更担心的是青少年拒绝自拍。这就像是一个青少年拒绝照镜子。绝大多数青少年自拍5—10张就会选中其中一张并不假思索地上传。我担心的是青少年对自己的自拍照反复玩味或压根就拒绝自拍。也许你家的孩子对待自拍很冷淡——我能接受那些没有明显的理由就持相反立场的青少年。但你需要明白,拒绝自拍可能是身体意象扭曲或饮食失调症的危险信号。

关于自拍的建议

✓ 要记住,自拍是与青少年的发展阶段相适应的,也是时髦的。

✓ 要劝阻孩子过度自拍,但可以适度自拍。

✓ 提醒孩子接纳那些重要时刻,而不是自拍照——一定要问他们拍照时发生了什么事情,或为什么会有那样的表情。

✓ 例行性地与孩子谈论他的自拍照。

✓ 了解孩子的身体意象,问他是如何挑选自拍照的。

---

[1] "Dove Short Film Embraces 'Selfies' to Redefine How We Perceive Beauty", *http*:*//mashable.com/2014/01/20/dove-selfies-short-film*.

✓ 帮助孩子体会其自拍照的与众不同之处。

✓ 如果你的孩子拒绝上传他的自拍照，要探询他为什么有这样的矛盾心理。

✓ 与孩子谈论你自己在身体意象方面的挣扎。

✓ 向孩子示范积极的身体意象行为。

身份认同与自我表达

220

> **最近我读了儿子的短信，感觉他就像一个流氓，我该怎么办?**

在数字时代，"多重人格"有了全新的含义。青少年解释说，他们在网上说话是一种样子，在现实中说话又是另一种样子。一名在一所与常春藤盟校联系紧密的中学就读的十二年级学生曾和我说，除了一些咒骂的话，他在线上线下的说话方式是一样的。他给我看他的短信记录。的确，里面有不少脏话，但实际情况并不止于此。从短信中看，他就像一个流氓。他说粗话，发表充满性别歧视的评论。短信内容与坐在我面前的这个穿戴得体、体贴入微、侃侃而谈的年轻人极不相称。我承认，他和我说话可能比和他的同伴说话更正式些。但他也承认，在当面和朋友交谈时，他极少使用无礼的话语或侮辱性的语言。

作为一种练习，我常常要求青少年从第三者的角度去审视他们的数字形象。"如果陌生人看到了你的短信和信息，他会怎么想你?"绝大多数青少年都非常聪明，他们会告诉我他们既不参与网络欺凌也不发送色情信息。但是，他们并不总能意识到自己的数字形象是其真实自我的写照。

当家长看到自家青少年在网上就像一个"流氓"或"妓女"时，

问孩子："陌生人会怎么
看待你的短信和信息？"

他们常常感到困惑、受伤和生气。数字化形态使得青少年可以尝试不同的角色和人格。数字技术的匿名性和高速度促生了冲动性短信和帖子，以及相应的不良网络行为。当然，青少年必须注意自己的隐私问题。但还不止于此。青少年还必须留意自己的线上形象。当家长发现孩子行为不良时，想立即进行约束往往很困难。这是一场等待的游戏。作为家长，你应留意孩子的数字身份，并把你的看法反馈给孩子，这样他才能开始用自己的眼睛去审视自己的数字身份。如果可能，你要努力做到不妄加评判，听听孩子怎么说。身份认同的形成需要时间，如果你始终敞开沟通的大门，他终将顺利完成这一过程。

221   独特的自我表达

我儿子上传了一张连环杀手的照片，他最好的朋友对校园枪击案的凶手作了肯定的评论，他们是不是有问题？

你分享的"链接"和"赞"都在传达关于你的信息。吸血鬼、僵尸、连环杀手等在电视和游戏中比比皆是。但是，分享现实中有关连环杀手的链接并不是个好主意。非主流信仰与暴力和仇恨言论泾渭分明。克里斯托弗（Christopher）是一个聪明的十一年级学生，就读于曼哈顿一所私立学校。曼哈顿因社会进步和支持枪支管制而出名，克里斯托弗在 Instagram 上发布了有关枪支、炸药的照片和仇恨言论。他在学校里表现得很害羞，朋友不多。他没有受到欺负，但不能很好地与人相处。他的一些同学对他在 Instagram 上的账号表示忧虑，于是报告给了学校管理者。学校因此找到我，问我他的状态是否令人担忧。

克里斯托弗的父母并不知道他有 Instagram 的账号。他们只知道他有一个脸书的账号，而且这个账号并不活跃。当我见到克里斯托弗时，他的谈吐温文尔雅、亲切悦耳。他说学校的行为很可笑。《第二修正案》（The Second Amendment）保障公民有携带武器的权利。我对此完全同意。我问他为什么要上传炸药的照片。他说，如果他生活在这个国家的另一个城市，那么这些帖子就不会被认为具有煽动性。他说美国步枪协会（NRA）拥有三百万会员，而曼哈顿几乎没有。克里斯托弗也许是对的。学校对枪支和炸药的照片的容忍度很低。他们发现一个安静、孤独的青少年在网上似乎对枪支和暴力很着迷。尽管学校管理部门对此作了诸多猜测，但也不能因学校的过度保护而苛责学校。

虽然克里斯托弗认为学校的反应有些过度，但他也理解学校的担心。我和克里斯托弗一起分析了他不愿融入班集体、常常独来独往的原因，发现这与美国步枪协会毫无关系。他删除了那些坦克照片，以及有关极端枪支权利组织的链接。事实上，他并不关心《第二修正案》和美国步枪协会，但他在 Instagram 上的账号活动使他看起来十分热衷于它们。

我和克里斯托弗一起寻找更为健康的融入集体的方式。他想起自己曾跟同学们说自己对一个流行的角色扮演游戏很感兴趣，就问同学们自己能否加入和他们一起游戏。他热衷于政治而不是暴力。他开始上传一些他关心的政治问题的照片和链接。他上传的这些内容虽比他的同龄人上传的内容更保守，但还是与他的年龄相称的。他父亲鼓励他多进行线下交流。他在社交媒体上的形象彻底改头换面，变得更为真实。

青少年往往喜欢采纳一些非主流的立场，从而引发争辩。青少年总喜欢采纳一些与父母观点对立的看法，这在青少年中非常常见。有时候，青少年需要持一些偏激的观点，然后才能慢慢形成更稳健的立场。我鼓励青少年对问题展开辩论，但他们必须留意自己的线上形象。在推特和 Instagram 的快节奏世界里，一些激烈的、具有煽动性的看法有可能被歪曲。我曾接待一个非常聪明的犹太裔高中生，他发布了一些具有煽动性的、反犹太的言论，还将链接发给了宗教激进组织。学校和他的朋友都很担心。他说他这样做只是想促成一场辩论，只是想弄明白那些他所在的开明的犹太社区不屑一提的团体所持的看法。我认为，他这样做是为了得到心不在焉的父母的关注。这个目的事实上达到了。学校和他的父母都给予了关注。学校给了他留校察看的处分，而他的父母删除了他在脸书、Instagram 和推特上的账号。

就线上身份和人格面具给青少年的建议

✓ 确保你的线上身份与你的真实身份相称。

✓ 要慎重考虑你发布的帖子、分享的链接和点赞的内容。

✓ 不要转发、赞同或点赞以下内容：

    ✓ 仇恨言论（如性别歧视、种族歧视、同性恋等）。

    ✓ 教你制造炸药的网站。

    ✓ 极端暴力网站。

    ✓ 有杀人犯罪倾向的链接或帖子。

    ✓ 意图伤害他人的恐怖主义或宗教激进组织。

    ✓ 与索要、购买或销售毒品（包括大麻）有关的任何内容。

    ✓ 露骨的色情照片（18 岁以下孩子的裸照可被视为儿童色情照）。

需要澄清的是，我不是说青少年不能对以上话题发表意见。不过，这些话题在公共空间中常常被歪曲，导致"粉丝"和"朋友"产生误解或作出错误的猜测。应告诉青少年，对具有煽动性的话题的讨论应在现实生活空间中进行或者不要说出来（这同样适用于家长）。

同一性发展和电子游戏

> **我儿子总在自己的房间玩电子游戏。他会不会错过人生中某些无法重现的重要时刻？**

斯蒂芬妮（Stephanie）和詹尼弗（Jennifer）是一对姐妹。斯蒂芬妮 21 岁，詹尼弗 19 岁，就读于不同的大学。她们都酷爱玩游戏，并且试图让我明白玩游戏是如何提升她们的自尊和人际关系的。游戏陪着她们长大，她们都与在网上结识的男人建立了健全的真挚关系（像成人一样）。斯蒂芬妮 17 岁时，她家经常在全国各地搬迁。她开始和高中的老朋友一起玩《魔兽世界》。她说："这比聊天和发信息更好，因为我们参与了一项共同的活动。"

斯蒂芬妮和詹尼弗一起玩电子游戏长大。她们在赛车游戏中一较高下，在格斗游戏中手足相争。在单人游戏中，她们还相互轮换角色，轮流扮演会让另一个人不舒服的角色，如詹尼弗穿行于太平间而斯蒂芬妮在海里游泳。在斯蒂芬妮进入大学后，她们仍希望能继续一起玩游戏。她们在游戏中相互妥协与合作，这样她们就能拥有一些共同的经验。她们玩的游戏既有角色扮演类游戏，也有夺旗类游戏（capture-the-flag-type games），还有各种脸书小游戏。

斯蒂芬妮开始和"密友"（familiars）（朋友）一起玩《魔兽世界》，这个游戏也是她向高中生推荐的游戏。在她获得更多技能后，她加入了一个熟练玩家公会。她说，公会中有一些非游戏时段，那时所有公会成员可以相互聊天。他们彼此逐渐加深了解，最后，斯蒂芬妮在线下约见了她的男朋友。

　　詹妮弗玩得更多的是竞技类游戏，如《英雄联盟》（ *League of Legends* ）。她参加了一个游戏大会，观摩并向那些专业的游戏玩家学习。大会规约主要针对安全事件和国际玩家。与会者可以在线下碰头，谈论他们共同的网络兴趣。詹妮弗在一次会议中遇到了她的男朋友。对于竞技类网络游戏和电子竞技（e-sport）的日渐流行，斯蒂芬妮和詹妮弗都很兴奋。

　　两个女孩都是好学生，都在线下建立了有意义的人际关系。她们都有活跃的社交生活和社交网络，但她们的大多数朋友都是直接或间接通过网络联系而结交的。斯蒂芬妮和詹妮弗都坚定地认为，她们的在线游戏经历巩固了她们的亲情、友谊和各种关系。她们让我懂得，我们可以怎样利用在线游戏来进行创造性表达和社会联系。

年轻人已开始将他们在多人游戏中的领导者角色或版主（moderator）角色载入其简历。

　　多人游戏可作为现实生活的缩影。你可以从中学会各种技能，以及学会独立。你可能是一个领导者，也可能是一个追随者。你需要策略和同盟。你会因表现优秀而得到奖励，也会因表现不佳而受到惩罚。玩游戏需要的那些复杂推理和技能已日益受到重视。

　　竞技类游戏中常常会出现激烈的批评、口头攻击、故意坑人（trolling）、恃强凌弱等行为。斯蒂芬妮和詹妮弗都由衷地觉得玩游戏的经历让她们变得自信、机智和大胆。她们在游戏中学会如何管理自己。她们建议青少年在玩游戏时：

- 使用忽略功能（阻止／忽略）。
- 向版主报告各种恶劣的、讨厌的行为。
- 与正直的人为伍（你不是必须接受每一个游戏邀请）。
- 如果不再能感受到玩游戏的乐趣，那就休息一会儿。

父母与青少年之间的代沟在网络游戏上表现得最为明显。我接
到过很多家长的电话，他们因青春期的孩子整天待在自己的房间玩
游戏而非常担心他会变得"抑郁""吸毒"或成为潜在的"校园枪击
犯"。在接到这些家长的电话后我会问他们以下问题：

> 你儿子玩的是什么游戏？
>
> 他在游戏中的角色是什么？
>
> 他玩的是多人游戏吗？
>
> 你儿子是和"密友"一起玩还是和陌生人一起玩？
>
> 玩游戏是否耽误了他的学业？是否耽误了他的课外活动？
>
> 除了玩游戏的伙伴，他还有其他朋友吗？
>
> 他还以其他方式使用数字技术吗（如社交媒体、编程）？

电话那头沉默了。家长担心自己的孩子易怒、固执，关心他们
的心理健康，但他们完全不明白自己的孩子在网上都做些什么。

格雷格（Greg）是一个很聪明的十一年级学生，就读于一所私
立男子学校，爱玩长曲棍球，跑越野赛。他的父母觉得他有些抑郁。
他常常玩游戏到凌晨三点，一直躲在自己的房间里。当我见到格雷
格时，我看到的是一个漫不经心但衣着得体的青少年。一开始，他
说话轻声细语，有些闷闷不乐，很少与我有眼神接触，态度举止似
乎有些傲慢。当我问起他有关游戏的事情时，他的眼神亮了，人似
乎也放松了。我问他是否觉得自己玩游戏这件事是个问题，他说不。

我让格雷格给我介绍他玩得最多的游戏。他翻了翻白眼，因
为我显然对玩网络游戏不大在行。他说他是《最终幻想》（*Final
Fantasy*）（一款类似《魔兽世界》的多人游戏）游戏的指挥官。他要
协调40个人的日程，这样他们才能在晚上一起战斗。他还要负责更

新他们的战术和计划。这是一个很复杂的游戏，他很喜欢倾听队友的意见以制订更好的战术，喜欢和队友一起享受胜利的喜悦。

他说他一般是与学校里认识的人一起玩游戏。他的确玩游戏玩到很晚，但他确实已完成了学校的功课——他的学业成绩为 B，虽然他父母希望他的学业成绩为 A——他在现实生活中也有很多朋友，他只在无聊或深夜才玩游戏。他说他并没有抑郁，但很厌烦父母整天唠唠叨叨。

作为家长，你必须弄清你的孩子正在玩什么游戏。游戏机上的运动游戏不是很复杂，也易于理解和管理。但是，如果你的孩子正在玩《魔兽世界》或《英雄联盟》，那么你就需要进一步学习和了解。我并不是建议你加入孩子和他一起玩游戏（请不要这样做），但你应更多地了解孩子是如何玩游戏的。让孩子给你讲解游戏的规则、规矩和角色。在《魔兽世界》里，盔甲的细节反映了你的技能水平。而在其他游戏里，技能水平是通过炫耀一个难得的物品或戴某种帽子反映出来的。问问孩子是什么让他喜欢某一款游戏，是游戏具有的竞争性？还是在游戏中得到放松？让他们给你解释解释暴力问题。有些游戏会很详细地展现女性被强奸和打破脑袋的过程，而在另一些游戏中，玩家会参与到中世纪的格斗中，失败者会"消失"而不是死亡。

青少年和家长都应明智地认清玩游戏的好处。　　在线游戏是表达身份、创建关系和培养独立性的一种工具。但青少年应有节制地玩游戏，也应知道什么时候玩游戏会干扰自己的生活。青少年游戏玩家需要家长理解自己是如何玩游戏的。他们也需要家长在自己无法从游戏中自拔时替自己关掉游戏。他们还需要家长在合适的时候放手让自己玩游戏。

数字时代的真正友谊

数字时代的友谊更加复杂。在我看来，青少年友谊中的"富者愈富"现象显然在很大程度上受数字技术的影响。

■ 具有良好社交技能和健全自尊的青少年能利用社交媒体和电　　227
子沟通工具来增强他们的关系。

■ 自尊心较弱的孩子获得负面反馈的风险更大。当他们将自己的个人资料和自己被点赞的数量、粉丝的数量与别人比较时，他们的自我感觉可能更糟，可能会从网上寻求安慰。

虽然她有很多"好友"和"粉丝"，但我担心女儿并不理解真正的友谊，我该怎么办？

友谊的形成是青春期发展中的一个重要方面。我们知道，面对面自我表露对青少年友谊的形成而言很关键。我们也知道，友谊同青少年时期的自信和幸福感高度相关。短信和社交媒体网站与寂寞、孤独或弱自尊没有直接关联。脸书朋友和社交媒体使用与自尊具有积极的关联。无论如何，社交媒体网站与青少年友谊之间的关系是很复杂的。

> 选择性自我表现、自我表露和时间与精力的投入似乎是理解社交媒体时代青少年友谊的关键。

友谊形成要领

· 社交媒体网站促使人们更多地自我表露。

· 有节制地自我表露致使友谊得以增进。

· 过度分享的人是在寻求安慰。

· 寻求安慰的人更有可能得到负面的反馈。

> - 社交技能差的青少年不大可能从社交网络中受益。
> - 选择性自我表现能帮助青少年形成最好的自我感觉。
> - 投入过多的时间和精力会导致失望，降低自我概念。

228　　　选择性自我表现

我女儿总是将她的生活与她在网上看到的精彩派对和照片进行比较。这样做有害吗？

　　个人资料是绝大多数社交媒体网站的标志。它使青少年能展现最好的自我。选择性自我表现和积极的自我感觉之间存在相关，这一点已得到一些研究的支持。因此，如果你的孩子能在个人资料中推销他最好的自我，那么将有助于他实现其最好的自我。但重要的是，孩子必须明白脸书的个人资料与现实之间的差异。你不会发布你拍得最差的自拍照，也不会上传你未受邀参加的派对的照片。"脸书嫉妒"（Facebook envy）指的是因看到别人发布的脸书帖子而感到难过和嫉妒。研究人员已确定，最容易触动成人的是别人上传的度假照或生日贴。关于青少年还没有确凿的研究结果，但我猜测，没有被邀请参加聚会或活动是青少年"脸书嫉妒"的一个重要组成部分。我们的目标是帮助青少年认识到他不可能受邀参加所有的聚会，但他可以与朋友们保持联系，要用批判的眼光看待社交媒体网站的个人资料和帖子，并对自己充满信心。

防止不健康的攀比的建议

　✓　指出个人资料与现实的差距。

　✓　帮助青少年认识到，他看到的只是全部事件的一部分。

　✓　鼓励青少年重点关注熟悉的朋友——我们更容易把熟人理想化。

✓ 当孩子开始感到嫉妒时教会他关注自己的长处。

✓ 注意：添加"好友"和"粉丝"并没有什么不妥。

✓ 告诉你的孩子，位于 Instagram 人气榜前列的卡戴珊姐妹（Kardashians）、贾斯汀·比伯、碧昂斯等人都雇用专人来管理他们的 Instagram 形象。

✓ 提醒孩子关掉让他感到难过的社交网站。

自我表露和过度分享

229

　　线上沟通的便利性和匿名性使个人信息更容易被披露，进而导致过度披露。人们发现，相较于女孩，这在男孩身上更突出。自我表露是青少年人际关系的黏合剂。为了培育人际关系，你希望孩子向认识的朋友披露一些个人信息。但真正棘手的是，过度分享会使青少年和成人更容易感到失望，得到负面反馈，造成意气消沉等。

　　对于成人，过度分享就像他们常常用来描述色情作品的话："你看到时就会明白。"绝大多数成人在脸书上都有一个长期以来一直过度分享的"好友"。无论是肌肉痉挛、长痔疮还是心情沮丧，他都会发帖上传。不管你愿不愿意，你都会知道他哪一天过得很糟糕。对青少年来说则没有这么简单。

青少年在过度分享前应问一问自己以下这些问题：

　　　　我上传的内容是否适合让我所有的"粉丝"或"好友"看？

　　　　这个内容用短信沟通更好还是面对面沟通更好？

　　　　如果没有人发表评论或给我安慰，我会感到沮丧吗？

　　　　我的朋友有时间倾听我的关切吗？

　　　　分享完我的关切后，我是不是会感觉好一些？

　　　　若当面向朋友或父母宣泄，我会不会感觉更好一些？

我对那些人足够了解以至于可以向他们披露个人信息?

在社交媒体和短信上的投入

事实证明，**青少年在社交媒体上花的时间的多少并不是最重要的。**给他们带来麻烦的是他们使用社交媒体的方式及其投入水平。研究已发现，社交媒体使用频率高的青少年更有可能形成积极的"自我概念"。但是，在社交媒体网站上**过度投入**的青少年出现低自尊和抑郁的风险更大。假设有两个青少年，一天内都会多次使用社交媒体，但其中一个的投入程度很高，另一个的投入程度一般。在无社交媒体可用时，过度投入的青少年会产生很强的分离感和失落感。该理论认为，那些高度投入社交媒体网站的青少年很难分辨他们的朋友描述的"社交简历"与朋友真实的日常生活。因此，这些青少年在对自己作评估时会采取不现实的夸大比较。这可以解释为什么社交媒体上的投入水平越高，青少年出现低自尊和抑郁的风险越大。① 有关社交媒体和抑郁的更多内容，请见以下方框中的内容。

> ### 📶 在社交媒体网站上投入过多时间是否会导致抑郁?
>
> 美国儿科学会对脸书抑郁症的解释是:"当少年和青少年在社交媒体网站（如脸书）上投入过多时间，随后表现出典型的抑郁症症状时，就出现了脸书抑郁症。"由于美国青少年很快就会对脸书失去兴趣，所以脸书抑郁症应被重新界定为"社交媒体抑郁症"。2011 年，美国儿科学会十分关切的

① Corey J. Blomfield Neira and Bonnie L. Barber, "Social Networking Site Use Linked to Adolescents' Self-concept, Self-esteem and Depressed Mood", *Australian Journal of Psychology*, 66（2014）: 56–64.

一个问题是，那些在社交媒体网站上花费大量时间的青少年患抑郁症的风险会大大增加。随后的研究发现，社交媒体的使用与临床上的抑郁症之间并不存在直接相关。[①] **社交媒体不会直接引发抑郁症，但对抑郁症的出现具有一定的助推作用。** 在某些情形下，社交媒体可能导致低自尊和"不快乐"。密歇根大学的研究人员对脸书上的 80 名大学生进行了跟踪研究。他们发现，学生花在脸书上的时间越多，当前的快乐感就越低，对自己的生活也越不满意。[②]

　　社交媒体网站为羡慕、嫉妒和攀比提供了一种新的形式。社交媒体上的个人资料往往只展现好的、积极的一面，而不是全部的真实情况。青少年可以计量他们拥有的"好友""粉丝"和"点赞"的数量——脸书提供了多种可供青少年开展反刍思维的途径。反刍思维（rumination）的定义是，强迫性地聚焦自己的不幸。反刍思维与担忧的区别在于：反刍思维主要关注原因和结果，而不是解决方案。反刍思维与抑郁和焦虑相关。不过，我不认为是社交媒体引发了抑郁、攀比或嫉妒。我认为，那些青少年原本就有孤独感和抑郁倾向，而脸书或其他网站加剧了他们的这种糟糕的感觉，并为他们的反刍思维提供了平台。

① Lauren A. Jelenchick, Jens C. Eickhoff, and Megan A. Moreno, "Facebook Depression? Social Networking Site Use and Depression in Older Adolescents", *Journal of Adolescent Health*, 52, no.1（2013）: 128–130.

② Ethan Kross, Philippe Verduyn, Emre Demiralp, Jiyoung Park, David Seungjae Lee, Natalie Lin, et al., "Facebook Use Predicts Declines in Subjective Well-Being in Young Adults", *PLoS ONE* 8, no.8（2013）:e69841.

青少年应警惕，不要依据"点赞"的数量或"好友"的数量来评价自己。

为了帮助青少年与社交媒体保持健全的关系，要告诉他们，尽管攀比和嫉妒是正常的心理现象，但那些看起来"好得不真实"的个人资料可能真的是不真实的。

约会和亲密关系

我女儿不停地和男朋友发短信，他们从不见面，也不通电话。我该不该担心呢？

艾玛（Emma）18岁，喜欢结交朋友，她的父母因担心她关系不良而和我约了一个电话会议。他们说，艾玛只有在学校时才和男朋友卢克（Luke）见面。他们整日整夜地发短信。如果一个小时没有收到短信，艾玛就会担心。有时，他们也在临睡前视频聊天。但他们不打电话、不约会。对此，艾玛的解释是，他们两人都很忙，真的没有时间一起出去闲逛。

我告诉艾玛的父母，他们的关系并没有什么异常。艾玛和卢克都努力保持随时沟通，他们只是找不到时间去当面欣赏彼此。我让艾玛的父母放心，艾玛的心理很健康，不过我也同意，这种类型的"约会"很耗费精力，也缺少乐趣。

虽然约会的动力和规则在每一代人那里都会有些发展和变化，但约会并没有真的改变。当代青少年要求的"约会"更少，但要求的"联系"更多。短信、社交媒体、线上约会等确实彻底改变了我们约会时的见面和沟通方式。以下是几种约会类型。

■ 面对面约会。

- 正式的线上约会，如丘比特网（OkCupid）和速配网（match.com）等。
- 双方不见面的虚拟关系。
- 与化身的虚拟约会（不在本书讨论范围内）。

青少年不应加入正式的线上约会网站。线上约会（online dating）是对成人约会的革命，但是从发展的角度看，即使是年龄较大的青少年也不适合参与线上约会。重要的是，要学习一些约会和亲密关系涉及的社交技能。一般而言，我会尽力劝阻青少年在网上同那些他们实际上并不认识的人建立恋爱关系。我认为，在开启线上亲密关系之前，有必要先与"真人"接触。如果孩子已与某人开始网恋，那么家长必须介入。**不要一味地反对。**这样只会让孩子瞒着你偷偷交往。杰克的父母就给佐伊的父母打电话，也通过 Skype 直接与佐伊通话。重点应放在让青少年学会驾驭真实的关系，即使现在真实的关系也会受到短信和社交媒体的影响。

当 2013 年费恩（Ellen Fein）和施耐德（Sherrie Schneider）推出他们的新书《新规矩：如何让你心仪的人在约会中爱上你》（*Not Your Mother's Rules：The Secrets for Dating*）时，我就知道时代正在改变。他们 1995 年就出版过一本《规矩：俘获意中人的心的一些屡试不爽的秘密》（*The Rules：Time-Tested Secrets for Capturing the Heart of Mr. Right*）。这本书非常畅销，也引发了大量争论。那时我 25 岁，我和我的朋友对书中的观点都实在不敢恭维。它鼓励姑娘们成为"独一无二的女孩"，要"孤傲难求"。我厌恶女权主义者，但我承认，想得到自己不可能有的东西是人的天性。由于推特上难以再感受到神秘和浪漫，"规矩"现在有了更多的意义。

　　古往今来，期待和憧憬就是浪漫的标志。数字技术使恋爱关系中少了很多浪漫。数字技术的一个明显好处就是，即使你远在天边，我也能很容易地与你保持联系。我担心的是，它让我们太容易保持联系了。和你的浪漫对象发短信、发推特、发帖子、打网络电话等要耗费大量的时间和精力。SnapChat 中的信息很容易被误读。青少年对性方面的事情已感觉不自在，数字技术又进一步增加了不确定性。自我表露更容易了，但有时会招致色情短信。

　　孩子纠结于什么时候该回短信、要不要改变约会状态等。每天，我都会接待一个这样的青少年或年轻人。上周，我接待了亚当（Adam），他正在追求一个女孩。他很沮丧，因为他真的很喜欢这个女孩，但这个女孩给他的短信传递出不明确的信息。她从不主动给亚当发短信，也从不在深夜发短信。有时，她 8 个小时后（她有一份工作）才给亚当回短信。亚当感到很受挫，这种不确定性让他很不舒服。朋友告诉他，这说明女孩对他不感兴趣。但是，她又热切地制订约会计划，见到他也很兴奋。我问亚当："如果没有短信，她会不会发出更明确的信息，而你在追求她时也不会感到那么焦虑？"他盯着我，就好像我是个白痴，但他还是响亮地回答我："是的。"我不知道这个女孩对亚当而言是否合适，但她并未与亚当始终保持联系。她只是在打发时间和找刺激。

　　我常常让青少年和午轻人想象没有短信和社交媒体的约会。想象在电话中商讨约会安排。想象自己跑回家，检查家里的电话答录机，看心仪的人是否来过电话。纽约大学的研究生卡斯蒂（Taylor Casti）针对当前的约会现状发布过一条有趣的玩笑性的帖子。她在帖子中写道："如果你问：'在安排约会时，打五分钟电话岂不是比三天的短信沟通更容易搞定？'答案当然是肯定的。但现在是 2013

年，这些方式都已不再是你的选择。"

    正是短信和色情短信让青少年的约会状态大大改变。在约会这件事上，短信已完全取代电话。当一个青少年说"他说，她说"时，你应首先想到的是他正在发短信，除非他明确告诉你不是发短信。

    在如何管理自己与喜欢对象的沟通方面，青少年确实需要帮助。

> "说"已被重新定义，它包括任何形式的真实沟通或虚拟沟通。

青少年收发浪漫短信的基本准则

✓ 情侣或"想成为"情侣的人之间不应持续不断地联系。

✓ 短信应用来制订和阐明约会计划。

✓ 重要的问题应当面（或至少通过视频电话）讨论。

✓ 如果一方对短信内容感到恼怒，要当面将事情解释清楚。

✓ 应对情侣的网络形象和关系进行讨论：

    ✓ 你会改变自己的状态吗（恋爱或单身)?

    ✓ 你们会相互评论对方在网上发表的内容吗?

    ✓ 如何结束短信交流?

✓ 不要一直不停地发短信，要暂停休息一下。

✓ 如果你必须离开，必要时可以把责任推到父母身上。

✓ 如果这段关系让你感觉太辛苦，那么先暂停发短信。

✓ 尽量不要在短信或上传的帖子中发布过于私人化的内容。

✓ 不要在短信或上传的帖子中发布你不希望其他人看到的内容。

✓ 抵制"照片压力"(picture pressure)。

✓ 不要在 SnapChat 或短信中发布过于性感的照片或半裸的照片。

✓ 高中情侣很容易分手，所以不要给对方发裸照！！

234

色情短信

儿子告诉我，有个喜欢他的女孩给他发了一张半裸照，他不知道该怎么办。我该怎么和他说？

你儿子收到了一条爱慕者发给他的色情短信。在当今这个时代，色情短信是青春期的一部分。色情短信的定义是，通过短信或互联网发送具有性暗示的照片。

关于色情短信的统计数据

- 10%—20% 的青少年发送或上传过裸照或半裸照。
- 17 岁孩子中有 30% 收到过性暗示照片。
- 发送色情短信的女孩中有 40% 是作为开玩笑而发送的。
- 收到色情短信的男孩中有 30% 认为女孩期望约会或将来在一起。
- 女孩发送色情短信的可能性比男孩稍大些（有一项研究显示，男孩为 18%，女孩为 22%）。[1]
- 发送色情短信的青少年中，有 30% 明知其法律后果，却仍会发送。[2]
- 对于发布未成年人性暗示照片等儿童色情制品，已有成功起诉的案例。

发送色情短信的青少年并非有心理疾患，也不是流氓。发送色情短信只是反映了当今青少年的另一面。色情短信与心理健康失调没有关联，但与冲动性和滥用（substance use）相关。有些研究表明，男孩和女孩发送色情短信的概率相等，也有研究表明女孩比男孩更有可能

---

[1] Association for Family Interactive Media, "Sex and Tech: Results from a Survey of Teens and Young Adults", *http://www.afim.org/SexTech_Summary.pdf*; Lenhart et al., "Teens, Kindness and Cruelty".

[2] Donald S. Strassberg, Ryan K. McKinnon, Michael A. Sustaita, and Jordan Rullo, "Sexting by High School Students: An Exploratory and Descriptive Study", *Archives of Sexual Behavior*, 42, no.1（2013）:15-21.

发送或上传色情短信。要让自己更"性感"，要通过上传不雅照来取悦朋友和男朋友，女孩在这些方面承受的压力肯定比男孩更大。

从发展的角度看，色情短信是身份形成和性试验的一部分。色情短信对青少年有较大的危险性，因为他们更易冲动，同时也较少考虑后果。在色情短信方面，同伴压力很大。"这样并不酷"网站（Thatsnotcool.com）为青少年提供了一种富有创意但略有些傻的方法来应对网络压力。他们将色情短信称为"照片压力"。他们为青少年准备了"喊出压力卡"（callout cards），鼓励青少年将自己感受到的压力说出来，以此帮助他们化解由过度分享、色情短信等导致的网络压力。针对（其实是反对）色情短信的"喊出压力卡"上写道："如果你给我造成了裸照方面的压力，我会把压力从嘴里吐出来。"

电子吻痕

让自己"性感"的压力并不是现在新出现的压力。性感压力在孩子更小的时候就已经开始，因为他们有很多途径接触"性感"。我5岁的女儿艾迪生将朴载相演唱的《江南 Style》添加到她幼儿园的播放列表中。这是一首朗朗上口、自创舞步的韩语舞曲。其中唯一可辨识的英文歌词是"性感女郎"。艾迪生喜欢"性感女郎"，在屋里走来走去，告诉每一个人她是"性感女郎"。但是，当我试图向她解释她不该是一个"性感女郎"时，我的努力最终变成了令人困惑的举动。我拐弯抹角地向她论证小女孩不该"性感"。我告诉她，她应凭借自己的聪明才智来让人认识和赏识。她冲我咧嘴一笑，把手放在臀部，开始跳起这首歌中流行的骑马舞步。对她来说，"性感"意味着跳舞、摇滚明星和"幻想"。

到了初中，人们就常常根据"性感"来定义女孩。"性感"在流行文化中比比皆是。有一项研究发现，发送色情短信的女孩中有50%是为了给男朋友留下一个"性感的形象"。男孩和女孩都报告自己感受到色情短信的压力，但青春期女孩感受到的压力更大。2011

236

在美国，孩子们耳闻目睹性暗示照片的传播，他们的成长环境充满了对散布和持有儿童色情制品的指控。

年，《纽约时报》曾报道，有一个八年级的女孩给男朋友发送了一张裸照。在他们分手时，男孩将她的裸照转发给了另一个女孩，而这个女孩又将照片再转发出去，并配以标题"妓女警报，如果你认为这个女孩是妓女，那么转发此信息告诉你所有的朋友"。然后，这条帖子在学校里像病毒一样蔓延开来。前男友和曾经的朋友被戴上手铐，在县青少年拘留中心拘留了一晚。传播过那张照片的三个孩子都被指控散播儿童色情罪，这是一项重罪。一位律师解释说，如果你的手机里有你另一半的裸照，那就表明你的性生活活跃，这在一定程度上可以提高你的身份。这就是"电子吻痕"。[①] 三年后，同样的法律再次被执行：2014 年 1 月，一个 16 岁的女孩因散布男朋友前女友的裸照而获儿童色情罪。

告诫青少年，不要发送任何他们不愿被转发的照片。

从心理角度看，色情短信具有很大的毁灭性和侮辱性。青少年信任朋友，不会想到照片可以轻而易举地被转发和评论。SnapChat 就是罪魁祸首之一。SnapChat 上的照片被设定在 1—10 秒后"消失"，但这个时间已足够用来截屏。

独立性

我喜欢女儿一天到晚给我发短信，但如果这样，她的独立性是否会令人担忧？

任何事情都有两面性，不停地给妈妈发短信同样有利有弊。马

---

① Jan Hoffman，"A Girl's Nude Photo, and Altered Lives"，*New York Times*，March 27, 2011，*http://www.nytimes.com/2011/03/27/us/27sexting.html?pagewanted=all&_r=0*.

拉诺（Hara Estroff Marano）在他的论文《懦弱的民族》（*Nation of Wimps*）中将手机称为"永远的脐带"。在你成长的过程中，父母的形象，以及多年来父母传递给你的价值观都会被你内化。因此，只要你拿不定主意或面临困难就会求助于你有幸知道的"睿智的成人"。[1]青少年不需要内化他们的父母。他们可以内化"短信妈妈和短信爸爸"。

237

青少年和年轻人能很容易地与他们的父母保持联系，这一点我很喜欢。父母借助短信可以密切关注孩子从而得到一种安全感，这一点我也很喜欢。但是，家长常常忘了青春期的一个重要目标就是增进独立性。如果青少年一直不停地给父母发短信，会削弱他们形成健康的独立性所必需的自信。

 不要带着手机入睡

这一点我在前面几章已说过，在此我还要再次重申：青少年永远不要带着手机睡觉，永远不要有第一次，我认为这一点很重要。他们应有独处的间歇，即离开父母、朋友、学校功课，尤其是**手机**，单独待着。可尝试将厨房或书房设为家庭充电站，这样你也可以给孩子作出良好行为的示范。

关于父母—青少年短信的建议

✓ 青少年在夜间外出时，应给父母发短信。

✓ 如果要比计划的时间或家庭规定的时间晚回家，应给父母发短信。

---

[1] Hara Estroff Marano, "A Nation of Wimps", *Psychology Today*, November 2004, *http://www.psychologytoday.com/articles/200411/nation-wimps*.

✓ 在青少年处于某种感觉不舒服的情形并需要帮助时（如酒后驾车、酗酒、让人感觉不舒服的聚会等），应给父母发短信。

✓ 青少年不必每到一个地方都给父母发短信。

✓ 与父母分开时，青少年不必每隔半小时就给父母发短信。

✓ 青少年至少应有一次关掉汽车里的全球定位系统（GPS），使用地图。

✓ 在城市中，青少年应自己搭乘公共交通工具。

238 ✓ 应鼓励青少年自己安排和参加约会（在适当的时候）。

✓ 父母可以回复孩子频繁发来的短信，但应鼓励青少年自己作一些小决定（如要拿铁还是脱脂星冰乐）。

✓ 偶尔，在安全的情况下，可以让青少年不带手机离开父母（如借宿派对、周日午后郊游）。

✓ 我喜欢不允许带手机的夏令营和活动。

✓ **不要给青少年发过多短信！！！**

青少年规则

青少年是否已长大，不太需要家庭技术规则了？

对于青少年在电视和数字设备使用方面所花的时间，家长制订的规矩越来越少。对于他们在网上看什么、做什么的相应限制也更少。我坚信"火炬"应传递下去，应给青少年更多的自由。但是，数字世界对青少年来说过于复杂，家长应介入也应给予更多的指导。在孩子年纪尚小时，家长介入更多，孩子懂得也不多。但高中并不是不需要规则的时期。绝大多数家长开始制订有关约会、喝酒和夜归时间的规则。皮尤网络与美国生活项目（Pew Internet and American Life Project）的一项研究发现，青少年在线上行为和如何应对挑战性事件上，极大地依赖父母给予的建议。即使父母制订的规则不多，他们仍会不断地就青少年线上经验中的非数字技术部分与青少年进行交流。有 60% 的青少年说父母查看过自己在社交网络上的个人资料。[①] 查看和跟踪孩子的线上行为在当时可能会导致冲突，但最终会为孩子提供一份安全、健康的线上经验。最近，一位母亲因女儿开始吸食可卡因和氯胺酮而来找我，我安慰她说那不是她的错。她微笑地看着我说："是的，也许不是我的错，但是，如果我检查过她的手机，我就会发现那些短信。只需一次。"

学业和数字技术

239

> 青少年如何管理学业要求和数字技术要求？

有关学校学业的讨论涉及以下四个方面：

1. 过渡时期的学校。
2. 数字技术怎样改变学习。
3. 时间管理和分心。
4. 睡眠。

处于 21 世纪第二个十年的高中生是实验的一部分。数字技术是

[①] Amanda Lenhart, Mary Madden, Aaron Smith, Kristin Purcell, Kathryn Zickuhr, and Lee Rainie, "Teens, Kindness and Cruelty on Social Network Sites: How American Teens Navigate the New World of Digital Citizenship", Pew Research Center, Internet and American Life Project, November 9, 2011, *http://www.pewinternet.org/2011/11/09/teens-kindness-and-cruelty-on-social-network-sites.*

公立学校核心课程的组成部分，但每所高中和每位教师整合数字技术的方式都不太一样。有的学生全部的数学作业都要在平板电脑上完成，而另一些学生不被允许在平板电脑上做数学作业。

九年级一直是一个重要的转折年级。进入高中往往意味着更换学校，在学业上也要更加独立。针对家长和学生开展的新生入学教育（freshman orientation）应包括有关数字技术运用的概览。青少年应该知道：

- 所有家庭作业是不是都发布在同一个学校服务器上？
- 教师发布家庭作业和考核的截止时间是何时？
- 如何上交作业？
- 学生如何得知教师已收到通过电子邮件发送的作业？
- 课上是否允许或要求使用笔记本电脑和平板电脑？
- 关于版权和抄袭的规定是什么？

目前，这方面仍在发展完善中。如果你弄不清楚，那么你的孩子也不清楚。青少年报告，他们已用电子邮件将论文发给了教师，但教师说没有收到。我经常听说青少年不查看学校的网站，于是错过了那些较晚发布的作业。学业和数字技术的每一方面都存在激烈的争辩。在平板电脑上和纸上做数学作业，哪个更容易理解和完成？所有家庭作业是否都应发布在同一个服务器上？青少年在校期间应上网吗？随着时间的推移，学校将会形成前后一贯的规定，所有教师都会采取统一的做法。但是现在，青少年需要弄清每位教师的做法，并形成一个综合的规划。

数字技术给高中的学习和研究带来了哪些改变？

显然，互联网已使研究变得更高效、更方便。现在的问题不再是"我能不能找到答案？"而是"我该选用哪个答案？"。在学术研究上，真实性和剽窃是两个十分关键的问题。我所谓的真实性指的是网上信息的确实性。学生应对找到的讯息的来源进行评估，并对该来源的价值作出判断。排在谷歌搜索结果列表前列的信息并不一定优于排在列表后面的信息。事实上，许多"排名第一位的网站"都是依靠营销和购买谷歌广告关键字（Google ad words）而得以排在搜索结果前列的。当然，其中也有一些可以信任的网站。《纽约时报》网站和美国国家卫生院网站等就是经过严格审核的网站。对于那些由鲜为人知的来源、个人和营销商开办的网站，青少年在使用时应更加谨慎。青少年往往很容易相信网站的内容，在使用网站资源时最好想一想如下问题：网站是为了销售、研究还是教育？要认真查看博主和作者的认证信息。他们是为营销公司工作还是在写学位论文？在医学领域，我们以同行评议研究模型为黄金标准。同行评议研究就是在公开发表研究之前，由本领域的专家对研究进行审读和评议。它代表最好的研究实践。如果某个主张得到同行评议研究的支持，那么在我看来，它就更值得信任。青少年作为数字技术消费者都很精明，但他们并未学会如何鉴别网络空间中无用的垃圾信息和真正有价值的信息。

　　网络实际上已使任何人都能向公众发布信息，再加上庞大的网络信息量，这使得我们所有人都很难将有价值的内容与毫无价值的内容区分开来，也模糊了原创与非原创之间的界线。人们很容易就能复制网站中的内容并粘贴到自己的文件中，根本不会在意页面底端的版权声明。还存在另一种情况，那就是，网站和博客将已发表的材料恣意地粘贴到它们的页面中。学校期望青少年进行创造性思考和创作，但信息访问和获取的便利性使得青少年很容易将学校的期望抛诸脑后。1985 年，剽窃的意思是照抄《世界文库百科全书》（*World Book Encyclopedia*）的内容或向学校同学购买已写好的论文。

241

现在，剽窃和版权侵犯更容易发生，也更普遍。重要的是，青少年在写作和进行线上创作时要注明哪些是引用自他人的，哪些是自己的功劳。

约瑟夫青年伦理研究中心（Joseph Institute Center for Youth Ethics）2010年所做的一项研究发现，使用互联网抄袭的学生占了三分之一。①现在，有些服务可供学生、教师和作者购买，这些服务可以帮助他们检查自己的作品是否遭到版权侵权和抄袭。Turnitin是一款付费抄袭检测服务（plagiarism checker service），它的检测结果表明，排在被抄袭网站前几名的分别是维基百科（Wikipedia）、雅虎问答（Yahoo Answers）、问与答网（Answers.com）和电子笔记网（eNotes）。帮助孩子理解改写、引用与概括之间的区别对他们在21世纪进行写作和研究而言十分重要。我认为学校有责任就抄袭和版权侵犯等问题展开讨论。我还认为，教师和学校应帮助学生学会如何正确地利用维基百科和"剪切—粘贴"选项。家长可以帮助孩子校对论文，强调提交原创作品的重要性。这样做旨在帮助青少年

被抄袭最多的网站包括维基百科、雅虎问答、问与答网和电子笔记网。

认可自己完成的工作并对作品中涉及的他人观点和作品表示感谢。

中断技术

我女儿总是上网查看推特和信息，我怎样才能制止她，让她安心完成作业呢？

从发展的角度看，该让青少年自己掌控自己的学业（包括家

① "What Would Honest Abe Lincoln Say?" Josephson Institute of Ethics, February 10, 2011, http：//charactercounts.org/programs/reportcard/2010/installment02_report-card_honesty-integrity.html.

庭作业）了。鉴于数字技术既可以作为辅助也可能成为干扰，我　　242
认为，对于年龄较大的青少年，明智的做法是，在他们完成学业
任务时限制他们对数字技术的使用。但是，青少年必须深入了解
和清楚认识哪些东西会对学业产生干扰，哪些东西会对学业有所
帮助。

我鼓励青少年……

✓ 在做家庭作业时主动交出手机。

✓ 让朋友知道，自己每晚（非周末）在做家庭作业时会离线 1—2
小时。

✓ 主动在公共空间做家庭作业（防止分心）。

✓ 主动使用计时器，制订学习计划。

✓ 用一张大纸或电子日历制订每月学习任务的计划。

✓ 用日程管理软件《优先矩阵》来帮助自己排出学习任务的优先
次序。

✓ 承认作业或测评有时会让自己产生焦虑。

✓ 不理解某个主题时要坦然承认，并在考试或论文截止日前几天寻
求教师、导师或朋友的帮助。

✓ 理解长期规划和组织能力肯定是比微积分或拉丁语更重要的生活
技能。

　　必须培养青少年具有相当程度的独立性。青少年还应内化职业
道德。分辨青少年努力学习和工作是为了取悦父母还是为了自己很
容易。高中的目的是要内化职业道德。信任你的孩子，允许他们在
失败（小小的失败）中成长。

243

青少年数字行为准则

应该做的

- 要将你的数字足迹视为一份线上个人资料。
- 文明上网。
- 为你关心的朋友的帖子和网站"点赞"。
- 适度自拍。
- 与朋友开展线上沟通。
- 创作一份丰富而有创意的个人资料。
- 疲惫、心烦或受挫时不要发短信、玩游戏，要稍事休息。
- 与伙伴讨论有关短信和社交媒体的规则。
- 定期给父母发短信。
- 利用数字技术制订计划和保持联系。
- 为自己玩游戏和使用社交媒体设定时间限制。
- 利用数字技术保持条理性，辅助完成作业。
- 用线下或纸质日记记录内心深处的想法。
- 把数字技术用于交友、制订社交计划、家庭作业、写作、创造、音乐、信息和社会变革。

不应做的

- 忘记数字足迹会影响你的未来。
- 在网上说一些你不会当面对人说的话。
- 支持种族歧视、性别歧视、限制级或暴力网站并为其"点赞"。
- 过度自拍。
- 过度分享或发送色情短信。
- 相信个人资料真实反映一个人的现实生活。
- 用短信或社交媒体来结束关系。
- 分手后转发对方令人尴尬的照片。
- 每当需要作一些小决定都会给妈妈发短信。
- 开车时发短信。
- 学习时将手机和社交媒体放在手边。
- 带着手机睡觉。
- 发布你最神圣、最私密的想法。

关键要点	244

✓ 要弄清孩子如何使用数字技术。

✓ 要持续监控孩子线上活动的数量和质量，现在还不到丢掉规则的时候。

✓ 用谷歌搜索孩子，帮助他管理好自己的数字足迹。

✓ 不要给孩子发过多短信，要鼓励他自己作决定。

✓ 与孩子谈论自拍照，特别是那些不自拍的孩子。

✓ 指出现实与社交媒体上选择性的自我表现之间的差别（用朋友的个人资料举例）。

✓ 让孩子想想，一个陌生人会怎么想他的帖子、短信和社交媒体活动。

✓ 忘掉你童年时写日记的情形，现在对隐私的看法已与当年不同。

✓ 如果发现孩子在发色情短信，尽量不要生气，试着理解他承受的压力、焦虑和其他高风险行为。

✓ 如果孩子开始给一些散布仇恨的网站或线上评论"点赞"或表示赞同，要及时干预。

✓ 注意社交媒体抑郁的迹象。

✓ 如果孩子自己无法控制，要毫无顾忌地关掉他的网络、手机、游戏或短信。

✓ 将家里的一间公共房间作为家庭夜间充电站。

✓ 在如何形成与数字技术的健全关系这一问题上，为孩子作表率。

第三部分
不能"一刀切"

11 面临数字化挑战的儿童：
对有多动症、焦虑和抑郁的孩子需更
改规则

迪伦（Dylan）7岁，上二年级，他妈妈和我一起哄他来我的办公室。他勉强同意了，然后径直走向我的书桌和计算机。在我的办公椅上转了几圈后，他打开了我计算机上的《我的世界》，给我看他新搭建的水滑梯（water slide）。我好不容易才让他离开计算机。他烦躁不安，走向我办公室里用百乐宝（Playmobil）拼装的玩具医院，只用了20秒就把它捣毁了。最后，我和他妈妈终于说服他坐在沙发上，他妈妈把他的游戏机递给他。他开始玩起来，完全忘了我们的存在。他不再烦躁不安，也不再和我们对着干。他完全被游戏机屏幕吸引了。他妈妈开始告诉我，他在看了较长时间的电视后对他的妹妹表现出暴力倾向。当妹妹把游戏或计算机关掉时，他便会大发脾气。在我们交谈的过程中，迪伦时不时地抬头看看，显然在听我们说话。当我告诉他可以离开了，他动也不动。他不想离开。

在我的办公室里，我发现儿童和青少年与数字技术之间有各种不同的关系。有的儿童不会在玩游戏方面与父母产生冲突，而有

> 孩子使用数字技术的方式是一个展示其心理健康和一般幸福感的窗口。

248

的儿童每天到了结束游戏的时间都会崩溃。有的青少年用社交媒体来加强联系，而有的青少年用社交媒体来逃避现实生活中的互动。要成为一个称职的家长，关键是要清楚地知道自己孩子的优势和弱点。数字技术为我们提供了另一个镜头，通过这个镜头，我们可以察看孩子和自己。孩子使用数字技术的方式是展示他们的心理健康和一般幸福感的窗口。

数字技术和多动症症状

每个 7 岁男孩都会对电子游戏上瘾吗？是不是所有小男孩都会在玩游戏和看电视后变得更兴奋？

绝大多数适度玩电子游戏的儿童不会有暴力倾向。"不能一刀切"对数字技术来说是成立的。那些符合多动症标准或表现出多动症症状的儿童和青少年，更有可能在数字技术使用方面出现问题。作为一名儿童和青少年精神科医生，我非常注重多动症的准确诊断。不过，就本书的写作目的而言，更重要的不是准确诊断，而是孩子的症状是否很像多动症的一般症状。

你的孩子在集中注意方面是否存在问题？

■ 你的孩子是否经常忘记将完成家庭作业所需的东西带回家（或者完全忘了家庭作业是什么）？

■ 他是否活动过多？

■ 他在做各种琐事或其他单调的事情时是否有困难？

■ 他是否看上去听而不闻或心不在焉地想入非非？

■ 他的卧室和背包是否总是很凌乱？

■ 他在遵照指示方面是否有困难？

如果你对上述任一问题的回答是"是"，那么你的孩子可能正在与注意缺陷症状作斗争。

你的孩子是否表现出多动的迹象？有这方面问题的孩子看起来就像旋转起舞的苦行僧——他们无法静静地坐着，他们拿起（放下）商店的每一样东西，喋喋不休，很难保持安静。

你的孩子冲动吗？有冲动症状的孩子，在做事或说话前似乎不加思考。他们似乎不能从错误中吸取教训。他们在别人讲话时打断别人的谈话。他们似乎很难学会轮流做事。

少数症状必须持续一段较长的时间（而不是短期）才能诊断为多动症。如果你发现孩子身上多动、不能集中注意或冲动等方面的症状已持续几个月，那么你应调整有关数字技术的规则来保护孩子，让孩子能从数字媒体中最大限度地获益。

多动和冲动孩子面临的数字风险：

- 自己无法关闭游戏和网络。
- "换挡"困难。
- 更容易遭受冲动行为（如色情短信、过度分享等）导致的危险。
- 受数字技术过度刺激的风险更大。
- 更容易受到暴力游戏和视频以及刺激水平过高的游戏和视频的伤害。
- 网络成瘾的风险更大。
- 不当使用的风险更大。

注意不集中和缺乏条理的孩子面临的数字风险：

- 自己无法关闭游戏和网络。
- "换挡"困难。
- 更容易分心。

■ 其线上行为将导致更加没有条理。

■ 网络成瘾的风险更大。

■ 不当使用的风险更大。

我怎样才能让儿子关掉游戏？

有多动症症状的孩子更难退出游戏。一项关于电子游戏的研究以 11—12 岁的男孩和女孩为研究对象，那些有多动症的孩子比对照组的孩子更难退出游戏。[①] 多动症表示"注意缺陷 / 多动障碍"。这个名字有些表述不当，因为有多动症的人其实有很多注意，只是不能像其他人那样控制注意。这意味着他们在注意转移方面有困难，即在令人不快的任务上注意不足而在愉快的或有奖励的任务上注意非常充分的倾向。对于在线游戏、网络购物和网上冲浪，注意失调是一场灾难。玩游戏尤其不适合有多动症的年幼儿童。

神经科学家已确认，神经递质多巴胺是多动症的主要介质。前额叶皮层和纹状体中的多巴胺减少是注意不集中、注意失调和过度注意（overattention）的主要原因。多巴胺水平降低与多动症中的注意不集中和过度注意相关。当孩子长大成熟能利用高度集中注意（hyperfocus）时，高度集中注意是一个长处。不过，在儿童和青少年时期，它常常会导致对电视、游戏或网络的全神贯注。发展正常的儿童适度使用数字技术不会令他们错过其他体育活动和各种令人兴奋的生活活动。但是，对于多动症儿童，我确实发现他们全神贯注地投入以致"忘记了时间"，错过了各种现实游戏的机会。他们缺

---

① Stephanie Bioulac, Lisa Arfi, and Manuel P. Bouvard, "Attention Deficit/Hyperactivity Disorder and Video Games: A Comparative Study of Hyperactive and Control Children", *European Psychiatry*, 23, no.2（2008）: 134-141.

250

乏关闭和转换的能力，这对家长和监护人来
说是一个挑战。如果每次有家长告诉我他家
里最大的冲突都发生在晚上退出游戏时，我

> 重要的是家长必须理解，
> 那些有多动症的孩子退
> 出游戏有多么困难。

就能得到五美分，那么我早就成百万富翁了。作为家长，重要的是
必须理解那些有多动症的孩子退出游戏有多么困难。只要家长明白
孩子并不是在一味地对抗和挑衅，而是在努力"换挡"，那么家长就
更容易表现出必要的耐心和帮助。

关于技术管理和多动症的建议

✓ 针对游戏和网络设置规定明确的时间限制。

✓ 使用非手机和计算机自带的大大的定时器。

✓ 在关闭前 15 分钟开始提醒。

✓ 在关闭前每隔 5 分钟提醒一次。

✓ 通过明确下一项活动来帮助孩子实现活动转换。

✓ 每当孩子成功地退出游戏都及时鼓励。

✓ 要认识到注意转移和任务变换是一项后天习得的技能。

251

我儿子玩电子游戏后会不会变得更多动、更暴力?

暴力电子游戏并不会直接引发现实生活中的暴力。那些"暴躁
的"人在玩暴力电子游戏后更有可能富于攻击性。想要发泄愤怒的
孩子更有可能找成人级游戏玩。有证据表明，孩子以健康的方式利
用电子游戏发泄和解决自己的愤怒。电子游戏是一个很好的出口，
孩子可以用它来安全地发泄愤怒。不过，那些有多动和冲动行为
倾向的孩子在玩高度刺激的游戏或暴力游戏后，变得焦躁不安或多
动的风险将更大。在我的办公室里，一些有多动症的小学生和初中
生的家长告诉我，他们发现孩子在长时间玩游戏后变得更加焦躁不

安或更具攻击性。快节奏的电子游戏适合多动症的认知风格。它们提供了一个不断变化的、形式多样的刺激和几乎没有延迟的即时强化。[1]有多动症的儿童具有高能量和高冲动的可能性更大，他们更有可能高度集中注意于游戏，因而将注意转移到其他事情上的困难也更大。因此，在长时间玩游戏或使用网络后，我们常常看到激越行为（agitated behavior）的增加。有多动症的孩子通常是朋友圈内第一个玩《使命召唤》或《真人快打》(*Mortal Combat*)的人。多动症孩子的家长对游戏内容要格外警惕，要更注意监控孩子网络生活和游戏生活的质量。

对多动症孩子玩电子游戏的建议

✓ 禁止成人级游戏。

✓ 在开发商建议的适宜年龄上再增加两岁。

✓ 了解孩子所玩游戏的类型。

✓ 观察孩子关掉计算机或游戏后的行为。

✓ 如果游戏导致较多的激越行为，那么不要让孩子在晚上玩游戏。

✓ 如果孩子成功退出游戏或成功实现任务转换，要予以奖励。

我儿子是否有可能对电子游戏和网络游戏上瘾？

是的。有多动症的儿童和青少年出现网络和游戏问题以及网络和游戏成瘾的风险更高。新近出版的《精神障碍诊断与统计手册（第五版）》(*Diagnostic and Statistical Manual of Mental Disorder*, DSM-5)并不认为网络成瘾（Internet addiction）是一种机能障碍，

[1] Stephanie Bioulac，Lisa Arfi，and Manuel P. Bouvard，"Attention Deficit/Hyperactivity Disorder and Video Games：A Comparative Study of Hyperactive and Control Children"，*European Psychiatry*，23，no.2（2008）：134–141.

也就是说，美国医学界不认为网络成瘾是一种正式的医学问题或精神方面的疾病。对此有许多争论，我推测网络成瘾最终将被收录进去。目前，病态嗜赌是唯一被医学界正式承认的行为成瘾。在网络成瘾这个问题上没有规范的标准，因此很难准确地确定发病率是多少。网络成瘾通常被广泛地定义为：

- 一心只想着网络、电子沟通或游戏。
- 不能控制自己上网或停止使用网络。
- 在不能使用数字技术的情况下感到十分痛苦。

如果你想确定孩子的数字技术使用是否有问题，我建议你牢记下列准则：

- 真正重要的不是使用时间的多少，而是使用的质量。
- 不在玩游戏时也一心想着游戏，这便是一个警示信号。
- 在不能用计算机或玩游戏的情况下感到痛苦，这也是一个警示信号。
- 你的孩子能高度集中注意于游戏，并不表示没有多动症的可能。
- 如果高度集中注意导致过度使用或无法退出，那么高度集中注意就可能是个问题。

虽然人们在这个问题上争论不休，但我们都同意，成问题的网络使用和电子游戏使用很普遍。在亚洲，青少年的"成瘾"率高达25%。报告并发症的比率高达30%—50%。也就是说，多动症患者中有30%—50%的人同时有网络成瘾。注意失调和冲动性总是与成问题的数字技术使用结伴而行。有一项研究对2 000名青少年进行了长达两年的追踪，发现精神症状是网络成瘾的最强预测因子。

其中，多动症居于榜首，是网络成瘾的单一最强预测因子。[1] 与多动症相关的症状，如冲动性、外倾性、抑制解除、低自尊等也都与成问题的网络使用相关。[2] 有多动症的孩子更容易受到即时反馈的伤害，想赢得更多金币或升至下一级的内驱力也更强。人们已发现，电子游戏提高了大脑的多巴胺水平，进而强化了成问题的使用。

2009 年，一个由美韩两国人员组成的研究小组对网络电子游戏使用与多动症的关系进行了研究。他们发现，许多有多动症的孩子都把网络和电子游戏用作一种自我治疗的方式。研究显示，电子游戏的使用提高了多巴胺水平，而多动症与多巴胺在纹状体和前额叶皮层的降低有关。他们还发现，那些用专注达（Concerta）（一种用于多动症的长效兴奋剂）治疗的孩子的网络使用时间有所下降，

有多动症的孩子出现数字技术使用不当的风险更高。

网络成瘾的症状也有所减轻。[3] 或许网络成瘾与多动症具有相同的病因。多动症的症状似乎令网络和电子游戏使用特别具有吸引力，但上网和玩游戏有可能令多动症的症状进一步恶化。

关于管理不当数字技术使用的建议

√ 与孩子谈论高度集中注意的问题。

√ 帮助孩子承认自己在退出游戏或网络方面存在困难。

---

[1][2] Margaret D. Weiss, Susan Baer, Blake Allan, Kelly Saran, and Heidi Schibuk, "The Screens Culture: Impact on ADHD", *Attention Deficit Hyperactivity Disorder*, 3, no.4（2011）: 327−334.

[3] Doug Hyun Han, Young Sik Lee, Churl Na, Jee Young Ahn, Un Sun Chung, Melissa A. Daniels, et al., "The Effect of Methylphenidate on Internet Video Game Play in Children with Attention-Deficit/Hyperactivity Disorder", *Comprehensive Psychiatry*, 50, no.3（2009）: 251−256.

√ 帮助孩子设定合理的时间限制并使用计时器。

√ 多次温和地提醒以帮助孩子作好退出的准备，鼓励健康的使用。　254

√ 出现不健康的使用时要稍事休息。

患多动症的孩子在社交媒体上安全吗？

冲动性强的少年和青少年出现社交媒体、电子沟通和网络使用不当的风险更高。数字技术的匿名性和快节奏使得每个人都多少有些冲动。对绝大多数人来说，有一点冲动并不构成问题。但如果你是一个易于做出冲动行为的人，你可能很快就会遇到很多麻烦。SnapChat 和问答服务是最值得担忧的两个网站。在 SnapChat 上，你可以上传照片并设定它在多久后"消失"。但是，接收者可以轻易地通过屏幕截图保存照片。在照片被截屏后，上传者会收到通知。问答服务是一个匿名的提问平台。它已变成臭名昭著的仇恨言论和欺凌的滋生地。有多动症的青少年上传不雅照片和作出冲动性评论的可能性更大。有多动症的青少年应意识到自己的症状，上传照片或发布评论应不慌不忙。他们在上传照片或发布评论前，应考虑先请朋友或家人看一看。如果他们留意自己的症状，那么他们就能采取一种深思熟虑的方法使用社交媒体。

> 让有多动症的青少年留意自己的症状，这样他就能理解你为什么鼓励他在社交媒体上上传照片或发布评论时做到不慌不忙。

缺乏条理的儿童和青少年

泰迪（Teddy）是一个 11 岁的六年级学生，他因总是分心以及英语得了个 C 而被介绍到我这儿来。我问他家庭作业的情况，他说他做了，但忘了交。我问他晚上是否会检查自己的背包，他朝我翻了翻白眼。他解释说，他用电子邮件将做好的家庭作业发给了教师。我问他，如果是这样的话，那么他又怎么会忘了交呢？他打开他的笔记本电脑，并打开他的60个文件夹给我看，并且说他知道他肯定做了，但他并没有找到。

255　**我的孩子该用传统的工具还是数字技术来进行组织和规划？**

　　数字技术一方面帮我们成功应对组织方面的问题，另一方面也造成了组织方面的挑战。有多动症的人在组织和执行计划（事先计划的能力）方面努力抗争着。应将数字技术作为一种进行组织和事先计划的工具，必须像教代数和化学那样教孩子组织和执行计划。许多教授组织技能的教师会推荐孩子使用纸质日历和任务书。作为一个数字移民，我理解那些印有海报的日历和容易翻动的作业本的吸引力。对于数字土著，使用应用程序与使用活页笔记本一样舒适自在。我们的目的在于，帮助儿童或青少年建立一个始终如一的体系，从而帮助他们对家庭作业进行组织规划，对论文、测验和各种社交事件进行提前规划。

关于帮助儿童或青少年生活条理化的建议

√ **第一步：大日历。** 执行计划功能要到大学才能完全发展完善。即使是青少年，他们在事先计划方面也需要帮助。他们应对自己一周或一月的安排形成一个全局观。我不再给青少年推荐挂历。我更愿意推荐他们使用《生活小图钉》(*Corkulous*)之类的应用程序，因为它们能使你建立自己的备忘板，你可以在上面粘笔记、照片、列表和日历等。

✓ **第二步**：家庭作业规划器。《家庭作业备忘录》(*iHomework*) 应用程序能让你记录和跟踪作业。只要所有的家庭作业都在同一个地方，任何人都可以开动起来去完成作业。此外，它还有一个供你记录长期任务的地方。与少年或青少年就读的学校联系，了解家庭作业或测验上传到哪里、何时上传以及是否上传。

✓ **第三步**：做笔记。众所周知，有多动症的孩子不善于做笔记。《印象笔记》(*Evernote*) 是一款非常受欢迎的应用程序，它能帮你组织、记录课堂笔记。你可以记录音频笔记，可以插入图片。同样，与孩子的学校联系，了解教师是否分发或上传了课堂笔记的副本。

✓ **第四步**：设定优先顺序。《优先矩阵》能帮助青少年评估各种短期和长期任务的重要性。青少年需要制订每日和每周的作业策略。青少年常犯的一个错误是，把太多时间花在不重要的任务上而忽略了重要的任务。

256

✓ **第五步**：管理时间。我仍推荐使用老式的烤箱定时器。我不喜欢把苹果手机用作定时器。这样会有借口在并不需要手机的时候拿起手机。帮助孩子追踪每项作业花费的时间，并对他的效率进行评估。

✓ **第六步**：社交生活。我们的目的是平衡学习和玩耍。如果孩子的日历上只有学业任务的截止日期，那就说明他还不能对自己的全部生活进行规划。如果在一次重大的化学测验的前一晚，你儿子有一场篮球比赛，那么他就需要提前学习。孩子的全部生活都应在日历上看得到。谷歌日历是最简单的日历，家长可以安排事件和约会并发送邀请。Galndr（其名字与日历的发音押韵）是一个专为十几岁女孩设计的新日历程序。它的色调为粉红色，女孩可以用它来安排各种私人事务和公共事务，也可以用它来与闺蜜"拉帮结伙"。它的隐私设定比脸书更严格。孩子在社交媒体上上传日程安排时要特别留意隐私设定，没有必要让全世界都知道你十几岁的儿子正在去华盛顿特区上学的路上。

社交焦虑和薄弱的社交技能

戴维（David）17 岁，读十二年级，因"抑郁"而被送来我这里。他的父母说，他很少离开自己的房间，每天 24 小时泡在计算机上。他们说他很聪明，上的是一所天才高中。但是，他始终感到厌倦，只对上网感兴趣。他的父母担心他患上抑郁症，也担心他染上网瘾。我看到他时，他稍稍有点衣冠不整，尽量不和我发生眼神接触。他不善社交，但几分钟后就开始活跃起来。我问起他的网络生活。我问他对编程和游戏开发知道多少。他抬起头，似乎被这个问题引发了一些兴趣。他开始向我详细解释如何开发游戏。他告诉我，他正在和好朋友一起开发一款游戏。这下我来了精神，和他谈起他的好朋友。他说她 20 岁，住在西雅图（他住在康涅狄格州）。他们正在协作做一个新项目。时差造成了一些挑战，但他对他们正在开发的多人游戏很是兴奋。他告诉我他在学校里有两个朋友，他们午餐时坐在一起，谈论游戏和数字技术方面的问题。在校外他见不到他们，但通过短信和游戏一直与他们保持联系。他与其中一个朋友正在协作进行一个机器人项目。他承认他不善交际，对现实生活中的互动也变得有些焦虑。他讨厌父母的唠叨。他否认自己抑郁，也不承认自己睡眠困难。

戴维的故事表明，在青少年线上互动这一问题上，人们的认识是多么混淆不清。戴维不好交际，对结交朋友不是很感兴趣。他可能达到了所谓阿斯伯格综合征的标准。阿斯伯格综合征已不再被医学界和精神病学界正式认可。戴维与同龄人之间有一些差别，他在现实社会中进行交际的技能不够流畅。数字技术对他来说是一把双刃剑。他利用网络与世界上那些和他一样对游戏开发感兴趣的人进行联系。他是一个很有才华的代码编写者和游戏开发者。他在网上有"同事"和"协作者"，这些人尊敬他，愿意与他一起合作。在学校，他没有亲密的朋友，但他并不抑郁。他确实回避现实的互动，日日夜夜地泡在网上。他的家人鼓励他通过网络和与他兴趣相投的同学联系。有些戴维这样的青少年通过在线联系建立起了自尊和自信。然而，戴维的线上技能往往无法迁移到现实生活的社会互动中。戴维面临的挑战是如何在安全地享受和保持线上联系的同时，又不丢弃现实的关系和经验。

家长应帮助自己不愿交际的孩子保持线上联系。没有理由让那些有广泛性发育障碍（pervasive developmental disorders）（高功能自闭症）或仅仅是社交技能差的孩子处于隔离状态。

> 不善交际的和焦虑的青少年常常转向线上关系而回避现实生活中的互动。

孤独的儿童和青少年也许可以在网上发出自己的声音。他们也完全有机会培养自己的计算机和数字技术技能。许多具有高功能广泛性发育障碍的年轻人都入学就读，从事各种能通过互联网完成的工作。当然，随着孩子逐渐长大，你希望尽量完善他们的社交技能。关键是要帮助孩子找到健康的线上渠道，也要清楚地了解孩子使用网络的方式。如果你知道孩子正在社会互动方面进行艰苦的抗争，那么你应留意并介入他的线上生活。

258

我女儿更喜欢社交媒体和短信而不是现实生活中的互动，这样行吗？

绝大多数健康的青少年都更喜欢面对面互动，但同时又觉得电子沟通和社交媒体更方便。具有社交焦虑的儿童和青少年则可能利用数字技术来逃避现实生活。

社交焦虑障碍（social anxiety disorder）涉及极度害怕在社交情境或行为情境中被别人审视和评判。它会对社交焦虑障碍患者的生活造成严重影响。社交焦虑障碍远不只是羞涩。患者的自我意识更强，害怕在社交情境中被审视。它的典型发病年龄一般在 13 岁。社交焦虑障碍是一种得到正式认可的精神障碍，有具体的标准和持续时间要求。再次声明，我并不十分关心你的孩子是不是符合社交焦虑障碍的标准。我真正担忧的是那些在社交情境中自我意识过度的儿童和青少年。

社交焦虑是不当数字技术使用的一个风险因素。有社交焦虑的青少年因害怕面对面的互动而常常转向网络和社交媒体上的社会联系。有社交焦虑的青少年更愿意进行线上披露而不是线下披露。[1] 对他们来说，能在线上进行联系并建立自信真是好极了。有社交焦虑的青少年面临的一个挑战是如何在线展示自己的真实生活。他们常常担心没人喜欢他们的真实生活，因此，他们会展示虚假的或"伪装的"自我。研究人员已发现，那些在网上"伪装"自己的人焦虑的可能性更大，他们的社交技能也更差。[2] 我相信，如果青少年能在

---

[1] Luigi Bonetti, Marilyn Anne Campbell, and Linda Gilmore, "The Relationship of Loneliness and Social Anxiety with Children's and Adolescents' Online Communication", *Cyberpsychology, Behavior, and Social Networking*, 13, no.3（2010）: 279-285.

[2] Jeffrey P. Harman, Catherine E. Hansen, Margaret E. Cochran, and Cynthia R. Lindsey, "Liar, Liar: Internet Faking But Not Frequency of Use Affects Social Skills, Self-Esteem, Social Anxiety, and Aggression", *Cyberpsychology and Behavior*, 8, no.1（2005）: 1-6.

网络空间展示自己的真实生活，那么他们的线上联系就更有可能泛化为真实生活中的技能。

有社交焦虑的青少年在网络上面临的危险更大，他们更容易过度依赖线上联系和线上关系。有社交焦虑的青少年报告，脸书上的支持比面对面的支持更能让他们产生幸福感，而无焦虑者未有这种感觉。[①] 存在这样的危险：数字技术将加剧对现实生活互动的回避和恐惧。[②] 我们有理由担心，那些过度依赖网络、更愿意进行线上披露的青少年更容易受到网络捕食者（online predator）的伤害。家长要认真权衡数字技术的利与弊，发挥积极的作用，帮助有社交焦虑的孩子寻找能泛化到现实生活中去的自信和线上支持。

> 社交焦虑是不当网络使用的风险因素之一。

259

对社交焦虑儿童和青少年数字技术使用的建议

✓ 帮助青少年在社交媒体和网络上展示他们真实的自我。

✓ 如果你家的青少年不善交际，要鼓励他利用网络进行自我表达和社交联系。

✓ 如果你家的青少年在网上同某个人交往过深，你要特别留意。

✓ 帮助不善交际的孩子培育数字化关系和现实生活中的关系。

✓ 鼓励焦虑儿童与青少年通过短信和社交媒体与现实生活中的朋友和同学保持联系。

✓ 鼓励适度的线上披露。

[①] Michaelle Indian and Rachel Grieve，"When Facebook Is Easier Than Face-To-Face：Social Support Derived from Facebook in Socially Anxious Individuals"，*Personality and Individual Differences*，59（2014）：102–106.

[②] Patti Valkenburg and Jochen Peter，"Social Consequences of the Internet for Adolescents：A Decade of Research"，*Current Directions in Psychological Science*，18，no.1（2009）：1–5.

✓ 如果线上互动令孩子感到焦虑，那么要暂停线上互动。

✓ 要当心过度依赖网络或过度寻求网络安慰。

✓ 要留意线上互动是否取代了现实生活中的互动。

✓ 要警惕青少年迷恋线上关系，以及因无法上网而感到痛苦。

✓ 帮助焦虑的青少年，不要让他们在网上披露个人信息，不与陌生人碰面。

260

抑郁、自杀和数字媒体

　　纳迪娅（Nadia）是加拿大安大略省的一个 18 岁抑郁青少年。2005 年，在一间自杀聊天室里，她和一个有抑郁症的 31 岁护士"卡米"（Cami）进行了三次交流。"卡米"建议纳迪娅上吊而不要跳河。她甚至建议纳迪娅使用什么样的绳子上吊。"卡米"通过一个网络摄像头对纳迪娅进行指导。在和"卡米"聊天后，纳迪娅选择从一座大桥上跳下，地方当局一个月后才发现她的尸体。事实上，"卡米"是一个 45 岁的男人，真名叫梅尔彻特-丁克尔（William Melchert-Dinkel），他被判两项辅助自杀罪名成立，承认曾鼓励十几个抑郁症患者自杀。

　　莱尼（Jessica Laney）是一个 16 岁女孩。她在一个提问—回答社交媒体网站问答服务上受到欺凌后上吊自杀。她被人叫作"胖子"和"荡妇"，还有一个人发帖称"你已经可以杀死你自己了吗？"从她在问答服务上发的帖子看，她一直在为家庭问题、学校冲突而挣扎，也为自己的身体意象而困扰。她到社交媒体上寻求支持，却遭到了侮辱。

不可否认，在与数字技术有关的青少年自杀这个问题上，我选择了两个极端案例。有关自杀和抑郁的统计数据警示我们，在制订数字蓝图时，我们必须对这个群体予以关注和引导。

■ 自杀是 15—24 岁人群的第三大致死原因。

■ 11% 的年轻人在 18 岁时有过抑郁。

■ 在世界范围内的 15—44 岁人群中，抑郁是致残的主要原因。[①]

数字技术不会引起抑郁或使抑郁恶化。事实上，可以把数字技术用作筛查和预防的工具。作为家长，你应谨防抑郁症。孩子对数字技术的使用可以为你提供一种识别抑郁症并进行干预的方式。我并不太担心数字技术会引发抑郁症。在第一台计算机诞生前，青少年抑郁症就已存在。有抑郁症的青少年确实更容易受到网络捕食者和网络欺凌的伤害。如果你的孩子有抑郁症，那么你应进行监控，以防网络欺凌、网络捕食者，以及对那些危险的支持自杀的网站的访问。

261

隐性风险组

我最担心的是，家长不能在青少年变抑郁时进行识别。要将正常青少年的烦躁和对抗同抑郁分辨开来确实不容易。**当数字技术使用中表现出某种症状时，家长往往责怪游戏和社交媒体，而不是寻找原因。**欧洲拯救和赋权年轻生命组织（Saving and Empowering Young Lives in Europe，SEYLE）开展的一项研究将 12 000 名青少年分为三类：

---

① "Depression in Children and Adolescents", fact sheet, National Institute of Mental Health, *http://www.nimh.nih.gov/health/publications/depression-in-children-and-adolescents/depression-in-children-and-adolescents.pdf.*

- 高风险组（13%）：酗酒、吸毒、抽烟、逃学等方面的比率
  很高。

- 低风险组（58%）：酗酒、吸毒、抽烟等方面的比率低；逃
  学和上网的比率低；用于睡眠和运动的时间更多。

- 隐性风险组（27%）：上网的比率高，用于睡眠和运动的时
  间更少。

表现出危险行为的青少年是心理健康的高风险人群，谁都不会
对此感到吃惊，我们不需要对 12 000 人进行研究即可知道这一结
论。真正令你吃惊的是，隐性风险组的抑郁、焦虑和出现自杀念头
的比率与高风险组很接近。[①]

有抑郁症的青少年和成人的网络使用模式与常人有所不同。
2007—2009 年做的调查研究发现，每天玩游戏或上网超过 5 小时的
青少年出现悲哀、自杀意念（suicidal ideation）和自杀计划的风险更
高，但在自杀企图方面未显示出更高的风险。[②] 有一项研究对密苏里
科学技术大学（Missouri University of Science and Technology）216 名
大学生的线上活动进行监测，研究结果显示出同样的使用模式。

有抑郁症的大学生更有可能：

- 花费更多时间在网上。

[①] Vladimir Carli, Christina W. Hoven, Camilla Wasserman, Flaminia Chiesa, Guia Guffanti, Marco Sarchiapone, et al., "A Newly Identified Group of Adolescents at 'Invisible' Risk for Psychopathology and Suicidal Behavior: Findings from the SEYLE Study", *World Psychiatry*, 13, no.1（2014）: 78-86.

[②] Erick Messias, Juan Castro, Anil Saini, Manzoor Usman, and Dale Peeples. "Sadness, Suicide, and Their Association with Video Game and Internet Overuse Among Teens: Results from the Youth Risk Behavior Survey 2007 and 2009", *Suicide Life-Threatening Behavior*, 41, no.3（2011）: 307-315.

■ 发送更多电子邮件。

■ 对网络的使用是随机的，在游戏、视频和沟通之间随机转换。   262

■ 花更多时间看视频、玩游戏、聊天。①

首席研究员切拉潘（Sriram Chellappan）说："我们相信，你使用网络的方式透露了你的一些信息。特别是，我们的研究表明，它可以提供有关你精神健康方面的线索。"社交媒体世界日益认识到，当人们感到抑郁和想要自杀时，有可能转向社交媒体。脸书与一家全国性自杀预防组织——国家预防自杀生命线和挽救组织（National Suicide Prevention Lifeline and SAVE）合作推出了一项反自杀行动计划。脸书用户可以报告他们关注的人。自杀咨询员将与那些被标记的人进行接触。脸书正在进行的另一个行动计划是，通过寻找成问题的使用模式和关键词来识别高危用户。2012 年，研究人员查看了 1—8 月间 120 万用户发的 170 万条推特。他们对不同州在推特上的自杀评论的比率与实际自杀的比率进行了比较，发现与自杀有关的推特率与自杀率之间存在相关。中西部各州、西部各州以及阿拉斯加州与自杀有关的推特占比更高。推特可以作为一个实时监控自杀风险因素的工具，也可以作为一个自杀干预平台。现在，家长可以监控孩子的社交媒体和短信中有关抑郁与自杀的内容。

网络能为我患抑郁症的孩子提供支持吗？

是的。网络、社交媒体以及一些线上游戏都可以提供支持。当

---

① Sriram Chellappan and Raghavendra Kotikalapudi, "How Depressives Surf the Web", *New York Times*, June 15, 2012, *http://www.nytimes. com/2012/06/17/opinion/sunday/how-depressed-people-use-the-internet.html?_ r=2&pagewanted=all.*

有一个线上朋友伸出援手予以支持时，自杀被阻止，抑郁也得到了治疗。网上有很多关于抑郁症的有用信息，它们为青少年提供了相关热线并使青少年得到必要的帮助。遗憾的是，到网上寻求帮助的青少年发现自己很容易找到支持自杀或支持自残的网站。在这些网站上可以订购自杀工具包和《最后出路》(Final Exit)（支持自杀运动者的圣经）的副本。研究人员已发现，观看自杀视频、浏览自杀网站等行为提高了实施自杀的风险。绝大多数试图自杀的青少年都承认自己曾到网上寻求点子和信息。①

家长所犯的最大错误是没收抑郁症青少年的手机和计算机。这样做会加剧青少年的孤独，夺去他唯一的支持。最近，我接待了一位在学校遭受欺凌的高中生。在家里，她急躁易怒、爱争吵，整天抱着手机。她父母担心她抑郁，也因她的固执和争吵行为而恼火。他们觉得她应为自己的恶劣行为承担"后果"，因此没收了她的手机。如果我们进一步深究就会发现，原来，手机是她的生命线和重要支持。当她感到孤独时，她就会从学校给妈妈发短信。她给校外的朋友们打电话或发信息以寻求安慰和支持。没有了手机，她将无法摆脱那些"坏女孩"，也得不到必要的支持。她的家人和我都认为她抑郁了，我们启动了家庭和个人治疗方案。她继续拥有手机，她的父母则用其他"后果"处理她的对抗行为。一段时间后，她的抑郁症状和受欺凌情况均有所改善。她对手机的依恋也变得更加合理，不再那么疯狂。有时，更恰当且必要的做法是不收走孩子的手机。

> 家长在拿走孩子的手机、不许孩子上网之前，应先弄清孩子使用手机和网络的方式。

关键是要发现抑郁的预警信号，以及识别有问题的数字技术使用。适度使用数字技

---

① Romeo Vitelli, "Suicide and the Internet: Can Online Suicide Sites Increase Suicide Risk?" *Psychology Today*, October 7, 2013.

术是高中生活的有机组成部分，也是高中生活的有益组成部分。不过，抑郁或焦虑的孩子属于隐性风险组。

如上文所述，要想辨别孩子是否真的抑郁不是一件容易的事。抑郁的儿童和青少年往往并不像人们一般所认为的那样消沉和沮丧，而更可能是烦躁和愤怒。如果你的孩子常常表现出悲哀、绝望、对批评过度敏感或具有内疚感，那么你需要请教儿科医生。抑郁的儿童和青少年也可能表现为百无聊赖，对原来的爱好失去兴趣，抱怨自己很累或者常常胃痛或头痛。抑郁可以引发睡眠方面的问题，以及饮食习惯的改变。人际关系变得困难，儿童可能不愿上学，成绩也可能下滑。询问你家的青少年是否有自杀或死亡的想法。青少年一般很少表达这方面的信息，但如果你直接问他，他会诚实地回答你。如果孩子表达了任何与自杀有关的想法，或在长达一周以上的时间内表现出以上任何症状，那么你一定要寻求儿科医生或心理健康专家的帮助。

264

令人担忧的技术使用模式

- 儿童使用网络、社交媒体和游戏的方式突然发生变化。
- 对网络的使用让人难以捉摸，不断跳来跳去。
- 电子沟通显著增加。
- 过度依赖单一的线上关系。
- 不愿上学，回避朋友，持续上网。
- 线上活动导致严重的睡眠障碍。
- 浏览历史表明曾访问自杀或自残网站。
- 社交媒体网站上令人不安的帖子或照片。
- 网络欺凌。

如果你担心孩子抑郁或担心孩子的数字技术使用有问题，该怎么办？

✓ 与孩子交谈。

✓ 直接就绝望、自残、自杀等问题询问孩子。

✓ 如果他不愿和你谈，那么找一个他愿意与之交谈的人和他谈。

✓ 以**非批评**的方式查问孩子在网上干什么。

✓ 对孩子的线上活动表示出兴趣。

✓ 弄清数字技术对孩子有什么支持和帮助。

✓ 查问有关网络欺凌的事情。

✓ 查看浏览历史。

265 ✓ 检查手机。

✓ 查看儿童或青少年在社交媒体上的帖子。

✓ 用谷歌搜索孩子。

✓ 制订有关睡眠和数字技术使用的必要限制。

✓ 查问毒品、酒精等方面的问题。

✓ **如果症状得不到改善，要寻求专业帮助。**

那些因孩子自杀而失去孩子的家长都后悔自己太"尊重"孩子的隐私。监控孩子的数字生活可以拯救他们的生命。

数字技术可以成为一种有力的工具，帮助有多动症的孩子提高效率，为焦虑和抑郁的孩子提供重要支持与干预。重要的是，要弄清孩子面临的注意、注意涣散、焦虑等方面的挑战，寻找可能意味着抑郁的行为变化。如果你关心自家的儿童或青少年，那么在下一章，你在制订自己的家庭数字技术规划时就必能通融、灵活并保持警觉。

12 别拿走手机：
家庭数字技术协议的基本要点

卡特里娜（Katrina）是一个六年级住宿生，也是她所就读的初中里的一名黑客。其他孩子会花20美元买她的"破解版"。她侵入他们玩的游戏，他们瞬间便拥有了数以千计的硬币和珠宝。她有一个她的父母根本不知道的推特账户，还有一个父母以为她在使用的 Instagram 假账户。她父母不知道她的任何一个密码。当他们刚弄清如何删掉暴力游戏和应用程序，她马上又重装了。他们常常没收她的手机，但她使用学校发的安卓平板电脑。她假冒网上的朋友或熟人，在自己的社交圈里引起戏剧性话题。她父母很慈爱但很忙，而且根本不能保持意见一致。他们严厉地宣布了很多规则，却并不执行。父母一人说这，另一人说那。卡特里娜总是领先他们一步。她非常希望得到父母的认可和重视。她没有达到网络成瘾的标准。她有很多其他兴趣爱好。她打篮球，参加每一出校园剧演出。她也很乐意与朋友们在线下不通过网络和手机进行交往。她不发色情短信。在卡特里娜这个案例中，问题在于父母的管理。就像名人界里的一句名言，负面的关注总比完全没有关注好。

267   **这里的关键要点是：**

■ 要重视规则的一致性而不是规则的数量。

■ 在制订规则的问题上，孩子越小时开始越好（卡特里娜的父母正在努力追赶中）。

■ 父母双方要保持一致（至少表面上要一致）。

■ 规则要简单、易于管理。

■ 不要为一些小事焦虑不安。

最后，是时候制订一份反映你家的价值观、优先事项和现实的家庭协议了。我的目的是帮助你就各种重要的数字技术使用问题与配偶和孩子进行对话。忘掉理想点、奖励、贴纸、优惠券等。这些都与我们这里的目标无关！

你的家庭规划可以分解为以下五个方面的问题：

■ 何时。

■ 何处。

■ 什么。

■ 谁。

■ 如果……会怎样。

行为规划概述

行为规划（behaviral plans）是儿童和青少年精神病学家及治疗师感到最棘手的一个方面。我在带教年轻医生和心理学家时，总是告诫他们"星图"（star chart）的陷阱。好心的家长和教师会制订很复杂的系统，其中布满了星星、贴纸、优惠券、代币、硬币和糖果等。这些东西有时也会暂时起作用，但很少能转化为长期的真正内化了的改变。根据我的经验，它们很少起作用。

与我一起共事的一名社会工作者管理着一个育儿小组。她从东方贸易公司（Oriental Trading）订购了许多海盗币（pirate coin）和贴纸给小组里的家长。她发现很多家长很忙，他们甚至从未获得启动计划所需的贴纸或硬币。此外，那些最需要行为规划图的家长是最不可能将行为规划图坚持到底的人。启动了贴纸行为规划却又不能坚持到底，这非常令人沮丧。 268

我希望你的孩子能明白，数字技术有一定的行为准则和规则。我希望他们能内化数字公民意识的道德准则。你的协议应突出对行为的期望，而不要迷失于细节。最近，我与一个 7 岁的多动症儿童的妈妈交换意见。她的各种图表给我留下了很深的印象。她发放了30 分钟的媒体优惠券，当孩子行为不当时，就收走优惠券。她很有条理，有一个周密的系统。我问她执行的情况如何。她说，儿子现在能刷牙、做家庭作业，但整天都会为了优惠券与她作战。

本书开篇我就谈到教养风格以及家长与数字技术的关系。我也将以这两个问题来结束本书。家长在制订数字技术规划时，应在这两个问题上诚实面对自己。我将以我自己为例。我家是一个媒体适度的家庭，我的教养风格是放任型 / 权威型。我丈夫的教养风格主要是权威型，对此我常常有些嫉妒。我的孩子未曾有任何有问题的网络使用的警示信号，但我的大儿子才 9 岁，因此还不能下定论。

我承认，我喜欢制订一个出色的行为规划，但维持不了几天。我的孩子认识到我不能坚持到底，会提醒我"欠"他们的奖励。我和丈夫都有一份全职工作，我们的生活很忙碌。我们有很好的看护，但我们的孩子多达三个，不可能对所有事情都加以监控。我们重视数字技术，希望我们的孩子能聪明地对待屏幕媒体，明智地利用数字技术。

在工作日期间，我们采用一种自然的"任务—奖赏"数字技术模式。意思就是，家庭作业、游戏日和足球运动放在首位，其次才玩《愤怒的小鸟》作为奖赏。我9岁的儿子谈论的是上网的安全界限，只要用苹果平板电脑模样的包装纸来包书，他也愿意阅读书籍。我7岁的儿子知道在网上必须友善，而我5岁的女儿正在努力学习字母，以便能像两个哥哥一样在蓝牙连接的苹果平板电脑键盘上打字输入。这样就完美了吗？不。有的家长具有更平衡的权威型教养风格，时间比我们多，孩子比我们少，做得也比我们更好。目前，《玩具小医生》《部落战争》《美国职业篮球联赛14》(*MyNBA2K14*)等很多游戏都是我喜欢的。我和丈夫用手机用得很多。我的孩子知道，我们正在不断努力寻求平衡，在寻找一种新的富有教育意义的方式来使用数字技术。我希望他们知道，在数字技术使用方面有行为准则和限制，我们都在努力寻求平衡。我希望他们谨记，他们一生都要努力维持这种平衡。我们的做法并不完美，但它经过仔细思量，反映了我们的实际情况。

> 我们的孩子应知道，他们一生都要努力维持数字技术使用的平衡。

关于行为图的建议和现实

√ 决定各个目的的优先顺序。

√ 目的和期望要切实可行。

√ 制订一份容易实现的计划。

√ 自然的、短期的奖励是最成功的。

√ 避免长期的、花钱多的奖励。

√ 期望要简单而具体。

√ 标准不容置疑。

269

✓ 逐渐朝向终点。

✓ 记住你的目的是行为的内化，因此不再需要奖励图。

　　我想对上述细目中的一些建议进行详细说明并将其应用于数字技术使用。选择你最关心的细目，制订有关该细目的行为期望。我的孩子不喜欢阅读，这一点让我烦恼。对于他们是否与朋友一起玩Wii 的交互式游戏，我并不太担心。我不希望的是他们因玩《部落战争》而挤占了阅读时间。不过，如果他们想在自己的苹果平板电脑上玩教育游戏或阅读游戏，我倒不想限制他们。少年和青少年的家长可能对成绩和交友问题比较担忧。曾有家长对我说，如果自家的孩子能继续保持好成绩，那么他们也无须对孩子上网的时间总量进行"管控"。我们制订协议的目的在于提前规定有关行为和道德的期望。如果你让他们在童年时为了多玩 15 分钟而努力奋斗，那么当你想开启一场坦诚的对话以便使你的孩子成为一名有爱心的、创造性的数字公民时，你可能就会输掉这场战争。

　　如果你就强化问题去问任何一个行为主义者，他们都会告诉你，正强化被内化的可能性比负强化更大。基本上，惩罚可在当时阻止行为发生，但是害怕的情绪并不能转化为长期的改变。最好的奖励是自然产生的，要采用积极的强化模型。例如，如果你已作好了上学的准备，那么你就可以利用余下的时间玩手机或平板电脑。如果你打算按照行为主义的原则制订一份规划，那么标准必须无可争辩。"举止得当"或"良好"等不适合作为标准。要对"良好"和"举止得当"加以界定。标准必须是具体的、可测量的，如在玩平板电脑前必须"穿戴整齐"，或在登录社交媒体前必须"完成第二天要交的全部家庭作业"。

　　最后，真正重要的是内容而不是数量。研究已一而再地表明，

270

按行为主义原则制订的规划，其标准必须无可争辩。

你应担忧的是内容。我的协议中将对时间和地点进行大致勾画，我想要强调的是，内容和数字技术使用的方式才是真正重要的。

数字技术使用时间

对家有 12 岁以下孩子的家长来说，"何时"和"多久"等问题是难以解答的问题。较大孩子的家长确实很关心孩子花在数字技术上的时间，但习惯很难打破。青少年的家长理所当然地更关注孩子的安全、隐私和平衡。我经常听到的三个问题是：

271

周一到周五，我的孩子该不该使用数字技术？

允许他们使用数字技术的时间为多长？

在各个年龄段应使用哪些类型的数字技术或设备？

本书第二部分对第三个问题进行了讨论。第一个问题和第二个问题我们也进行了讨论，但是现在你必须作出一个决定。美国儿科学会的建议是，每天使用数字技术的时间不超过 2 小时。2 小时与实际情况相差太远，实际的情况是，年龄不同，孩子使用数字技术的时间从 4 小时到 12 小时不等。我的建议是，不要过多强调时间限制，而要关注内容和安全。

周一到周五，我的孩子该不该使用数字技术？

对于这个问题，我知道，绝大多数读者都想得到一个确定的答案，但是，对于这个有关工作日的问题，我不得不迂回作答。孩子在周一到周五是可以使用数字技术的，但究竟怎样处理这个问题是

家长必须作的个人选择。在周一到周五，如果你能作出限制，同时
又不引起冲突，也不会让孩子转入地下偷偷地使用数字技术，那么
你就放手去做。如果电视和游戏是平日日常生活的一部分，那么就
让它照常进行。在周一到周五，如果你允许孩子使用数字技术，那
么你需要制订清晰的行为准则。我的主张是，孩子先做必须完成的
任务，然后为自己"赚取"看电视和玩游戏的时间。让孩子关掉电
视和游戏去做家庭作业确实是一件很有挑战的事情。在孩子有了智
能手机后，你对工作日的数字技术使用的限制就会失效。少年的数
字技术使用方式开始与绝大多数成人的数字技术使用方式趋同。他
将在课堂上使用数字技术，他将整天使用数字技术。到那时，我们
的讨论将更多集中于数字技术使用的平衡问题，而不再将重点放在
限制上。

允许孩子使用数字技术的时间应是多少?

再次重申，这个数字取决于你家的教养风格是媒体轻微、媒体
适度还是媒体重度（media-heavy）。我可以给出一些指导原则。我建
议你不要纠缠于使用时间的确切数字。媒体可以成为孩子生活的一
部分，但不应让孩子的生活受媒体驱使。

关于数字技术使用时间的一般建议

272

✓ 不要为 8 岁以下孩子设定确切的使用时间。（他们的时间概念与
   成人不同。）
✓ 你可以将电视剧作为幼儿的计时器，如一个短剧（15 分钟）或
   两个长剧（60 分钟）。
✓ 用图形或卡通来为幼儿制订时间表。
✓ 宁可多玩耍，但数字技术也提供了很多适合幼儿的教育机会。

✓ 必须先完成必要的活动、家务、家庭作业等，然后才能使用数字技术。

✓ 从周日到周四，建议保证 30—90 分钟完全不用数字技术的家庭作业时间。这段时间留给那些不需要在计算机或平板电脑上完成的家庭作业。对于需要用计算机完成的家庭作业，要保证在做作业期间不用手机。

✓ 与其为何时该停用数字技术而争吵，不如规定明确的出发时间和睡觉时间。例如，晚上九点半必须关闭数字技术上床睡觉，早上七点半上学。

✓ 要谨防孩子为了上网而仓促应付作业。如果出现了这种情况，在允许孩子玩手机或上网前，必须由成人先检查其作业。

✓ 让孩子不致过度使用媒体的最佳方法就是分散他们的注意。孩子报告，当他们觉得无聊的时候就会看电视或上网。你不可能一直带给孩子欢乐，但是如果在他们放学后，你给他们安排了其他活动或游戏日，那么他们就没有什么理由和时间泡在数字技术上。

✓ 接受不使用数字技术挑战（tech-free challenge），每天留出 30 分钟。在这 30 分钟内，全家都不用数字技术。或许你家不可能每天都留出这样一段时间，那么可以尝试每周几次留出一些时间。不使用数字技术挑战本身可以传达一个强有力的讯息：全家都在努力寻找一段能让全家人都不用数字技术的时间。

✓ 如果你的孩子整个白天都没有使用数字技术，那么让他们在晚上看看电视、玩玩游戏，以此来放松身心，这没有什么不对。

✓ 如果你担心少年或青少年在晚上上网，那么每晚在规定的时间关掉家里的网络。

✓ 切记，儿童和青少年在上床睡觉前 30 分钟就应关掉数字技术。

数字技术使用地点

"何处"是最容易回答的问题。在孩子拥有智能手机前（0—11岁左右），卧室里不应放置计算机、平板电脑或游戏机。在你制订的家庭数字技术使用基本规则中，要尽量规定在公共区域（厨房、书房或游戏室等）使用数字技术。我的倾向性意见是，孩子在完成家庭作业时若需要使用数字技术，那么他们应始终在公共区域内使用。这样就会形成一种能让他们随时得到监督和帮助的数字技术使用习惯。

我劝家长在公共区域设置公用"充电站"。这样就能让家长和孩子养成将设备放在其他地方充电的习惯。公用"充电站"可以帮助少年和青少年晚上不再与手机待在一处。这样做的目的是保证整个晚上都不会有短信或信息弹出来骚扰孩子。

> 需要使用数字技术来完成的家庭作业应在公共区域内完成。

家长常常抱怨车内的数字技术使用。对于车内的数字技术使用，你确实需要一些指导原则。这些指导原则将根据你家的具体需要而定。许多家庭在日常出行中不允许在车内使用数字技术，但漫长的校车旅程或拼车旅行除外。在校车上使用数字技术存在固有风险。在校车上，你的孩子可能与较大的孩子在一起，而且缺乏监控。我建议，在无监控的乘车期间，幼儿不可以上网，不可以使用有 3G 功能的设备。如果你家的少年有一个 3G 手机或 3G 平板电脑，在他的旅程结束后要查看他的浏览历史。许多拼车驾驶的家长都希望在行驶期间与孩子交谈或希望孩子之间相互交谈。我不主张日常出行中在车内使用数字技术。如果孩子要在拼车旅程中坐上 30 分钟，或要在车内与兄弟姐妹一起度过一个下午，那么我会允许孩子在车内使用数字技术。在这种情况下，我会挑选教育游戏和教育视频，并敦促他们适时休息。

开车发短信是一种全国性的流行病，我们都知道它。趟若我不在本节讨论这个问题，那将是我的失职。绝大多数青少年都曾看到家长在开车时通话或发短信。青少年在开车时不应使用手机。我会制订明确的限制，并且在必要时查看手机使用记录。青少年应使用车载全球定位系统（GPS），而不应使用智能手机上的导航应用程序。如果需要与家长联系，那么他们应靠边停车。他们在开车时也不应接朋友打来的电话，不应看朋友发来的短信。关于驾驶已有许多规则，因此，应在驾驶规则中将通话和发短信的规则完美地结合进去。

> 在没有监控的乘车期间，幼儿不应使用 3G 设备。

数字技术使用方式

内容是最重要的，但并不是所有内容都具有同等的价值。《脑力探索》（*Brain Quest*）、《七巧板》《堆积王国》和《填字游戏》（*Words with Friends*）都是高质量的教育游戏。《部落战争》《神庙逃亡》《侠盗猎车手》和《真人快打》的价值则相对较低。你必须与孩子一起完成寻找合适的教育游戏这项工作。我总是问我的大儿子有哪些游戏适合我的小儿子和小女儿玩。我 9 岁的儿子已开始构建一个词汇表，以便能向他人解释为什么有人喜欢或不喜欢某个游戏。我也鼓励你的孩子为他们喜欢或想要的游戏、应用程序、网站等撰写"评论"。这样做的目的是培养有批判意识的、能自行作出明智选择的消费者。

"数字技术是一种工具"，你需要将这个座右铭缀饰于孩子的整个数字世界。平板电脑和计算机既可以是一种阅读工具，也可以是

一种辅助学业的工具。智能手机既可以用来给父母发短信，也可以用来与朋友一起制订

> 我将再次重申：数字技术是一种工具。

计划。不应用数字技术来逃避生活或看不适当的内容。你必须与孩子联合起来找到**平衡**。数字技术协议也适用于成人。如果父母能求得平衡，那么孩子就更容易效仿。

数字技术使用者

275

"谁"是家庭协议中最重要的部分。你在网上想成为谁？数字技术如何培养、加强和展示孩子正在形成中的同一性？ 21 世纪养育孩子的真谛在于要深入理解**数字公民意识**。教养的巨大力量就在于你在孩子的同一性形成中发挥了巨大作用。数字世界将提供一种泛在的工具，孩子在成长过程中可以使用这种泛在的工具，但也可能滥用这种泛在的工具。我们已审视过数字公民意识的信条，但还需在协议中简明扼要地予以阐明。让我来说得更清楚些。要在你的协议中贯彻公民意识不是一件容易的事。这些信条必须体现在协议中，因为孩子必须清楚地明白你对他们的期望。你无法控制他们所作的每一个选择，但你可以为他们打下一个良好的基础，使他们得以作出明智的选择。

你在网上应是怎样的？

- 聪明。
- 友善。
- 善解人意。
- 有趣。
- 有创造性。

- 有社会责任感。

- 友好（但不轻浮）。

- 正直。

- 最好的自己。

- 希望的或理想的自己。

- 真实的自己。

让孩子为每一个信条举例，并补充列表……

违规使用数字技术

什么情况下我应没收孩子的手机？

这或许是最重要的问题，也是最常在书中被问到的问题。对于家长，智能手机已成为一个不可思议的强有力的工具。智能手机是许多少年和青少年的附属品。少年和青少年的家长提到许多因手机而发生的冲突。我不能确定，对生长于 20 世纪 60 年代、70 年代、80 年代和 90 年代初期的人来说，手机相当于什么，更不能确定没收手机的想法在千禧一代心中引起的恐慌。家长有很大的权力，但必须明智地运用。

276

后果是家庭协议中最难的部分。要生成一份完美的文档来反映你关于数字技术的价值观和态度是比较容易的，要明确制订出你和你的配偶及其他看护人将要执行的现实后果则难得多。违规行为主要有两种，第一种是时间和地点方面的违规行为，第二种是内容方面的违规行为。

时间和地点方面的违规行为

如果你允许儿童和少年在任何适当的时间使用数字技术，那么就很少会出现时间方面的违规行为。你的限制越多，孩子最终转入地下的可能性越大。限制必须有，但我们不希望出现孩子偷偷摸摸使用数字技术或欺瞒性地使用数字技术的情况。如果你发现孩子在偷偷摸摸地使用数字技术，那么要与他就此进行交谈。你需要弄清孩子认为什么样的做法才是合情合理的。你不一定非得接受一个 8 岁孩子的意见，但要弄明白他的思维过程。

如果孩子在不允许用数字技术的时候用了数字技术，那么要从允许他用数字技术的时间里扣除一定的时间。开始时不要太严苛。你可以制订一份周计划。如果是第一次违反，那么他就失去了周六早上或周五晚上使用数字技术的权利。如果是第二次违反，那么他将失去 1 天或 2 天使用数字技术的权利。要以周为单位来处理违规行为。这里我想提醒家长，如果孩子经常在规定时间外玩游戏、看电视，那么你需要认真想想你制订的协议是否经得起认真推敲。例如，如果他做了运动，完成了家庭作业，想玩 30 分钟创造模式的《我的世界》，而你不允许，那么你的理由是什么？如果你有一个合理的理由，那么要向他解释清楚。记住，家庭协议要言之有理，因为我们希望孩子能将它内化。不久，你就将失去控制权，但你希望他能平衡自己对数字技术的渴望和生活的其他部分。

内容方面的违规行为

277

内容方面的违规行为是一个完全不同的问题。坦白说，我并不十分关心时间方面的违规行为。我关心的主要是内容方面的违规行为。以下是一些内容方面的违规例子：

- 发送不友好的短信。

- 将朋友令人尴尬的照片上传到网上。

- 多次访问种族歧视、性别歧视或同性恋歧视的网站。

- 自我展示过于强硬或过于性感。

- 将他人的成果据为己有。

- 参与网络骗局。

- 与网上的陌生人联系。

- 在网上公布个人信息。

- 同意和"网友"见面。

- 下载或购买成人级游戏。

- 盗取或公开密码。

- 在网上买卖毒品或酒精饮料。

阅读本书的绝大多数家长都会被上述违规行为中的任意一条吓坏。你需要应对的挑战是：与孩子保持足够坦诚的对话，以使你能知晓这些违规行为；同时，要加强监控以使孩子能长久地远离以上违规行为。就内容方面的违规行为而言，我信奉这句话："以罪量刑（the punishment should fit the crime）。"是的，你可以没收孩子的手机和平板电脑。但是，让我们现实些，绝大多数青少年需要有一台计算机来完成家庭作业，而且他们可以在学校或朋友家里上网。你可以没收设备一段时间，但是，如果你想让惩罚有意义的话，就要让惩罚与孩子的错误相匹配。例如，如果你的孩子欺凌别人或对别人无礼，那么他必须写一封道歉信。他必须作出与人为善的努力，或在学校提供志愿服务，或不厌其烦地帮助那些需要帮助的同学。如果他买卖毒品或酒精饮料，那么他应参加一个嗜酒者互诫会（AA meeting），了解吸毒和酗酒对个人造成的后果。

要把违规行为转化为教育契机。要认识到，孩子出现违规行为 278
实际上是在求救。行胜于言。如果孩子在网上剽窃或偷窃，那么你
应询问他是否在为学校的课业苦苦挣扎？他是否需要更多的支持？
他所处的学业环境是否不适合？学业压力是否过大？每项违规行为
都会告诉你，孩子身上正在发生一些事情。你可以没收手机，但你
也必须在你还有权力的时候谋求问题的解决。

61% 的少年的家长说他们制订了关于网络的规则，但这些少年
中只有 38% 的人对家长的这种说法表示认同。家长需要找时间坐下
来，就与数字技术有关的基本指导原则达成一致。在本章快结束时，
我展示了三个家庭数字技术协议的模板，它
们分别适用于小学生、初中生和高中生。显 > 你可以没收手机，但你
然，你需要根据自己家庭的实际需要对它 > 也必须在你还有权力的
们进行修订。第一步是和你的伙伴们一起坐下来，弄清楚你们目 > 时候谋求问题的解决。
前所处的位置。如果你们的意见不能完全达成一致，那么你们需要
找出一个折中方案并相互支持。当然，离婚的父母此时可能面临很
大的挑战。从理想的角度看，凡是执行规则所牵涉的父母和继父母
在某种程度上都应参与该规则的制订。不应使青少年有机会让父母
对立。我甚至想说，如果父母之间不能很好地沟通，那么他们应聘
请一位育儿指导或调停人来起草家庭协议。一旦你们之间达成了一
致，你们就可以与孩子一起坐下来，向孩子出示规则。我建议你将
这些模板作为一个起点，让孩子对其中的每 > 倾听你精通数字技术的
一项发表意见。应让他们感到自己参与了家 > 孩子的意见并向他们
庭协议的制订，你应倾听他们的意见。在数 > 学习。
字技术方面，他们可能知道得比你多，对数字技术的理解也可能与
你不同。

完成下列测试以帮助你制订你的家庭协议。

279 ## 数字技术使用时间

1. 是否允许在工作日使用数字技术？

 　是　　　　　　　　否（跳转至第6题）

2. 是否允许早上上学前使用数字技术？

 　是　　　　　　　　否

3. 如果允许早上上学前使用数字技术，那么在使用数字技术前必须先完成什么任务？请圈出与你的情况相符的选项。

 （1）醒来并穿戴整齐

 （2）吃好早饭

 （3）刷好牙

 （4）收拾好物品并穿好外套

 （5）其他_____

 （6）以上所有各项

4. 是否允许放学后使用数字技术？

 　是　　　　　　　　否

5. 如果允许放学后使用数字技术，那么在使用数字技术前必须先完成什么任务？请圈出与你的情况相符的选项。

 （1）校外活动或运动

 （2）游戏日活动

 （3）家庭作业

 （4）家务活

 （5）晚餐

 （6）其他_____

 （7）以上所有各项

6. 晚上什么时候应关闭设备?（建议睡前 30 分钟）_____

数字技术使用地点

7. 是否允许在车里使用数字技术?

　　是　　　　　　　　否

8. 如果允许在车里使用数字技术，那么是哪种数字技术?　_____

9. 是否允许在连续乘车时间达到某个限度后使用数字技术?

　　是　　　　　　　　否

10. 如果允许在连续乘车时间达到某个限度后使用数字技术，那么　　　280
　　 时间限制该是多长?（建议为 20 分钟或 30 分钟以上）_____

11. 乘坐公交车时是否允许使用数字技术?

　　是　　　　　　　　否　　　　　　　　不适用

12. 如果乘坐公交车时允许使用数字技术，那么是哪种数字技术?

　　_____

13. 是否允许在卧室里使用计算机、平板电脑、手机和游戏机?

　　是　　　　　　　　否（只能回答否!）

14. 如果允许在卧室里使用计算机、平板电脑、手机和游戏机，那
　　 么应在什么时候关闭设备?　_____

15. 睡觉时应将数字技术设备放在哪里? 从下列选项中选择。

　（1）公用充电站

　（2）父母卧室

　（3）其他_____

数字技术使用方式

16. 你使用家长控制程序吗?

　　是　　　　　　　　否

17. 如果使用家长控制程序,请列出你使用过的控制程序。_____

18. 如果不使用家长控制程序,那么你如何监控孩子的数字技术使用?请圈出与你的情况相符的选项。

（1）成人与孩子一起使用数字技术（只适用于幼儿）

（2）所有数字技术都放置在公共区域

（3）查看浏览历史

（4）定期查看孩子的短信、手机

（5）在社交媒体网站上追踪

（6）定期让孩子向你展示他在网上做什么

（7）下载应用程序和游戏前须征得许可

（8）孩子在加入社交媒体网站、多人游戏、角色扮演游戏等前须征得许可

（9）其他_____

19. 你是否知道孩子的全部密码?

是   否

20. 如果不知道孩子的全部密码,那么就要在协议中明确要求孩子将所有设备、网站、游戏和社交媒体网站的密码都告诉父母。

281   21. 你允许孩子玩哪种游戏?请圈出与你的情况相符的选项。

（1）孩子只能玩级别与其年龄水平相适应的游戏

（2）采用常识媒体网站的游戏分级

（3）在允许孩子下载或购买游戏前,先阅读相关评论

（4）在同意购买游戏前,先咨询朋友或教师

（5）让孩子告诉你为什么想要那款游戏,并综合考虑该游戏的利弊

数字技术使用者

22. 说出孩子将数字技术用于教育的三种方式。

　　（1）_____

　　（2）_____

　　（3）_____

23. 说出你家的孩子将数字技术用于自我表达的三种方式。（回答此问题时可请孩子帮忙。）

　　（1）_____

　　（2）_____

　　（3）_____

　　［如 Instagram 的个人资料、在请愿连署网站上发的帖子、在线相册（online art portfolio）、《我的世界》中的作品、头像、定制网站等］

24. 让孩子举三个例子说明自己如何表现网络友好。

　　（1）_____

　　（2）_____

　　（3）_____

　　（如向被欺凌者伸出援手，给缺课的朋友发短信告诉他家庭作业，在朋友发帖展示取得的成就时在网上向他表示祝贺等。）

25. 是否对禁止浏览的网站作出了明确规定？

　　是　　　　　　　　否

26. 如果对禁止浏览的网站作出了明确规定，请圈出与你的情况相符的选项。

　　（1）性别歧视网站、种族歧视网站、同性恋网站

　　（2）物化妇女的网站，如色情网站

　　（3）极度暴力的游戏和成人级游戏

（4）要求填写个人信息的游戏或网站

（5）蔑视或欺凌玩家的游戏

（6）其他_____

27. 是否对你家禁止的行为作出了明确规定？

    是　　　　　　　　　否

28. 如果对你家禁止的行为作出了明确规定，请圈出与你的情况相

    符的选项。

    （1）欺凌或网络欺凌

    （2）发送色情短信

    （3）转发收到的不当评论或不雅照

    （4）在网上冒充他人

    （5）将他人的成果据为己有

    （6）黑客

    （7）未经家长同意就下载游戏或进入网站

    （8）未经家长同意就在网上售卖物品

    （9）其他_____

29. 是否与孩子就隐私和安全问题进行过讨论？

    是　　　　　　　　　否

30. 如果未与孩子就隐私和安全问题进行过讨论，请重读本书。如

    果进行过讨论，那么你计划如何平衡孩子的隐私问题？请圈出

    与你的情况相符的选项。

    （1）跟进孩子使用的所有社交媒体网站，但不作评论

    （2）不时查看孩子的手机和网络浏览情况，但不作评论，除非

        出现安全方面的问题

    （3）随着时间推移，给孩子越来越大的独立自主性

    （4）不干预孩子的生活，但会帮助他们管理他们的数字足迹

（5）如果孩子想拥有更多隐私，那么建议使用现实沟通的形式
　　　而不是电子沟通的形式

31. 违规行为是否会导致什么后果？如果会，请圈出或勾选与你的
　　情况相符的选项。

（1）如果孩子违反了"何处"或"何时"方面的规则，那么
　　　他将失去半天使用数字技术＿＿＿＿互联网＿＿＿＿手
　　　机＿＿＿＿的权利

（2）一周内两次违规，将失去全天使用数字技术＿＿＿＿互联
　　　网＿＿＿＿手机＿＿＿＿的权利

（3）每周重新计算违规行为

（4）内容方面的违规造成的后果是失去使用上述数字技术的权　　283
　　　利，并要得到教训，如道歉、社区服务、家庭服务等。

（5）其他后果＿＿＿＿＿＿＿＿＿＿＿＿＿＿＿＿＿＿＿＿＿＿

32. 作为遵守家庭准则的回报，孩子将拥有下列哪一项权利？请圈
　　出与你的情况相符的选项。

（1）能在生活中继续使用数字技术

（2）或许能在网络空间开拓新的兴趣领域

（3）被赋予更大的责任和自主权

　　我提供了三个家庭数字技术协议的模板。你可以复印这些模板
或到网站（*www.guilford.com/gold-forms*）上下载这些模板。我建议
你复印或从网站上下载打印下面的准则，并将它们添加到你的家庭
数字技术协议中，或将它们张贴于家中的某处。

网络空间权利法案

- 数字技术是一项特权，而不是基本权利。
- 数字技术是一种工具，而不是最终目的。

- 数字足迹自出生即开始。
- 网络空间不存在隐私。
- "删除"键应改称"存档"键。
- 要文明上网。
- 要做一个敢于反抗欺凌的人（upstander），而不是旁观者。
- 不要透露自己的密码或个人信息。
- 购买新游戏和加入新社交媒体网站前要征得许可。
- 不能在卧室里使用数字设备。
- 不要带着手机睡觉。
- 每天都要留出不使用数字设备的家庭时间（包括家长在内）。
- 你的数字身份应反映你的真实身份。

祝你的网络之旅愉快！

家庭数字技术协议：二至五年级

家庭＿＿＿＿＿＿＿＿＿＿＿＿　　日期＿＿＿＿＿＿＿＿＿＿＿＿＿

我家认识到，数字技术是我们生活的重要组成部分。我们相信，数字技术应被安全地用作一种工具，用于组织、学习、创造、沟通和娱乐。

我可以在什么时候使用数字技术？

- 在工作日早上做完下列事情后，可以使用数字技术：
  ○ 穿戴整齐并收拾好东西
  ○ 吃完早饭
  ○ 刷完牙
  ○ 其他＿＿＿＿＿＿＿＿＿＿＿＿＿＿＿＿＿＿＿＿＿＿
- 放学后，做完下列事情后，可以使用数字技术：
  ○ 课外活动
  ○ 家庭作业和家务活
  ○ 游戏日活动
  ○ 其他＿＿＿＿＿＿＿＿＿＿＿＿＿＿＿＿＿＿＿＿＿＿
- 周末在家长指定的时间可以使用数字技术。
- 工作日晚上8点必须关闭数字技术，周末晚上9点必须关闭数字技术。

我可以在什么地方使用数字技术？

- 卧室里不可以使用数字技术。
- 只能在厨房、地下室或书房里玩游戏、上网。
- 在线家庭作业必须在公共区域完成。

- 当车程超过 30 分钟时，可以在车内使用数字技术。

在网上我该做什么？

- 我将不时向家长展示我在网上做的事情或创作的东西。
- 除父母外，我不向任何人透露自己的密码。
- 我不透露自己的个人信息，如自己的全名、地址和出生日期。
- 我要寻找有助于我学习和探索的游戏与网站。

285

- 我明白，对于在网上看到的一切，不能全信。
- 我要记住，数字技术只是我生活的一部分。

我希望自己在网上是什么样？

- 在网上友善待人，如果有人卑劣地对待我，我将告知父母。
- 如果有任何让我感觉不舒服的事情，我将告知父母。
- 不将他人的功劳据为己有。
- 做一个敢于反抗欺凌的人，而不是旁观者。

如果……怎么办？

- 如果我在不适当的时间或以不适当的方式使用数字技术，那么这一周内我将失去半天使用各种数字技术的机会。
- 如果有第二次，那么我将失去一整天使用数字技术的机会。
- 如果我的线上活动有任何让我感到不舒服的地方，我将告知父母。

父母同意

- 在安全和不违反家庭准则的情况下，允许我使用数字技术。
- 帮助我寻找新的游戏、网站、程序，以进一步探索我的兴趣。

- 在制订限制和准则前倾听我的关切。

- 承认人人都会犯错，父母应帮助我从错误中吸取经验教训。

- 当我需要帮助而向他们求助时，不批评或惩罚我。

- 承认安全和舒适是最优先考虑的事项。

- 如果我做到持续安全地使用数字技术，要给我更多的自由和责任。

（孩子签名） （第二个孩子签名） （第三个孩子签名）

_____ _____ _____

（第一位家长签名） （第二位家长签名）

_____ _____

（第三位家长签名） （第四位家长签名）

_____ _____

（日期）

_____

家庭数字技术协议：六至八年级

家庭＿＿＿＿＿＿＿＿＿＿＿＿　日期＿＿＿＿＿＿＿＿＿＿＿＿＿

我家认识到，数字技术是我们生活的有机组成部分。我们相信，数字技术应被安全地用作一种工具，用于组织、学习、创造、沟通、自我表达和娱乐。

我可以在什么时候使用数字技术？

- 在工作日早上做完下列事情后，可以使用数字技术：
  - 穿戴整齐并收拾好东西
  - 吃完早饭
  - 刷完牙
  - 其他＿＿＿＿＿＿＿＿＿＿＿＿＿＿＿＿＿＿＿＿＿＿＿＿
- 放学后，做完下列事情后，可以使用数字技术：
  - 课外活动
  - 家庭作业和家务活
  - 其他＿＿＿＿＿＿＿＿＿＿＿＿＿＿＿＿＿＿＿＿＿＿＿＿
- 下午5—7点，或者做家庭作业期间，必须将手机交给一名成人保管。
- 在做家庭作业期间，拦截弹出窗口，不上网，不发信息。
- 周末完成家庭作业后可以使用数字技术，但不应干扰课外活动、阅读、朋友聚会和家庭活动。
- 工作日晚上＿＿＿＿点（建议8:30—9:30）必须关闭数字技术，周末晚上＿＿＿＿点（建议10:00—11:30）必须关闭数字技术。

我可以在什么地方使用数字技术？

- 不在卧室里使用手机或其他数字技术。

- 必须在公共区域玩游戏和上网。

- 就寝时在厨房给手机充电。

- 当车程超过 30 分钟时，可以在车内使用数字技术。

在网上我该做什么？　　　　　　　　　　　　　　287

- 家长可以不时查看我发的信息和我的上网情况。

- 家长可以不时要求查看我的网络活动。

- 除父母外，我不向任何人透露自己的密码。

- 不在网上透露个人信息。

- 在征得父母许可后才加入社交媒体网站或在线游戏。

- 不访问性别歧视网站、种族主义网站或同性恋网站。

- 尽可能将数字技术用于教育和创造性。

我希望自己在网上是什么样？

- 我同意数字公民意识的信条（参见上附《网络空间权利法案》）。

- 在网上友善待人。

- 如果有任何让我感觉不舒服的事情，我将告知父母。

- 用数字技术展示真实的自我，将数字技术作为创造性表达的工具。

- 不将他人的功劳据为己有。

- 不在网上假冒任何人，也不虚报年龄。

- 不参与网络欺凌，也不发色情信息，并且会将任何有关欺凌或性感的关切告知父母。

如果……怎么办?

- 如果我在不适当的时间或以不适当的方式使用数字技术,那么这一周内我将失去半天使用手机的机会。
- 如果有第二次,那么我将失去一整天使用手机的机会。
- 如果我因欺凌、色情信息或隐私等方面的关切而向父母请教,父母应始终给予我免于惩罚的"通行证"。
- 如果我的线上活动有任何让我感到不舒服的地方,我将告知父母。

父母同意

- 在安全和不违反家庭准则的情况下,允许我使用数字技术。
- 帮助我寻找能让数字技术充实生活的新方式。
- 在制订限制和准则前倾听我的关切。

288

- 承认人人都会犯错,父母应帮助我从错误中吸取经验教训。
- 当我需要帮助而向他们求助时,不批评或惩罚我。
- 安全和舒适应是最优先考虑的事项。
- 如果我做到持续负责任地使用数字技术,应给我更多的独立自主性。
- 在中学期间,父母要始终帮助我监测我的数字足迹。

（孩子签名）　　　　（第二个孩子签名）　　（第三个孩子签名）

＿＿＿＿＿＿＿＿＿　　＿＿＿＿＿＿＿＿＿　　＿＿＿＿＿＿＿＿＿

（第一位家长签名）　　　　　　　（第二位家长签名）

＿＿＿＿＿＿＿＿＿＿＿＿　　　＿＿＿＿＿＿＿＿＿＿＿＿

（第三位家长签名）　　　　　　　（第四位家长签名）

＿＿＿＿＿＿＿＿＿＿＿＿　　　＿＿＿＿＿＿＿＿＿＿＿＿

（日期）

＿＿＿＿＿＿＿＿＿

家庭数字技术协议：高中

家庭＿＿＿＿＿＿＿＿＿＿　　日期＿＿＿＿＿＿＿＿＿＿＿＿

我家认识到，数字技术是我们生活的有机组成部分。我们相信，数字技术应被安全地用作一种工具，用于组织、学习、创造、沟通、自我表达和娱乐。

我可以在什么时候使用数字技术？

- 在做家庭作业时，应将手机交给一名成人保管或将手机放在另一个房间。
- 在做家庭作业期间，拦截弹出窗口，不上网，不发信息。
- 周末我可以使用数字技术。我认同，必须在现实生活义务和线上活动之间寻求平衡。数字技术不应干扰课外活动、阅读、朋友聚会和家庭活动。
- 工作日我将在＿＿＿＿＿点（建议晚上 9:30—10:30）关闭数字技术，周末则在＿＿＿＿＿点（建议晚上 11:30—凌晨 1:00）关闭数字技术。

我可以在什么地方使用数字技术？

- 不在卧室使用数字技术。
- 尽可能在公共区域使用数字技术。
- 就寝时，在厨房给手机充电。
- 不在开车时发信息。
- 如果开车时必须用手机通话，我将靠边停车。
- 将使用车载全球定位系统，而不是智能手机导航系统。

在网上我该做什么？

- 家长可以不时查看我发的信息和我的上网情况。
- 间或，我会与父母分享我的线上活动。
- 我必须将密码告诉父母。
- 除父母外，我不向任何人透露自己的密码。
- 我会让父母知道所有我在使用的社交媒体网站。
- 不访问性别歧视网站、种族主义网站或同性恋网站。
- 仅在父母同意后当面会见网友。
- 尽可能将数字技术用于教育、创造性和自我表达。

我希望自己在网上是什么样？

- 我同意《网络空间权利法案》(参见上文附件)。
- 在网上友善待人，不参与网络欺凌。
- 如果我的线上活动让我感觉不舒服，我将告知父母。
- 用数字技术展示真实的自我。
- 不将他人的功劳据为己有。
- 不在网上假冒任何人，也不虚报年龄。
- 不发色情信息。

如果……怎么办？

- 如果我在不适当的时间或以不适当的方式使用数字技术，那么这一周内我将失去半天使用手机的机会。
- 如果有第二次，那么我将失去一整天使用手机的机会。
- 如果我在管理我的数字公民身份或数字足迹时判断失误，我将丧失使用手机的特权，并且必须弄明白它可能造成的后果，以帮助我从中吸取经验教训。

- 如果我因欺凌、色情信息或隐私等方面的关切而向父母请教，父母应始终给予我免于惩罚的"通行证"。
- 我同意，如果我的线上活动让我感觉很糟糕，我将告知父母。

父母同意

- 在安全和不违反家庭准则的情况下，允许我使用数字技术。
- 帮助我寻找能让数字技术充实生活的新方式。
- 在制订限制和准则前倾听我的关切。
- 可以关注我的社交媒体网站但不要进行评论，除非我明确表示同意。
- 承认人人都会犯错，父母应帮助我从错误中吸取经验教训。
- 当我需要帮助而向他们求助时，不应批评或惩罚我。
- 承认安全和舒适应是最优先考虑的事项。

291

- 如果我做到持续负责任地使用数字技术，应给我更多的独立自主权。
- 在整个高中期间要帮助我监测自己的数字足迹。

（孩子签名）　　　　（第二个孩子签名）　　（第三个孩子签名）

_____　　_____　　_____

（第一位家长签名）　　　　　（第二位家长签名）

_____　　　　_____

（第三位家长签名）　　　　　（第四位家长签名）

_____　　　　_____

（日期）

_____

拓展资料

网　站

一般性建议和信息

美　国

美国儿科学会
安全网
http：//safetynet.aap.org
提供有关网络安全和在线成长的资源与教育。

美好未来
http：//brightfutures.aap.org/about.html
美国儿科学会主办的儿童健康与发展网站，其中有许多教育材料和评估工具。

疾病控制和预防中心（Centers for Disease Control and Prevention，CDC）
http://cdc.gov/ncbddd/childdevelopment/facts.html
提供有关健康、发展和育儿方面的非常详细的信息。

全国失踪儿童及被剥削儿童中心（National Center for Missing and Exploited Children）
网络智者工作坊
www.netsmartz.org/InternetSafety

儿童数字技术评论   293

https：//childrenstech.com

一个为订阅用户提供服务的儿童交互媒体产品数据库，其中的产品都经过仔细审查。网站以自身广泛的评判准则和评分者信度为荣。可接收每月简报和每周应用程序。

常识媒体网站

www.commonsensemedia.org

一个对电影、游戏和网站进行评估的非营利性组织，为家长和教师提供广泛的教育材料。它的博客是家长跟上孩子的数字生活脚步的极佳途径。

美国公共广播公司家长频道
儿童发展

www.pbs.org/parents/child-development

针对儿童发展提供简明但深刻的见解。

儿童与媒体

www.pbs.org/parents/childrenandmedia

交互性和教育性。

联邦贸易委员会（Federal Trade Commission，FTC）
网上生活

www.consumer.ftc.gov/features/feature-0026-living-life-online

可以免费订阅一份以 8—12 岁孩子为对象的手册的副本。

Admongo.gov

联邦贸易委员会尝试对 8—12 岁孩子进行广告方面的教育。

你在这里

www.consumer.ftc.gov/sites/default/files/games/off-site/youarehere/index.html

联邦贸易委员会的"虚拟购物中心"，孩子可以在那里玩游戏、设计广告，成为聪明的消费者。

加拿大和英国

加拿大儿科学会

www.cps.ca

增进儿童和青少年的健康。

294   **关爱儿童**
         www.caringforkids.cps.ca/handouts/behaviour-index
         关于健康、身心健康和发展的一般信息。

         Mediasmarts.ca
         加拿大数字和媒体素养中心。为教师提供支持和课时计划。

         儿童和媒体（英国）
         http：//kidsandmedia.co.uk
         英国的儿童和媒体网站是一个非营利性组织，为儿童的数字媒体使用
         提供相关信息和建议。它的愿景是希望看到儿童和青少年安全地、有意识
         地使用媒体。

         通信管理部门 "Ofcom"
         www.ofcom.org.uk
         英国通信业的独立监管部门。为家长提供建议和信息，开展儿童媒体
         使用方面的研究，等等。

网络欺凌

         Stopbullying.gov
         由美国卫生与公众服务部运营的网站。

         ThatsNotCool.com
         一场公共教育运动，旨在采用与控制、施压和威胁行为有关的数字化
         事例来提高对青少年约会暴力的认识，防止青少年约会暴力。青少年可以
         通过设置头像和创建"喊出压力卡"来应对"照片压力"。该网站涉及的其
         他主题还包括短信骚扰、隐私问题、没完没了的信息发送、谣言等。

书　籍

儿童发展

Brazelton，T. Berry. *Touchpoints*：*Birth to Three*. Da Capo Press. 2006.
Brazelton，T. Berry. *Touchpoints*：*Three to Six*. Da Capo Press. 2002.
Faber，Adele，& Mazlish，Elaine. *How to Talk So Kids Will Listen and Listen So Kids Will Talk*. Scribner. Updated Edition. 2012.

Faber，Adele，& Mazlish，Elaine. *How to Talk So Teens Will Listen and Listen So Teens Will Talk*. William Morrow Paperbacks. Reprint Edition. 2006.

Faber，Adele，& Mazlish，Elaine. *Siblings Without Rivalry：How to Help Your Children Live Together So You Can Live Too*. Norton. 2012.   295

Fraiberg，Selma. *The Magic Years：Understanding and Handling the Problems of Early Childhood*. Scribner. 1996.——对幼儿内心生活的经典描述。

Healy，Jane. *Your Child's Growing Mind：Brain Development and Learning from Birth to Adolescence*. Harmony. 2004.

Karp，Harvey. *The Happiest Toddler on the Block：How to Eliminate Tantrums and Raise a Patient，Respectful，and Cooperative One-to Four-Year-Old*. Random House. Revised Edition. 2008.——面向新手家长的一本非常实用和有用的育儿书。

Mooney，Carol Garhart. *Theories of Attachment：An Introduction to Bowlby，Ainsworth，Gerber，Brazelton，Kennell，and Klaus*. Redleaf Press. 2009.

Mooney，Carol Garhart. *Theories of Childhood：An Introduction to Dewey，Montessori，Erikson，Piaget，and Vygotsky*. Redleaf Press. Second Edition. 2013.

Pruitt，David. *Your Child：Emotional，Behavioral，and Cognitive Development from Birth through Preadolescence*，Volume 1. HarperCollins. 2009.

Pruitt，David. *Your Adolescent：Emotional，Behavioral，and Cognitive Development from Early Adolescence through the Teen Years*，Volume 2. HarperCollins. 2009.——该丛书受美国儿童和青少年精神病学学会（American Academy of Child and Adolescent Psychiatry）资助。它提供了有关重要阶段和发展的基本概览。

Tough，Paul. *How Children Succeed：Grit，Curiosity，and the Hidden Power of Character*. Mariner Books. Reprint Edition. 2013.——一本文字和研究都很不错的书，探讨如何养育有韧性的孩子。

育儿与数字媒体

Edgington，Shawn Marie. *The Parent's Guide to Texting，Facebook，and Social Media：Understanding the Benefits and Dangers of Parenting in a Digital World*. Brown Books Publishing Group. 2011.

Steyer，James P. *Talking Back to Facebook：The Common Sense Guide to Raising Kids in the Digital Age*. Scribner. 2012.

Summers，Patti Wollman，DeSollar-Hale，Ann，& Ibrahim-Leathers，Heather. *Toddlers on Technology：A Parents' Guide*. AuthorHouse. 2013.

儿童和青少年多动症、焦虑症、抑郁症

Barkley, Russell A. *Taking Charge of ADHD: The Complete, Authoritative Guide for Parents.* Guilford Press. Third Edition. 2013.

Greene, Ross W. *The Explosive Child: A New Approach for Understanding and Parenting Easily Frustrated, Chronically Inflexible Children.* Harper Paperbacks. Revised Edition. 2010.

Last, Cynthia G. *Help for Worried Kids: How Your Child Can Conquer Anxiety and Fear.* Guilford Press. 2006.

Oster, Gerald D., & Sarah S. Montgomery. *Helping Your Depressed Teenager: A Guide for Parents and Caregivers.* Wiley. 1994.

Reiff, Michael I. *ADHD: What Every Parent Needs to Know.* American Academy of Pediatrics. Second Edition. 2011.

Schaefer, Charles E., & Theresa Foy DiGeronimo. *Ages & Stages: A Parent's Guide to Normal Childhood Development.* Wiley. 2000.

Seligman, Martin. *The Optimistic Child: A Proven Program to Safeguard Children against Depression and Build Lifelong Resilience.* Mariner Books. Reprint Edition. 2007.

Spencer, Elizabeth DuPont, DuPont, Robert L., & DuPont, Caroline M. *The Anxiety Cure for Kids: A Guide for Parents and Children.* Wiley. Second Edition. 2014.

内容索引[*]

图书在版编目（CIP）数据

做数字时代的明智家长：让孩子成为数字产品受益者 /（美）约迪·戈尔德著；
王为杰译. — 上海：上海教育出版社，2020.8
（教子有方系列）
ISBN 978-7-5444-9990-3

Ⅰ. ①做… Ⅱ. ①约… ②王… Ⅲ. ①数字技术－电子产品②家庭教育
Ⅳ. ①TN6②G781

中国版本图书馆CIP数据核字(2020)第084057号

责任编辑　王佳悦
封面设计　王　捷

教子有方系列
做数字时代的明智家长：让孩子成为数字产品受益者
[美] 约迪·戈尔德　著　王为杰　译

出版发行　上海教育出版社有限公司
官　　网　www.seph.com.cn
地　　址　上海市永福路123号
邮　　编　200031
印　　刷　上海展强印刷有限公司
开　　本　640×965　1/16　印张 23
字　　数　277 千字
版　　次　2021年3月第1版
印　　次　2021年3月第1次印刷
书　　号　ISBN 978-7-5444-9990-3/G·8230
定　　价　59.00 元

如发现质量问题，读者可向本社调换　电话：021-64377165